重庆自然博物馆科普丛书

UNCOVER SECRETS OF ROCKS 岩石揭秘

重庆自然博物馆 钟 鸣——著

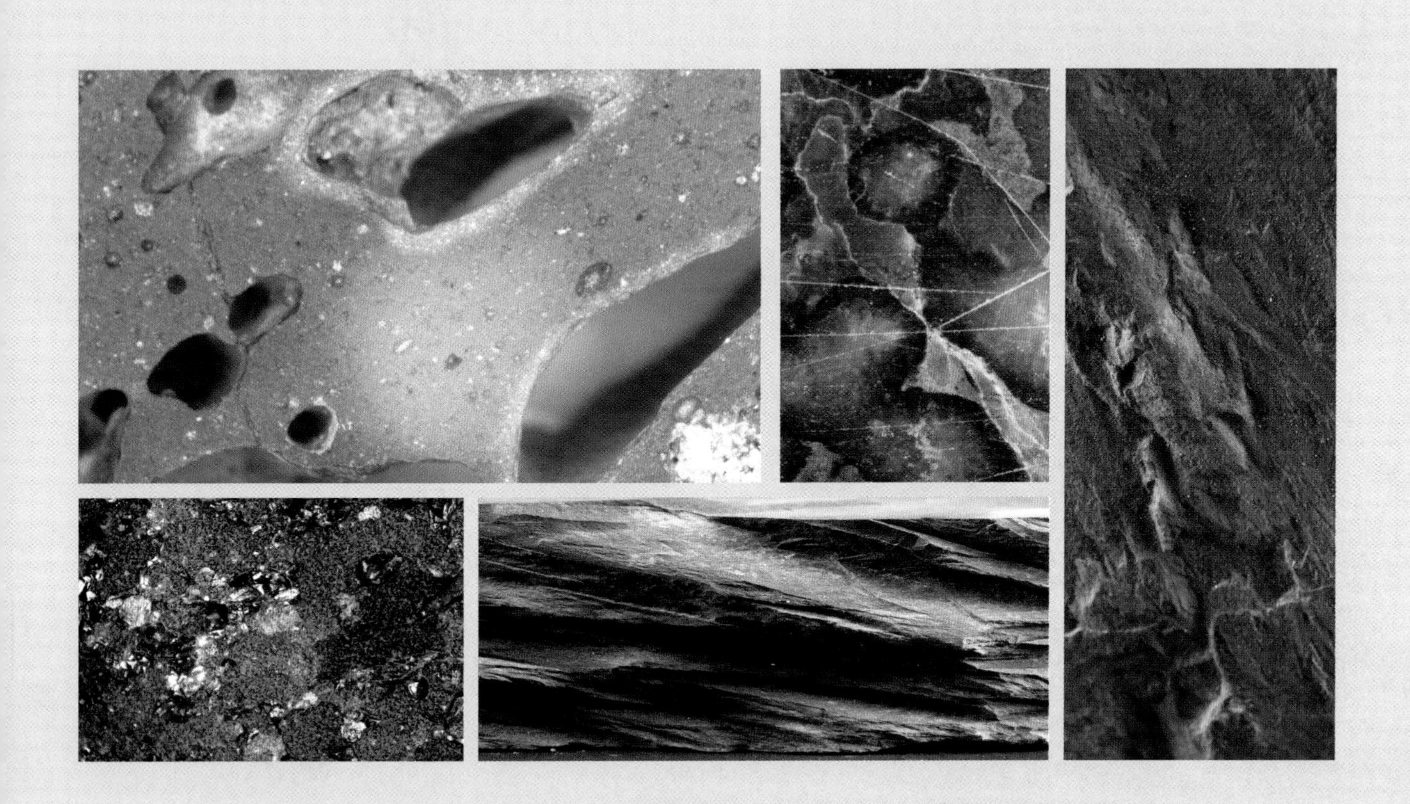

重庆大学出版社

图书在版编目（CIP）数据

岩石揭秘 / 钟鸣著. -- 重庆：重庆大学出版社，2023.8

（重庆自然博物馆科普丛书）

ISBN 978-7-5689-3593-7

Ⅰ. ①岩… Ⅱ. ①钟… Ⅲ. ①岩矿鉴定—普及读物 Ⅳ. ①P585-49

中国版本图书馆CIP数据核字（2022）第214204号

岩石揭秘

YANSHI JIEMI

钟 鸣 著

责任编辑：林青山　　版式设计：林青山

责任校对：王 倩　　责任印制：赵 晟

*

重庆大学出版社出版发行

出版人：陈晓阳

社址：重庆市沙坪坝区大学城西路21号

邮编：401331

电话：（023）88617190　88617185（中小学）

传真：（023）88617186　88617166

网址：http：//www.cqup.com.cn

邮箱：fxk@cqup.com.cn（营销中心）

全国新华书店经销

重庆升光电力印务有限公司印刷

*

开本：787mm×1092mm　1/16　印张：18　字数：459千

2023年8月第1版　2023年8月第1次印刷

ISBN 978-7-5689-3593-7　定价：168.00元

本书如有印刷、装订等质量问题，本社负责调换

版权所有，请勿擅自翻印和用本书

制作各类出版物及配套用书，违者必究

编委会

编委主任

高碧春

编委副主任

涂翠萍　董　政　赖　东

科学顾问

张　锋

技术指导

倪志耀　李凤杰　钟怡江

编委成员

黄　珂　田　兴　马　琦　李爱民

石学斌　谭　梅　杨　天　董若竹　胡驰凤

摄　影

王　龙　孙吉伟

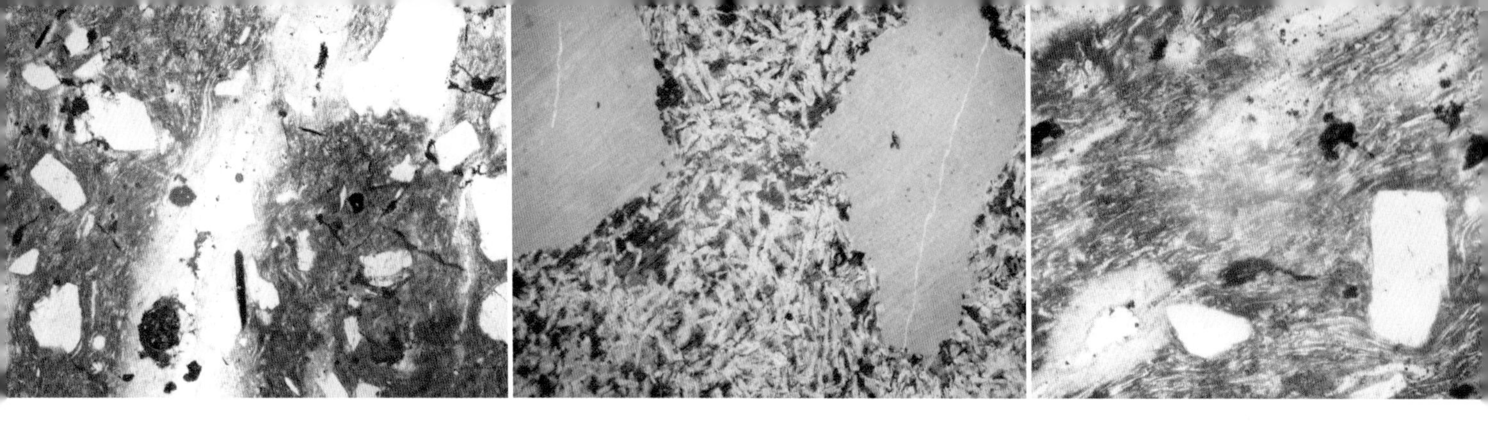

序　言

地质学（Geology）是自然科学的基础学科之一，地质学研究通常是从岩石开始的，不仅如此，普罗大众眼中的地质学往往就是“研究岩石的科学”。作为地质学重要的分支学科，岩石学（Petrology）的科普具有十分重要的意义。各式各样不同种类、不同成因的岩石组成了人类生活的地球家园，一块小小的岩石，可能经历数十亿年的演化，蕴含着丰富的地球历史信息。岩石的颜色、成分、结构、构造等特征可以精确地反映岩石的物质来源、形成过程和演化历程。岩石还是生活中各种各样矿产资源和日用品的原材料，甚至地球的奥秘，包括地球的起源、演化历史和未来命运，都可以通过对各式各样岩石的研究，逐渐被地球科学家破解。正所谓“一花一叶一世界，一草一木一菩提”。

优秀的地质学从业者，往往是从培养和发现地质学的兴趣开始，经过循序渐进的学习，培养“仰望星空，脚踏实地”的理想和精神，最终选择地质学相关专业进行学术深造的。兴趣是最好的老师，因此培养普通民众对地质学的兴趣十分重要，这就需要地质学从业者和科普工作者逐步加强和完善地质学的科普和宣传工作。

重庆自然博物馆的科普工作者编著的《岩石揭秘》一书，收录了我国境内 247 种岩石标本，占已知岩石种类的 72% 以上，虽非尽善尽美，但仍可圈可点。从不同种类岩石的颜色、成分、结构与构造、成因着手，辅以自然状态下的实物手标本、打磨过的光片、薄片 3 个维度的岩石图像，言简意赅地介绍各种岩石的组成、来源及形成演化过程，同时，引用国内岩石学领域权威的书籍和教材，在增加本书的可读性、激发读者的好奇心和知识探索欲望的同时，确保了岩石学知识的科学性和普适性。本书于悄无声息处，掀开基础科学的一角，等待朝气蓬勃

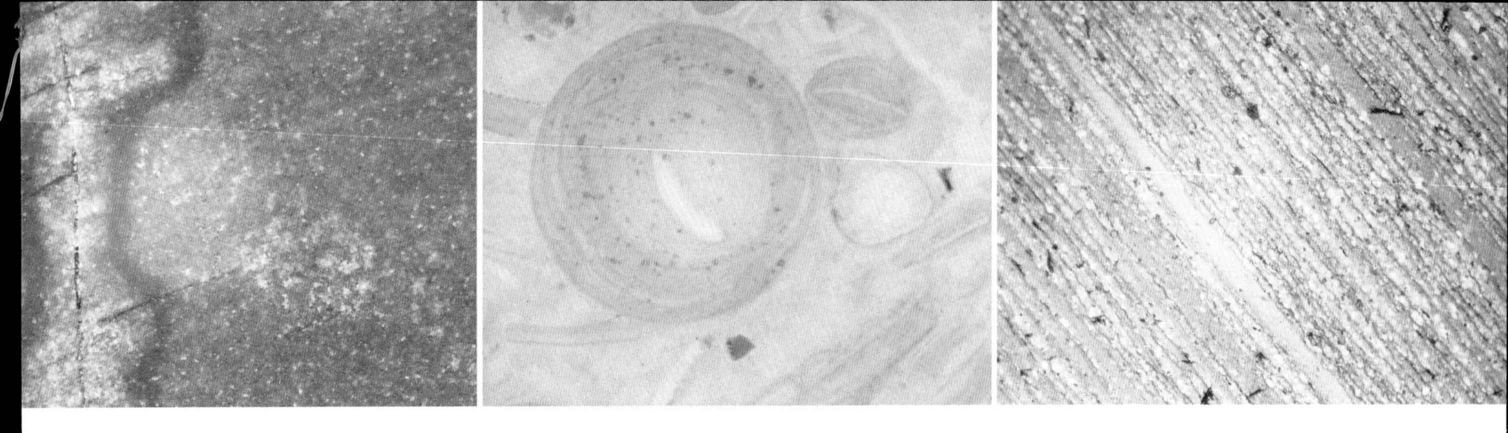

的青少年去探索和遨游岩石学的知识海洋，展示了地质学从业者以小见大、见微知著的研究和工作方法。那些大而化之的问题，例如地球是如何形成的，地球在地质历史时期是如何演化的，地球演化的内驱动力是什么，未来人类和地球如何和谐共处等问题，也许未来会被一名曾因阅读《岩石揭秘》而对地球科学产生浓厚兴趣从而走上地质学科研道路的青少年找寻到答案。在地质学科普工作任重道远的大背景下，希望《岩石揭秘》的作者们再接再厉，不仅要继续寻找和更新岩石种类，还要提供更为引人入胜的图文内容，争取探讨科学问题深入浅出，逐步提升和丰富岩石学和地质学科普工作力度和内容。也希望对地质学感兴趣的青少年、爱好者通过阅读本书，可以丰富岩石学知识，为日后成为一名地质学家积蓄力量。

在探索科学的路上，只要保持对科学的兴趣不断地寻找、发掘每一个科学角，我们可以无限地接近物质世界的本质。现在，从读《岩石揭秘》发现岩石学和地质学之美吧。

中国科学院院士，中国地质大学教授、博士生导师

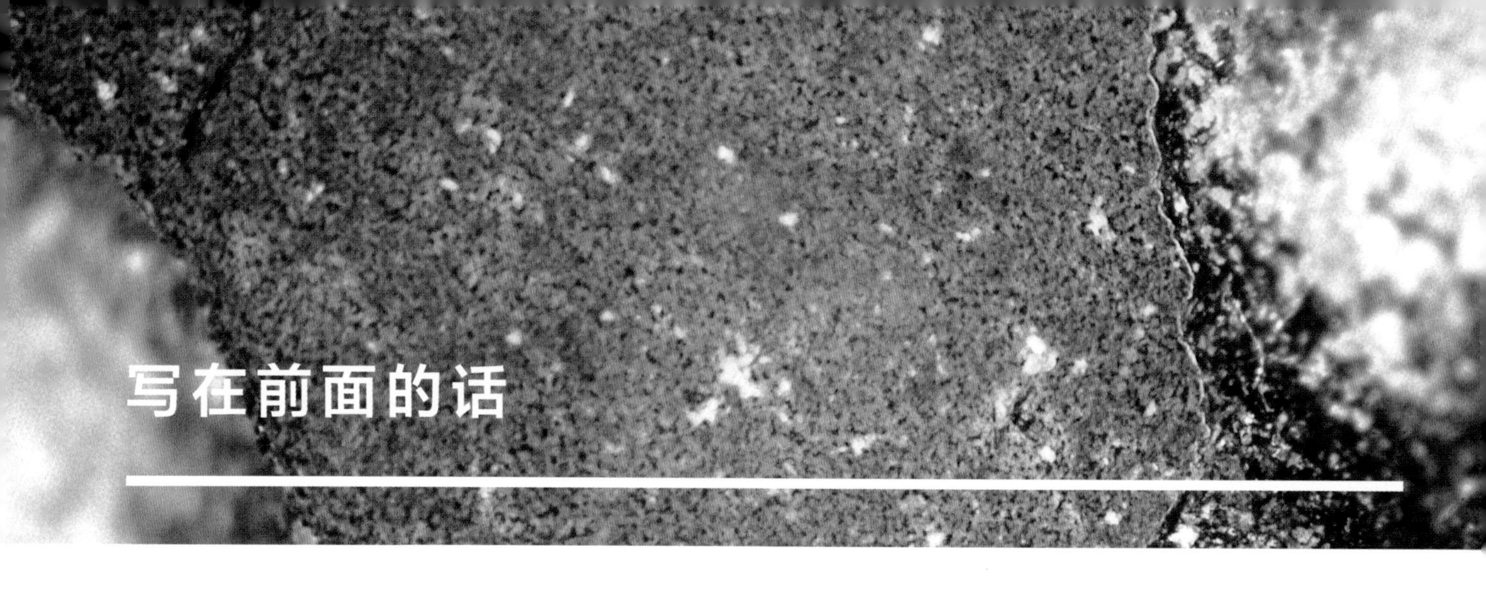

写在前面的话

从地球形成之初到现在，乃至未来，始终贯穿地球母体的物质基础是以多种矿物质为组合的各种岩石，但在如今的时代下，青少年群体对于这些岩石的认识浮于表面，对于如何分别岩石和矿物有很深的误区；同时科普工作者们在地质、地理的相关领域工作中，面对岩石这类目标如何开展科普也没有合适的素材，在识别和鉴定中困难重重；还有不少岩石爱好者在专注和提高自己的兴趣爱好时，没有合适的初级或入门级基础工具书籍帮助自己，在有兴趣和需求时不能满足。

因此，编者结合自身博物馆专业技术人员的工作背景，从 2009 年进入博物馆之时便开始了岩石类陈列品和收藏品的搜集和整理。经过十多年的积累，在重庆自然博物馆岩石类馆藏中，搜集到了我国范围内的 247 种岩石标本，占已知的岩石大类 72% 左右。在此基础上，编者逐渐开始了这本关于岩石的科普书籍的编写，希望可以解决广大读者的知识痛点，也欢迎广大读者多提意见，帮助编者继续完善这个岩石知识体系的科普科研工作。

岩石的科学体系发展到今天，在学界岩石被分为岩浆岩、沉积岩和变质岩三个大类，本书旨在这样的科学体系下对我国常见的岩石进行鉴别性的描述和真实的图像展示，使读者拿到一块岩石时，对比本书的内容，可以相对容易地对这块岩石展开鉴别。另外，通过编者在博物馆观众、高校学生、中小学教师等群体的问卷调查的反馈，发现这些对地质岩石学感兴趣的人群对火山碎屑岩这类岩浆岩的认识有极大的误区和不解，由岩浆作用为驱动力和沉积作用形成的岩石这样的概念导致了学习和认识的障碍，所以编者在本书的结构上做出创新性的调整，将火山碎屑岩、火山集块岩、凝灰岩等岩石从岩浆岩和沉积岩中提出单独成章分节，划为介于岩浆岩和沉积岩之间的岩石种类，方便读者的理解和学习。

另外，各位读者在阅读本书之余，仍有疑问和值得分享的经验可通过微信、抖音等网络平台联系作者。受水平和时间限制，虽已竭尽所能，部分岩石还是未能收齐手标本、光片、薄片，甚为遗憾。书中也可能存在不妥、错误之处，恳请读者朋友们批评指正。

阅读指南

本书选用的实物素材分为三类：第一类为实物标本，即人工采集的天然岩石，在图片命名上为“手标本”；第二类为人工打磨过的岩石标本，有一组以上的人工打磨的平整光滑面，不透光，易于通过正面反射光观察岩石的特点，在图片命名上为“光片”；第三类为岩石薄片，即岩石经人工技术制作的极薄切片，透光，易于偏光显微镜下通过背面透射光观察岩石的特点，在图片命名上为“薄片”。

手标本

光片

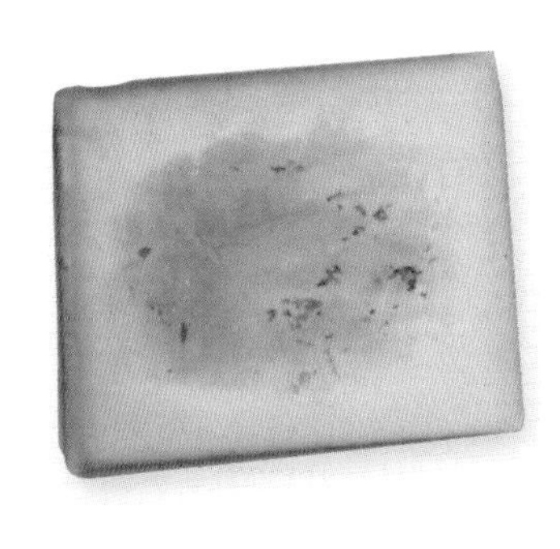

薄片

本书对岩石的描述包含了产地、颜色、矿物成分、结构和构造、成岩成因等信息，旨在从广度上让读者了解各种岩石的分类、种类以及区别，从感性的第一印象上比较并识别岩石，激发读者的学习兴趣。

本书中涉及的科学名词可在附录的科学名词解释中查找具体信息，或者通过其他渠道深入学习理解。

目　录

一、岩浆岩类

1. 超基性岩

2. 基性岩

3. 中性岩

4. 酸性岩

二、火山碎屑岩

介于岩浆岩和沉积岩之间的岩类

三、沉积岩类

2. 黏土岩

3. 化学及生物沉积岩

四、变质岩类

1. 接触变质岩

一、

岩浆岩类

岩浆岩，也被称为“火成岩”，顾名思义是炙热岩浆形成的岩石类型，即地壳之下岩石圈内不同成分的岩浆侵入地壳或地表后与原来的岩石圈、水圈、大气圈物质接触后冷却凝固而成的岩石。岩浆岩是地球圈层结构中岩石圈的主要组成部分，按其生成环境可分为侵入岩和喷出岩两种。前者由于在地壳内冷凝，岩石的造岩矿物结晶程度较好，矿物成分及岩石特征易于识别；后者为岩浆在巨大的地质内动力压力作用下突然喷出地表，在温度、压力急速变小的条件下形成，其中的造岩矿物结晶差，以隐晶质结构或玻璃质结构为主，矿物成分难以辨认。

在岩浆岩的分类中，岩浆岩按照其主要化学成分二氧化硅的含量和矿物组成及产出状态，分为四个大类和两个特殊类岩石，四个大类分别是超基性岩（二氧化硅含量低于45%）、基性岩（二氧化硅含量为45%~53%）、中性岩（二氧化硅含量为53%~65%），酸性岩（二氧化硅含量大于65%）；两个特殊类岩石是碱性岩、脉岩。

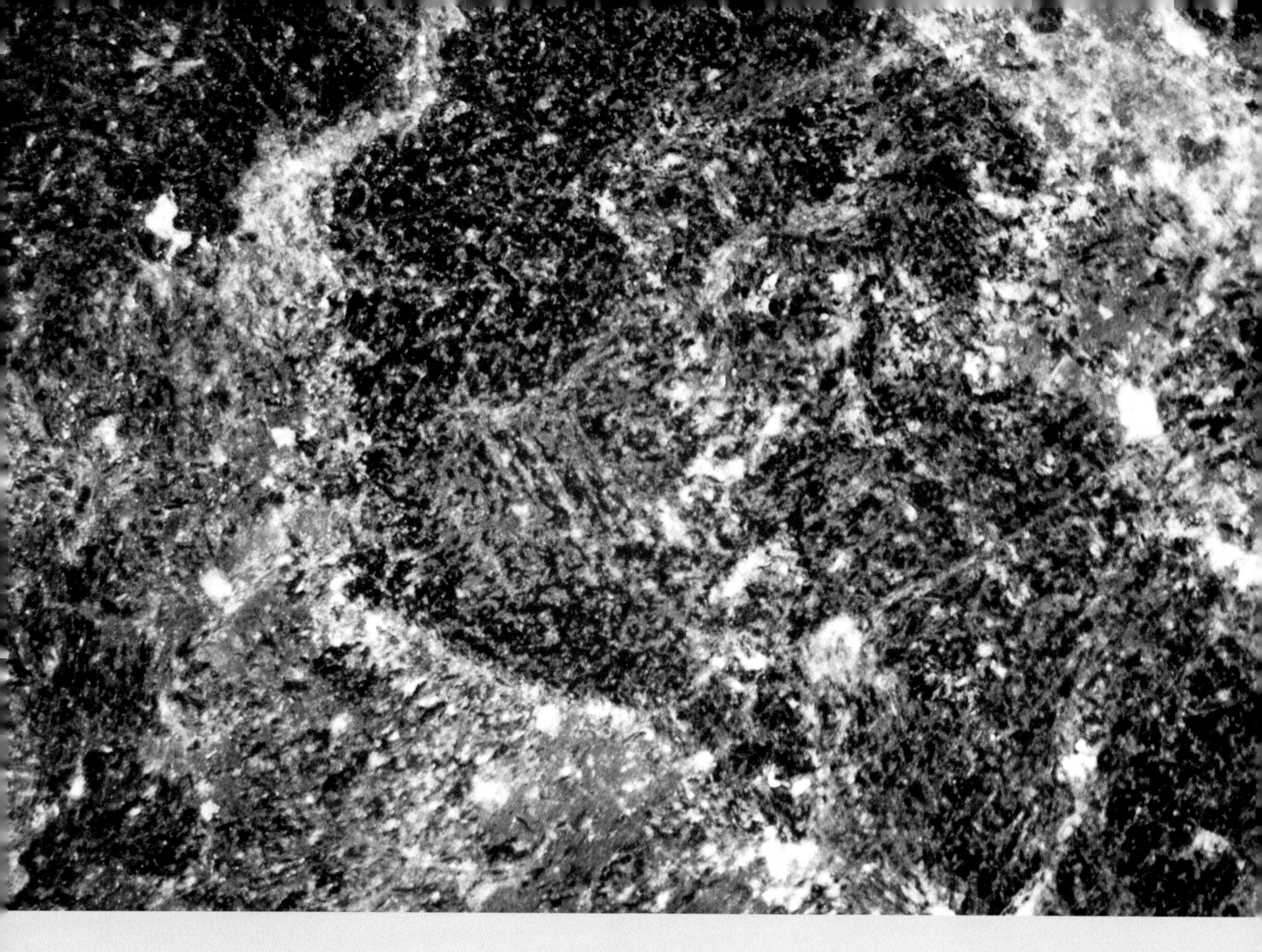

1. 超基性岩

002 ~ 011

该类岩石的特点是颜色较深，密度较大，主要的造岩矿物是橄榄石和辉石，二氧化硅含量小于45%，且二氧化硅不以石英的矿物形态出现而是复杂的硅酸盐矿物。超基性岩的岩浆主要来自地幔，也常代表了一部分深成岩，分布在大型地质构造断裂带上。岩石中镁、铁元素含量普遍较高。

纯橄榄岩

产地：吉林靖宇

颜色： 纯橄榄岩也叫纯橄岩，颜色多为暗色，多为深绿色、深灰绿色和深黄绿色。

成分： 主要由橄榄石组成，偶有角闪石和辉石，伴有少量的铬铁矿、磁铁矿、钛铁矿等。

结构与构造： 半自形粒状结构、粒状镶嵌结构，块状构造。

成因： 由地幔较深处的超基性岩浆在地质作用侵入地壳后冷却形成。在地表条件下容易蚀变、逐步蛇纹岩化，其颜色亦逐渐变浅。

其他： 含镁量极高，在工业上多用于提取金属镁和相关制品，某些结晶晶体较好的橄榄石可用作宝石加工。纯橄榄岩偶有富含铁矿物的橄榄岩，有磁铁矿晶体和铁单质发育，可以形成稀有的海绵陨铁结构，这是一种类似橄榄铁陨石的结构，易混淆。初次发现位于新西兰的邓尼山，故又名邓尼岩。

手标本

局部放大

光片（反射光观察　放大 45 倍）

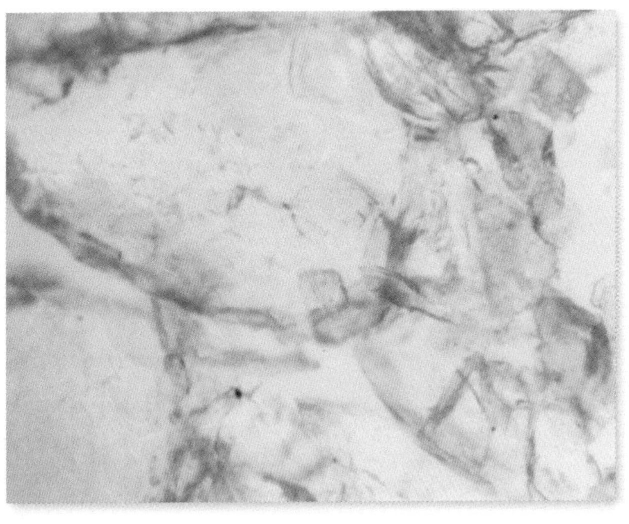

薄片（穿透光观察　60 倍）

含铁橄榄岩

产地：四川会理

颜色：含铁橄榄岩是一种特殊的橄榄岩亚类，岩石的颜色整体略浅于纯橄榄岩。

成分：含铁橄榄岩的含铁量较高，主要为磁铁矿和钛铁矿。

结构与构造：与纯橄榄岩相同。

其他：含铁橄榄岩不能用于铁矿石开采，但是如果和基性玄武岩共同分布时，是探查钒钛磁铁矿的标志指示物。

手标本

局部放大

二辉橄榄岩

产地：江苏六合

颜色：以暗色为主，常见的有绿色、墨绿色、灰绿色。

成分：主要的成分为橄榄石，次要矿物为单斜辉石、斜方辉石，且两种辉石含量比例近乎相等。

结构与构造：半自形结构、粒状结构，块状构造。

成因：由地幔较深处的超基性岩浆在地质作用侵入地壳后冷却形成，且岩浆含有较复杂的基性矿物成分，其矿物成分与纯橄榄岩差别较大。该类岩石是介于单斜辉石橄榄石与斜方辉石橄榄石之间的过渡岩石种类。

其他：二辉橄榄岩是一种超镁铁质岩，含有大量镁元素和铁元素，对于探查铁矿和镁矿具有极大的地质指示意义。与橄榄岩的主要矿物极为相似，在辨识中极易混淆，二辉橄榄岩中的暗色辉石是辨识两者的关键。

手标本

局部放大

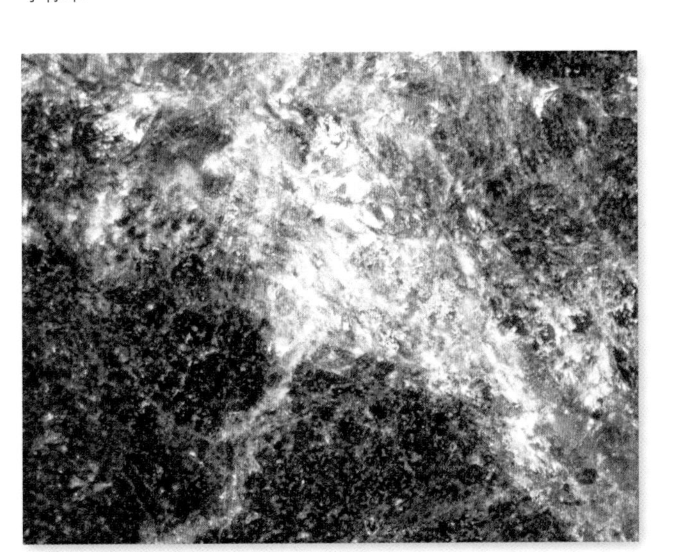

光片（反射光观察　放大 45 倍）

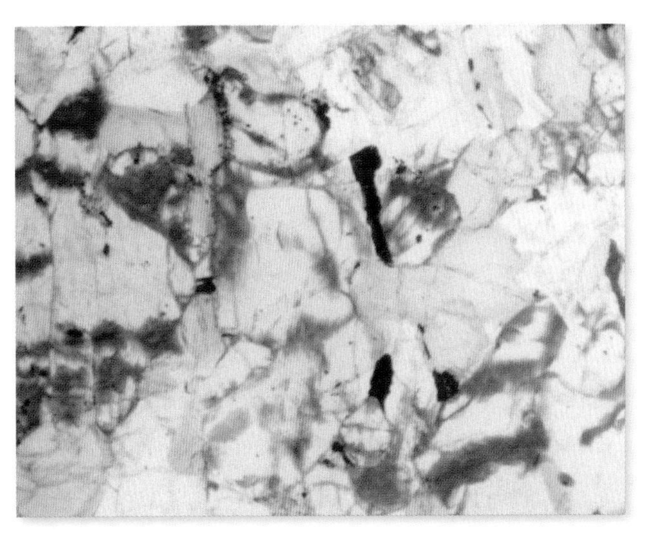

薄片（穿透光观察　60 倍）

斜长二辉橄榄岩

产地：吉林靖宇

颜色：是二辉橄榄岩的一个亚类，颜色与二辉橄榄岩高度一致，多为暗色。

成分：与二辉橄榄岩区别在于造岩矿物中的斜长石含量较高，占 10% 以上，同时含有 10% 的硫化物，橄榄石和辉石的含量有所下降。

结构与构造：斜长石高含量导致斜长二辉橄榄岩的结构与构造出现变化，中 – 粗粒等粒结构，块状构造。

其他：斜长二辉橄榄岩主要应用于宝石加工、耐火材料。

手标本

局部放大

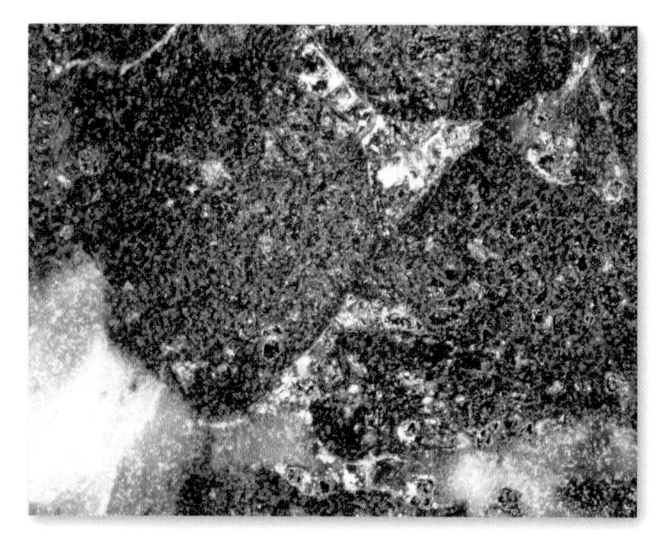

光片（反射光观察　放大 45 倍）

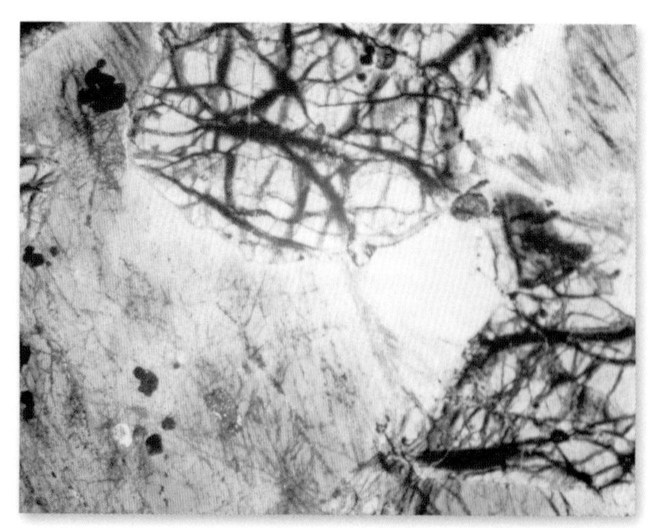

薄片（穿透光观察　60 倍）

苦橄岩

产地：浙江缙云

颜色： 以暗色为主，常见橄榄黄绿色、暗绿色、灰绿色，甚至可以出现黑色。

成分： 主要矿物成分为橄榄石和辉石，次要矿物为斜长石和角闪石，偶见极少量的磁铁矿、铬铁矿和磷灰石。

结构与构造： 隐晶结构、微晶结构、由细小圆粒状橄榄石分散地嵌在辉石中构成特殊典型的嵌晶结构，块状构造。

成因： 是超基性的喷出岩，由地幔较浅处的超基性岩浆快速向地壳运动缓慢喷出冷却形成，地质压力变化较小，转移过程中岩浆与围岩因接触产生混合作用，常与基性岩玄武岩类相伴发育分布。

其他： 是一种典型的含镁铁质岩，镁含量很高，极易在成岩后发生镁元素富集作用形成镁矿，是探查镁矿的标志性指示物。命名源于希腊语 pikros，本意为“苦”，实则是表示岩石中氧化镁含量很高。

手标本

局部放大

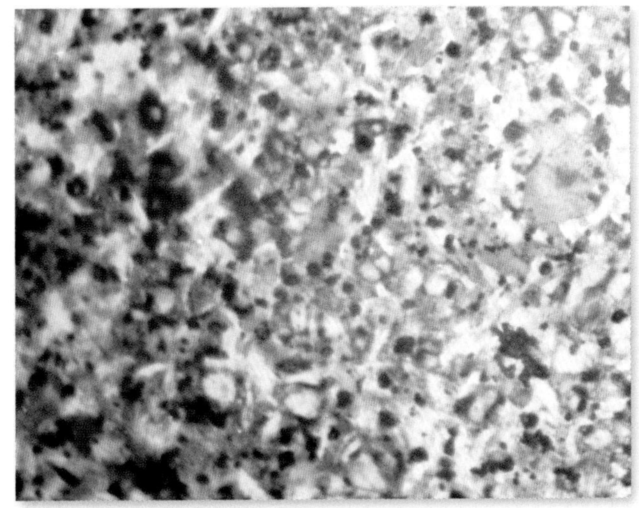

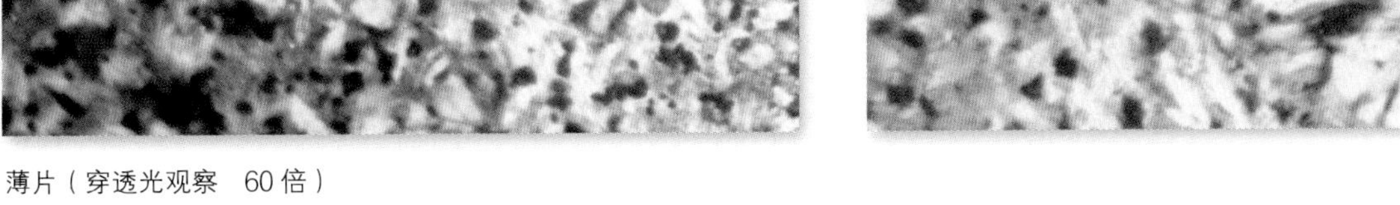

薄片（穿透光观察　60 倍）

金伯利岩

产地：山东蒙阴

颜色：金伯利岩又名角砾云母橄榄岩，通常以暗色为主，黑、暗绿、深灰最为常见。

成分：主要矿物成分为橄榄石，次要矿物为金云母、镁铝榴石、钛铁矿、磷灰石、金红石、金刚石。金伯利岩在成岩后有不同程度的蛇纹石化，颜色逐渐变浅。

结构与构造：为斑状结构，角砾状构造。岩石表面可以见到斑块结构体，以及金刚石晶体。通过放大镜或显微镜可以观察到粗晶斑状结构、显微斑状结构和自交代结构。

成因：金伯利岩是一种偏碱性的超基性岩，由超基性岩浆快速喷出地壳或接近地表冷却而成，形成火山角砾岩或凝灰岩到浅成侵入岩的一套岩石，多呈岩筒、岩床、岩墙等典型地质形态产出。

其他：金伯利岩是少数可以产生金刚石的岩石，达到宝石级别的金刚石就是钻石。

手标本

局部放大

光片（反射光观察　放大 45 倍）

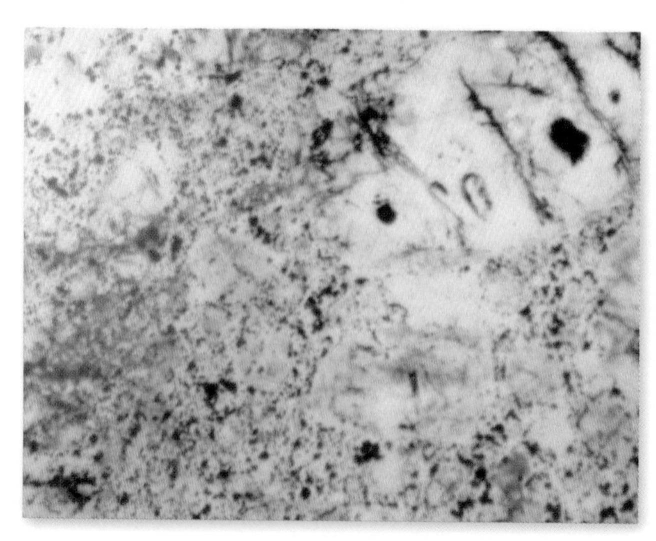

薄片（穿透光观察　60 倍）

辉石岩

产地：山东济南

颜色：有别于一般超基性岩以暗色为主，辉石岩以浅色为主，常见浅灰色、灰色、灰黄色、灰绿色。

成分：主要成分是普通辉石，次要矿物成分为基性长石、角闪石，偶见极少量橄榄石、黑云母、铬铁矿、磁铁矿、钛铁矿，且辉石的矿物晶体较大，肉眼下多为玉石胶状形态。

结构与构造：为粒状结构、柱状结构，块状构造、放射状构造。内部矿物构造较复杂，常见短柱状，柱状横截面接近八边体。

成因：由超基性岩浆熔融产生的熔岩流体在岩浆通道内上升过程中为发生侵入作用时，在压力范围内结晶形成，也是分布相对稀缺的岩石种类。

其他：是超镁铁岩的一种，是勘探镁矿和铁矿的标志性岩石。同时也是一种硬玉岩，在低温高压下，辉石岩会发生脱硅现象，形成硬玉——翡翠，脱硅后形成新的富硅矿物会进一步转移并逐渐形成其他玛瑙质玉石，如石英玉、缅黄、水沫子。

手标本

局部放大

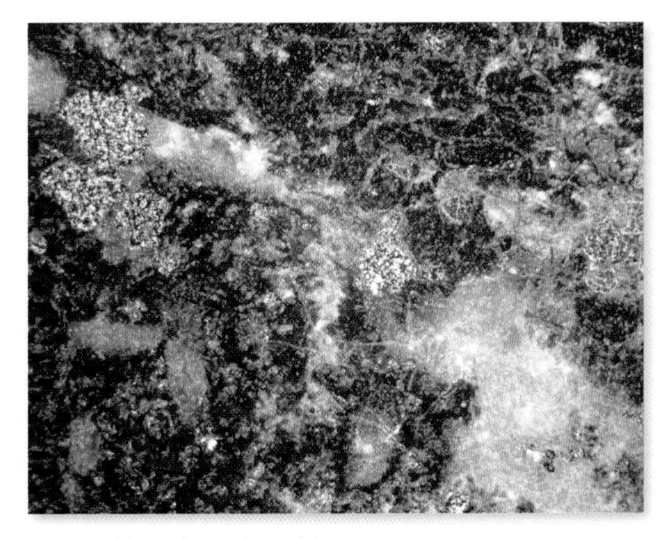

光片（反射光观察　放大 45 倍）

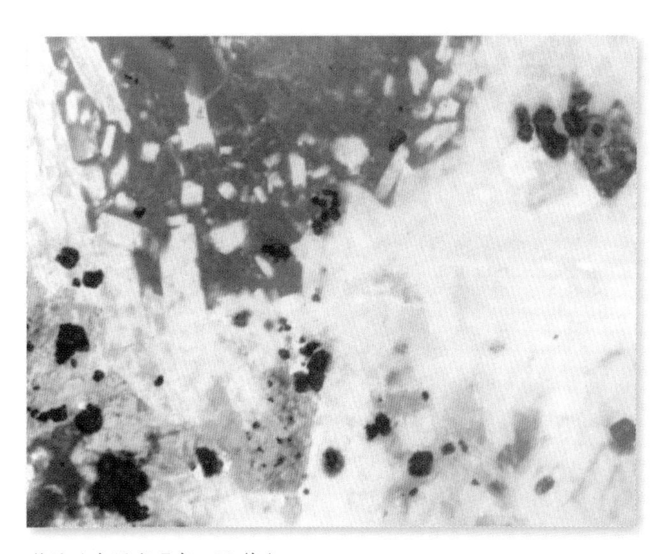

薄片（穿透光观察　60 倍）

角辉岩

产地：浙江诸暨

颜色：又名角闪辉石岩，是辉石岩的一个亚类。颜色以深暗色为主，常见黑色、深绿色至灰绿色。

成分：主要成分为普通辉石、普通角闪石，偶见少量的铬铁矿或磁铁矿等。

结构与构造：为半自形粗粒结构、辉长结构、次辉绿结构、反应边结构、出溶结构，块状构造、层状构造。

成因：一种极不常见的超基性岩，岩石成因与辉石岩一致，通常在基性杂岩及蛇绿岩套的岩石旋回组合中形成。

其他：极易与角砾状凝灰岩、粗粒灰岩等混淆，鉴别时注意岩石的矿物延续性和延展性较明显就是角辉岩。

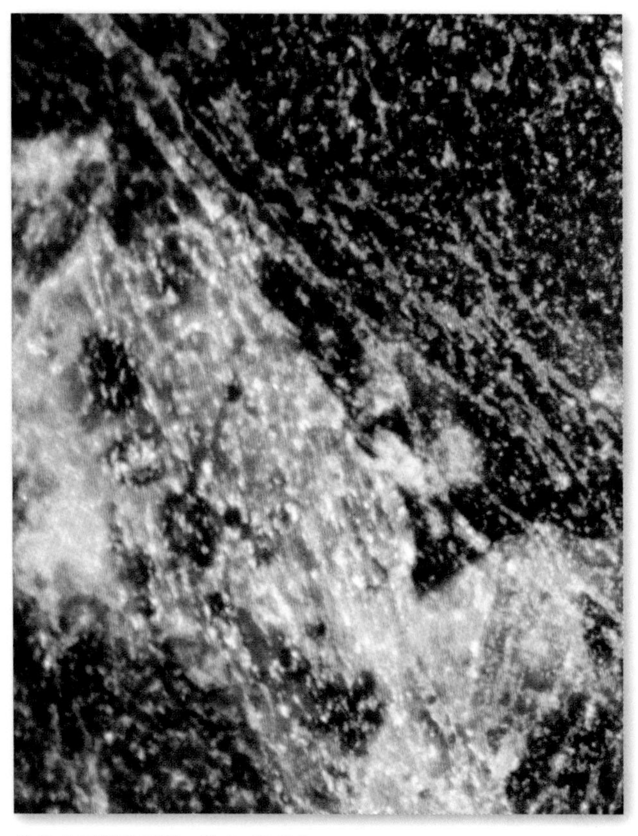

光片（反射光观察　放大 45 倍）

角闪石岩

产地：浙江诸暨

颜色：以暗色为主，多见深绿色至灰黑色，且有较浅色和暗色交互的斑驳色，颜色特征明显。

成分：主要矿物成分为角闪石族矿物，是分布广泛和常见的造岩矿物，包括镁钙闪石、浅闪石、韭闪石，各类普通角闪石类矿物组合成矿物集合的叶片斑状结构体，偶见极少量的辉石、磁铁矿及其他矿物。

结构与构造：柱状结构、纤维状结构、斑状结构、粗粒 – 中粒结构，块状构造。

成因：普通角闪石和磁铁矿的地质成因极为相近，而且拥有相同共存的矿物特征和区域地质背景，是探查磁铁矿的指示标志物。

其他：角闪石（hornblende）这个名称来自德语，本是矿山术语，horn 表示角的颜色，blende 意思是欺骗者，原因是当时把角闪石当成了一种金属矿石，因为角闪石欺骗了最开始的探矿矿工，误以为是有开发价值的金属矿产，因而得名。普通角闪石可以用作铸石原料中的配料、水泥添加剂和初级绝缘隔热材料。

手标本

局部放大

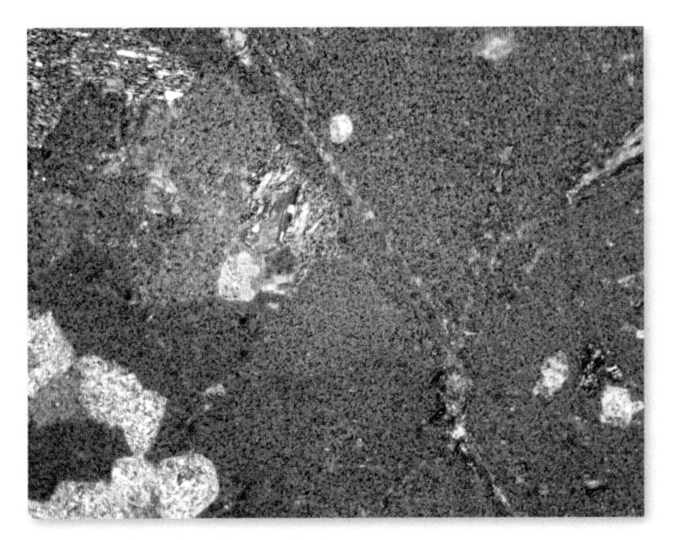

光片（反射光观察　放大 45 倍）

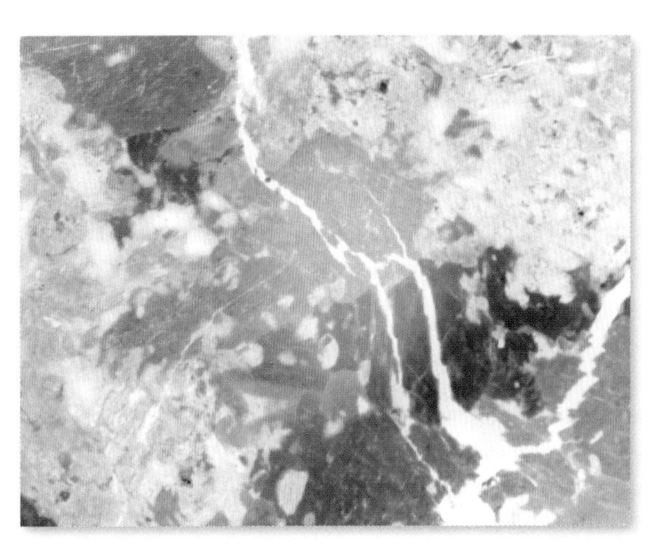

薄片（穿透光观察　60 倍）

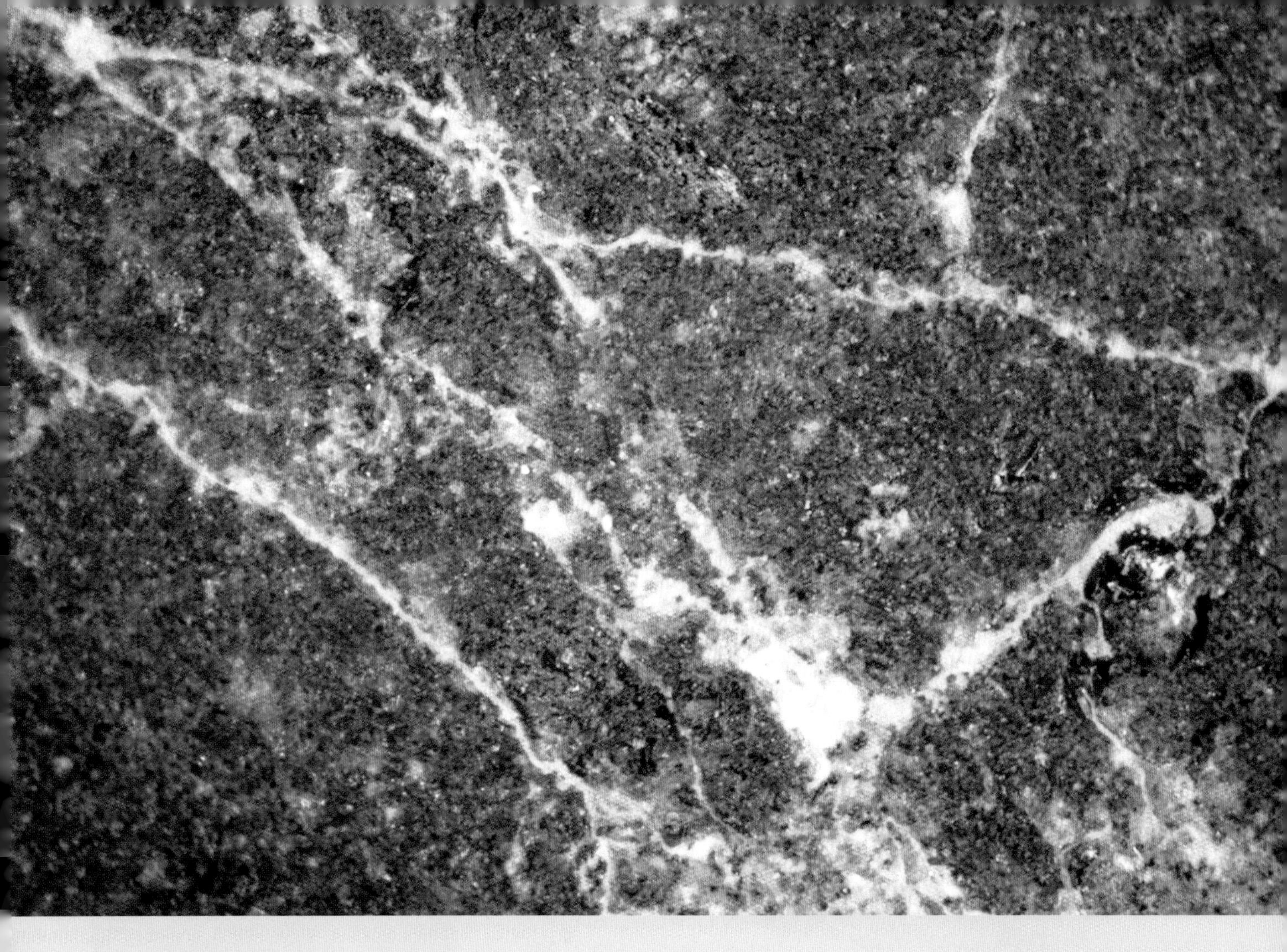

2. 基性岩

012 ~ 033

该类岩石颜色很深，相对密度小于超基性岩，主要的造岩矿物是辉石、基性斜长石、橄榄石、角闪石和黑云母，二氧化硅含量为 45% ~ 53%，分布广泛，在大陆和大洋均有大量发育。

安山玄武岩

产地：浙江诸暨

颜色：安山玄武岩又名安山质玄武岩，颜色以暗色为主，多见紫黑色、深灰色，由于该类岩石的风化物为浅灰色且易附着在岩石表面，常常影响安山玄武岩的真实颜色。

成分：主要矿物是辉石和斜长石（中长石和拉长石），次要矿物为橄榄石、角闪石及黑云母，偶见极少量的石英和磁铁矿。

结构与构造：为隐晶质结构、间粒结构、交织结构，杏仁构造。

成因：深成基性岩浆在转移喷出地表的过程混合了中性岩浆物质，或成岩中后期有中酸性物质侵入，在成岩后含有中碱性矿物，导致安山玄武岩和普通玄武岩有不同的矿物构造。

其他：安山玄武岩是介于安山岩（中性岩）与玄武岩（基性岩）之间的一种岩石，是制造玄武岩纤维的矿物原料。

手标本

局部放大

光片（反射光观察 放大 45 倍）

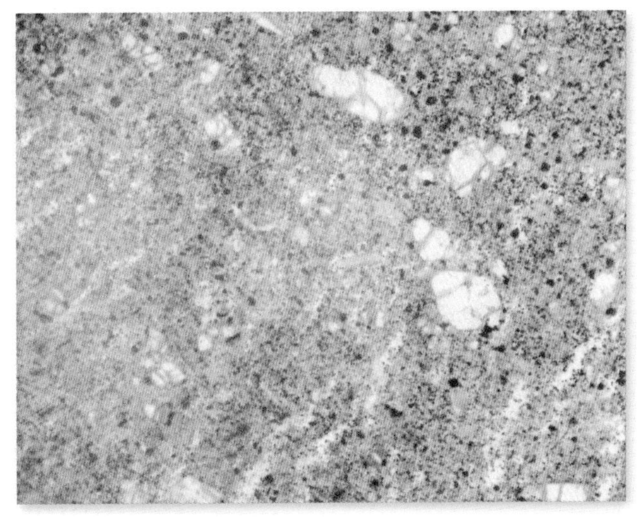

薄片（穿透光观察 60 倍）

熔渣状玄武岩

产地：浙江诸暨

颜色： 以暗色为主，常见深灰色、灰黑色。

成分： 主要矿物成分为基性长石、辉石，次要矿物为橄榄石、角闪石、黑云母。

结构与构造： 为隐晶质结构，块状构造、气孔状构造。

成因： 由基性玄武质岩浆从地幔流出地表，并在地表流动，流动过程中外部岩浆冷却形成硬皮壳被新的岩浆包卷，反复这样的过程，最终冷却成岩。后期的岩浆流动作用是熔渣状玄武岩的关键形成原因。

其他： 熔渣状玄武岩是基性玄武岩类型，由于特殊的岩石结构和常见性所以单独介绍。

手标本

局部放大

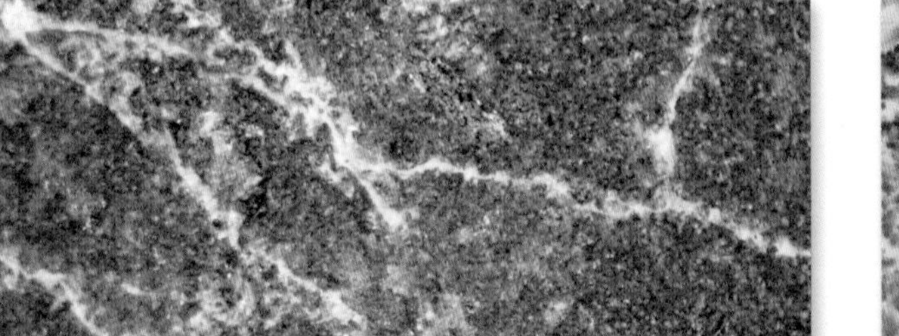

光片（反射光观察　放大 45 倍）

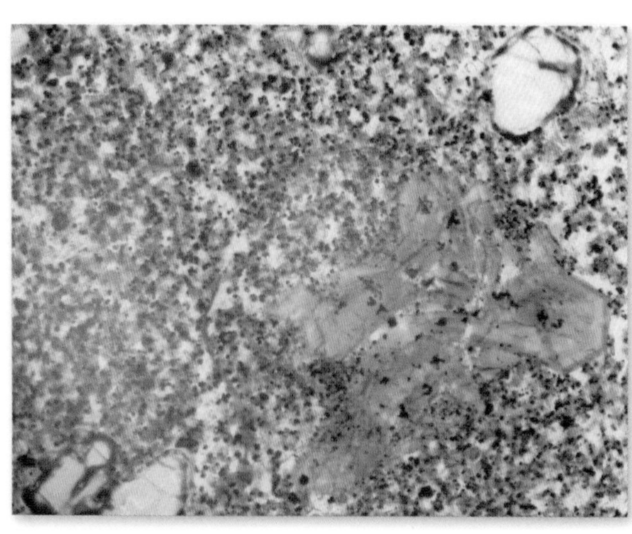

薄片（穿透光观察　60 倍）

石泡玄武岩

产地：浙江天台

颜色：石泡玄武岩是一种特殊的玄武岩，颜色以暗色为主，常见灰色、深灰色、紫灰色。

成分：主要矿物成分为基性斜长石和辉石，偶见橄榄石和角闪石。

结构与构造：岩石结构与构造单一，以间粒结构、石泡构造为主。

成因：典型的火山喷出岩，由深成基性玄武岩浆喷出地表冷却形成。

其他：是建筑用骨料的重要原料和硅酸盐水泥的重要辅料，在现代建筑业中广泛应用。

石泡玄武岩偶尔会形成中到大型透镜体和包体，透镜体和包体偶然有石英、水晶晶体、黑曜石，通常被称为“宝石包囊”。

手标本

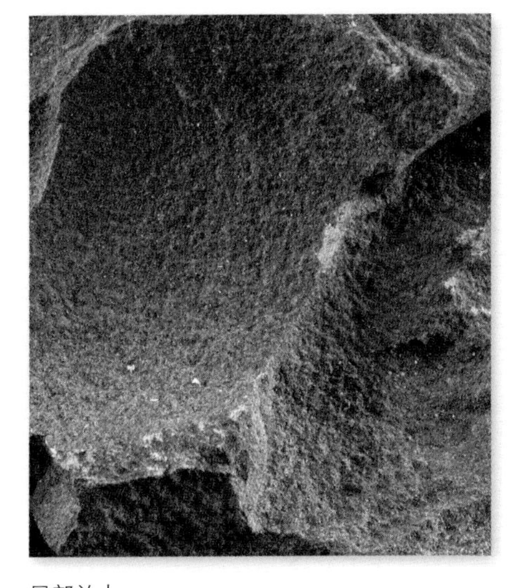

局部放大

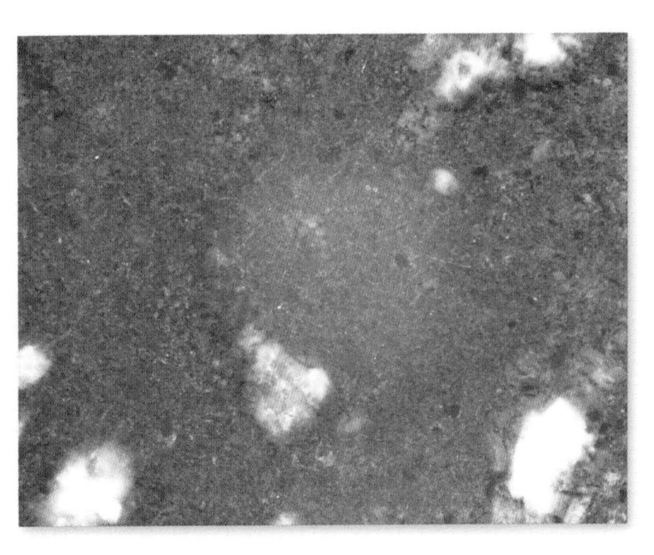

光片（反射光观察　放大 45 倍）

橄榄玄武岩

产地：浙江龙游

颜色： 也叫含橄玄武岩，主要为绿色、深绿色。

成分： 主要矿物成分为斜长石、辉石、橄榄石，且橄榄石含量小于 30%，斜长石、辉石的含量超过 70%，偶见极少量的拉长石，可见伊丁石化。

结构与构造： 常见间粒结构、斑状结构，块状构造、微小气孔构造、杏仁状构造。斑晶部分为拉长石和橄榄石晶体，基质部分为辉石、斜长石。

成因： 由基性岩浆喷出地壳形成。

其他： 不是常见的岩石种类，在中南地区湖北省内有产出，可用作路基骨料。

手标本

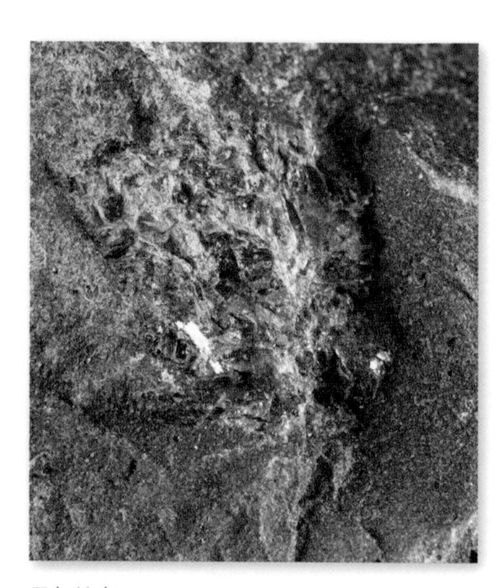

局部放大

光片（反射光观察　放大 45 倍）

薄片（穿透光观察　60 倍）

碱性橄榄玄武岩

产地：江苏六合

颜色：颜色为暗色为主，多见深灰色、紫灰色，同时因为这类岩石易风化，岩石表面常常紧密地覆盖一层灰黄色的风化物。

成分：主要矿物成分为斜长石、橄榄石和富钙辉石，偶见含钾长石、霞石和似长石。同时氧化钾和氧化钠的总含量偏高，是一种富碱贫硅贫钙的玄武岩。

结构与构造：交织结构、斑状结构，块状构造。

其他：是一种极为少见的岩石，占岩石圈的比例极小，目前没有工业用途。

手标本

局部放大

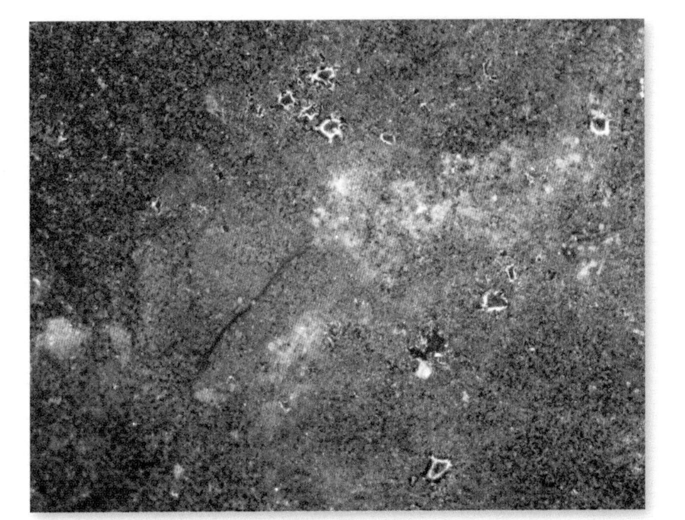

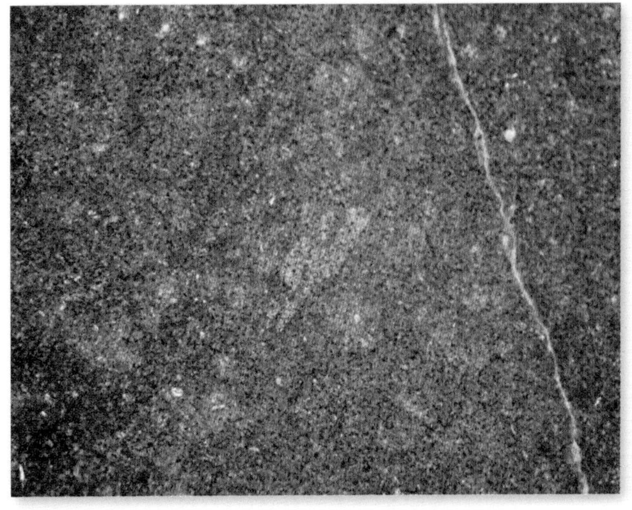

光片（反射光观察　放大 45 倍）

绳索状火山熔岩

产地：黑龙江五大连池

颜色：也称绳状玄武岩，颜色以暗色为主，多见深灰色。

成分：一种喷出玄武岩，密度小于普通玄武岩。成分与普通玄武岩一致，以基性斜长石和辉石为主，也常见火山玻璃成分。

结构与构造：是玄武质岩浆喷出后流动中，岩浆表面冷却凝结速度快于岩浆内部，导致表面半凝结的岩浆因底部或内部流动相互挤压，从而形成折叠状、挤压状、绳索状，同时内部形成微小气孔构造，这就是绳索状构造。

其他：可以用作建筑骨料、净水材料和玄武岩纤维原料。

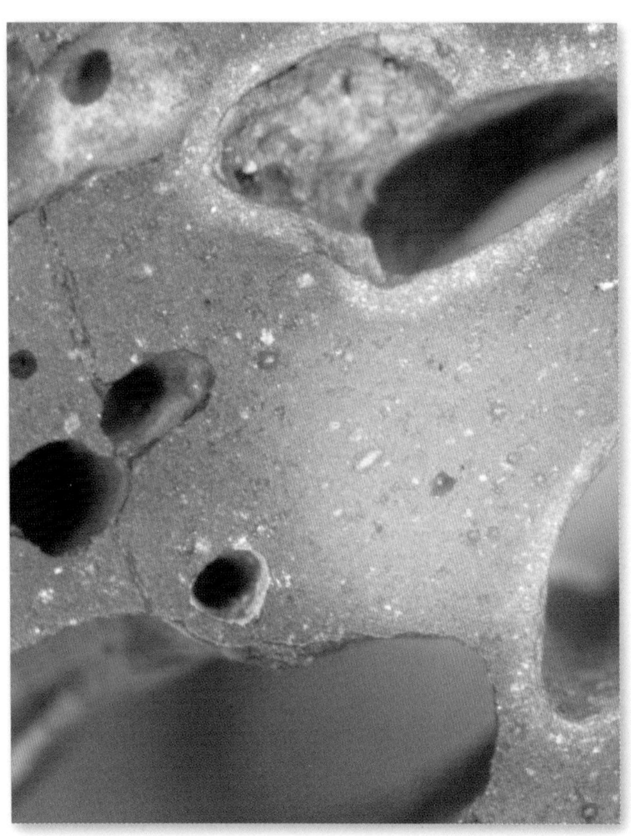

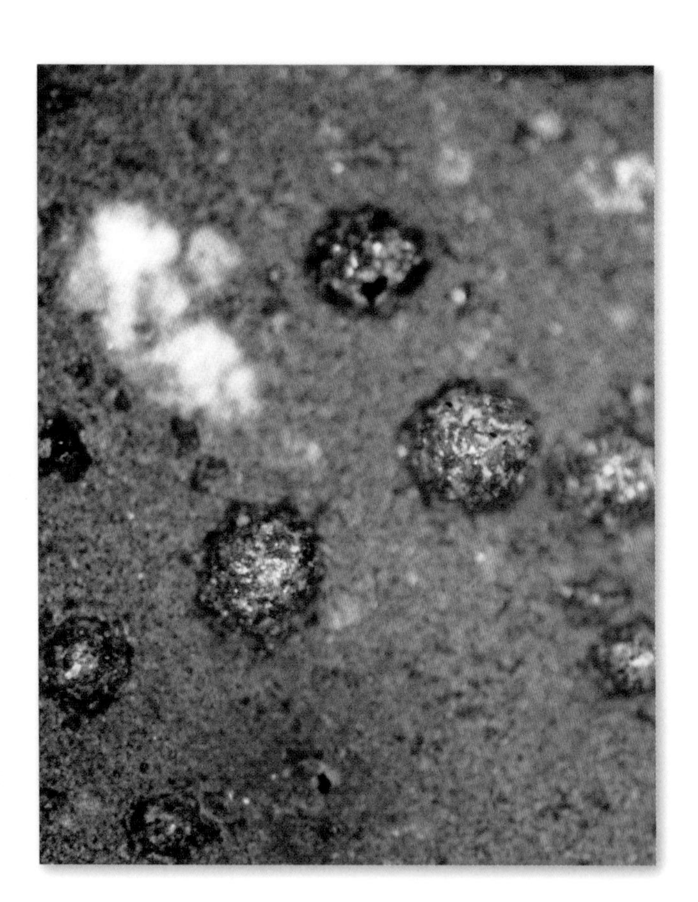

光片（反射光观察　放大 45 倍）

杏仁状玄武岩

产地：浙江萧山

颜色：是玄武岩的一个亚类，多以暗色为主，常见黑绿色、斑驳色。斑驳色的岩石基质部分为深灰色、斑晶部分为浅灰色。

成分：主要矿物成分为斜长石、辉石、火山玻璃。

结构与构造：为显微间隐结构、斑状结构，杏仁状构造。杏仁状结构岩石中的气孔被后来的物质所充填形成的杏仁体。

其他：物理化学性质与拉斑玄武岩、气孔状玄武岩相似，可以用作玄武岩纤维的原料和水泥的辅助填料。

手标本

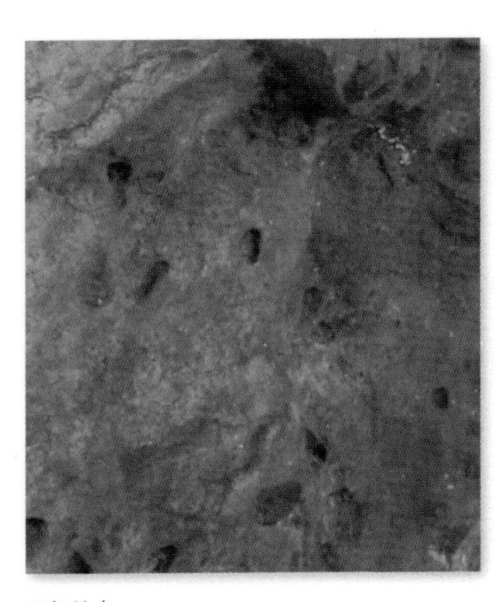

局部放大

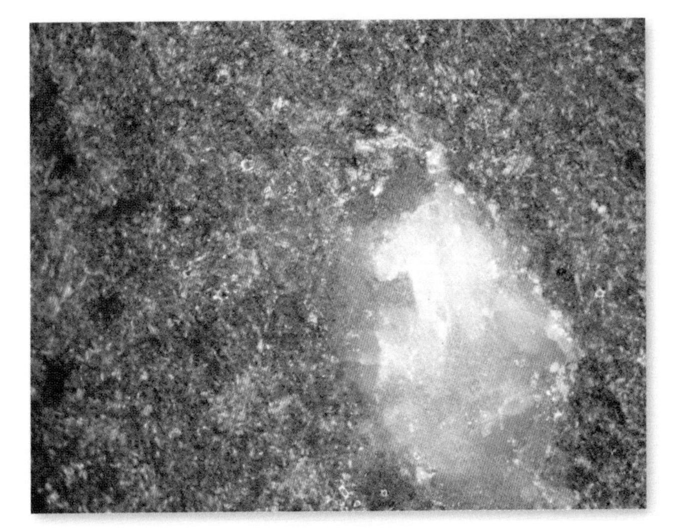

光片（反射光观察　放大 45 倍）

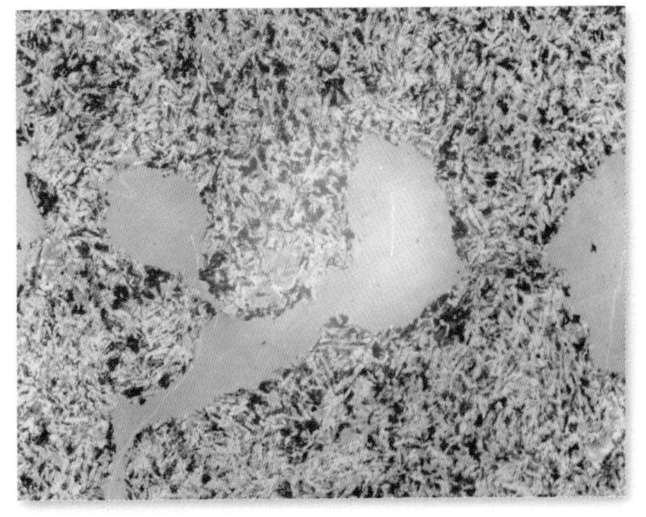

薄片（穿透光观察　60 倍）

粗玄岩

产地：黑龙江五大连池

颜色：又称“徨绿岩”，是一种不常见的玄武岩，颜色以暗色为主，多见深灰色、灰棕色、灰紫色。

成分：主要组成矿物为基性长石和辉石，且不含有任何火山玻璃。

结构与构造：间粒结构、全晶质结构、辉绿结构、次辉绿结构，气孔状构造。

成因：是典型基性喷出岩，是由基性岩浆快速喷出地表后冷却形成的，且岩浆几乎未经过流动。

其他：粗玄岩在工业上用于铅类合金和橡胶防腐剂、润滑剂；也是一种观赏石材料。

手标本

局部放大

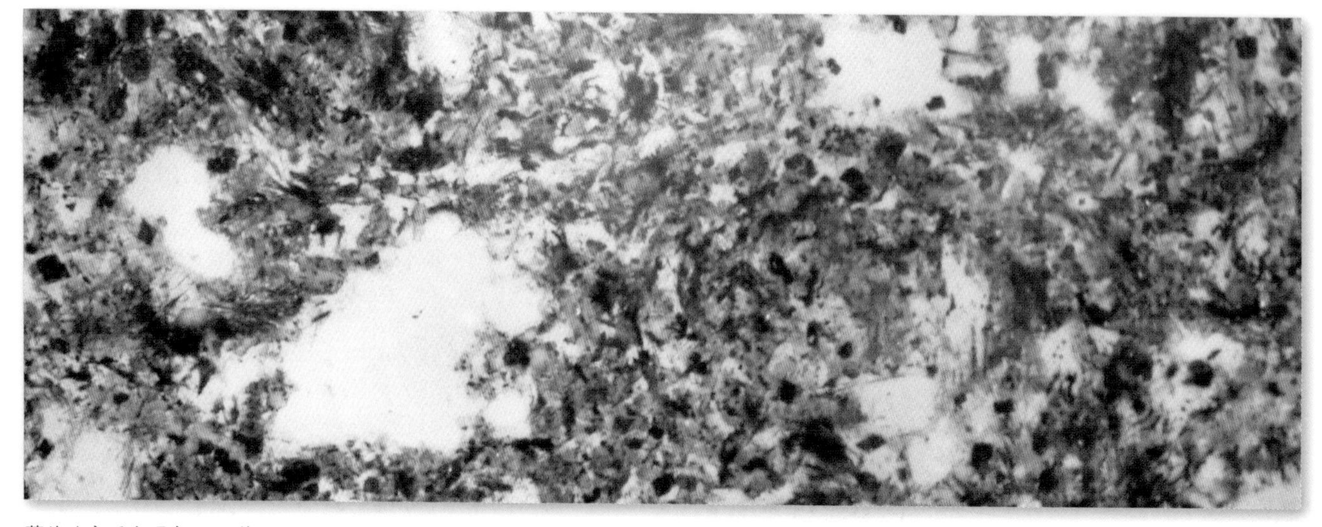

薄片（穿透光观察　60 倍）

浮　岩

产地：吉林靖宇

颜色：一种特殊的基性喷出岩，也是玄武岩的一个亚类，颜色以暗色为主，常见黑色、灰黑色、藏青色、灰褐色、深绿色。

成分：主要矿物成分为玄武质火山玻璃、基性斜长石和辉石。

结构与构造：玻璃质结构，气泡状构造。密度仅为 0.3g/cm^3。

成因：由浅部富含挥发性物质的基性岩浆快速喷出地表冷却形成，冷却时由于富含的挥发性矿物质快速减压气化形成岩石的气孔或气泡状结构。

其他：唯一可以漂浮在水面上的岩石，常可用于制作净水材料和中药原料（海浮石）。在化工领域可以用作过滤剂、干燥剂、催化剂、填充剂、化学载体和控制剂；在建筑行业用作水泥的辅料和无熟料水泥，也可直接用作建筑材料。大多数的火山弹都是浮岩。

手标本

局部放大

光片（反射光观察　放大 45 倍）

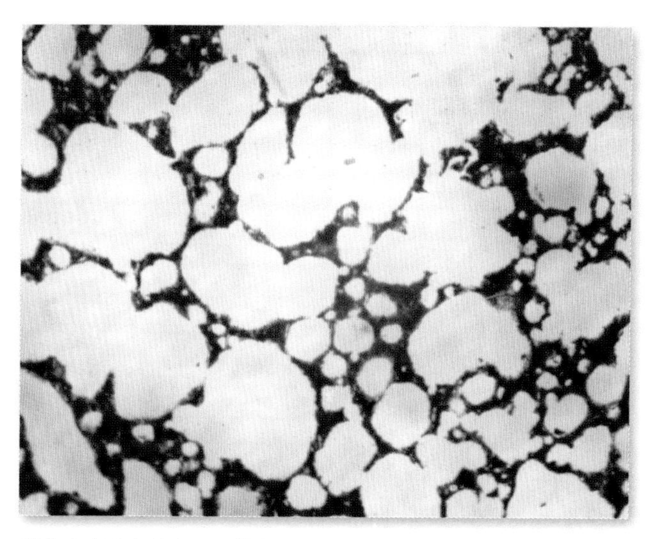

薄片（穿透光观察　60 倍）

黑色浮岩

产地：黑龙江五大连池

颜色：浮岩的一个常见种类，由于含有更多的暗色矿物，颜色为黑色、灰黑色。

成分：主要矿物成分为基性斜长石、辉石，次要矿物为钛铁矿、钛磁铁矿等黑色金属矿物，这是黑色浮岩成色的关键因素。

结构与构造：仍然是浮岩的间隐结构，气孔状构造为主。由于气孔发育，岩石可以浮于水面。

成因：与普通浮岩一致，由基性岩浆喷出地壳形成，只是岩浆中混入了更多铁元素等矿物。

其他：长时间遇水会析出铁元素形成褐红色的褐铁矿，不可用作净水材料；具有一定的磁性，可加工制作成按摩石、美容磨皮石等保健用品。

手标本

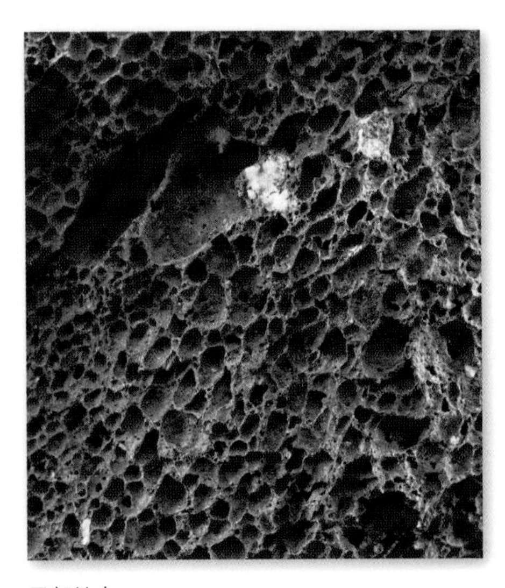

局部放大

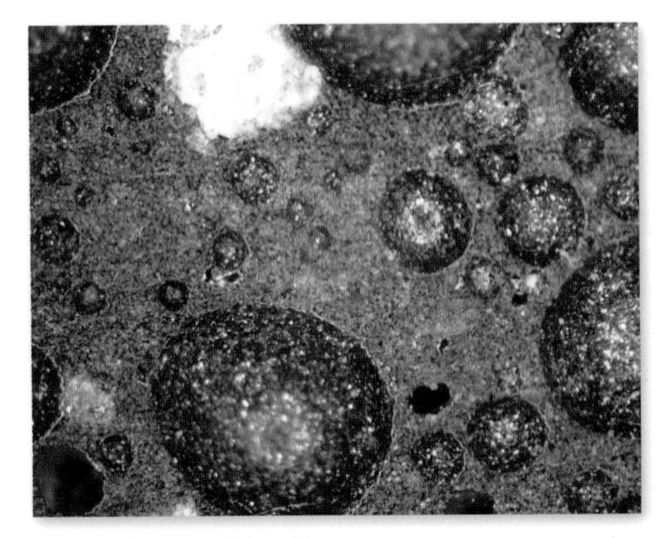

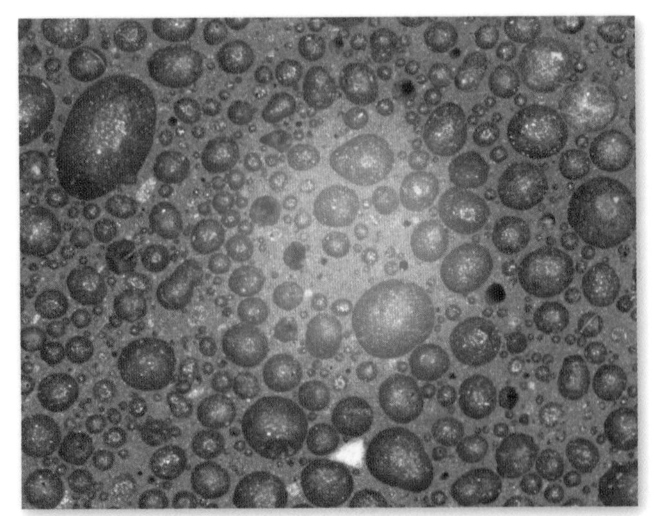

光片（反射光观察　放大 45 倍）

气孔状玄武岩

产地：黑龙江五大连池

颜色： 一种常见的玄武岩亚类，颜色以暗色为主，常见灰黑色，偶见棕灰色。

成分： 主要矿物成分是辉石、橄榄石、基性长石，偶见极少数磁铁矿、角闪石。

结构与构造： 该类岩石的结构特殊，以斑状结构类为主，其中气孔发育，密度极大地减小，最小时接近浮岩的密度 0.3g/cm^3；斑状结构的岩石密度为 2.6 ~ 2.9g/cm^3，且斑晶部分的矿物成分为几乎等量的辉石和橄榄石，基质部分的矿物成分为辉石、基性斜长石。

成因： 由基性玄武质岩浆喷发形成，且岩浆中含有丰富的易气化挥发矿物成分，这些矿物质在岩浆喷出地表后由于压力急速减少，快速气化挥发形成气孔结构。

其他： 对小颗粒有一定的吸附功能，类似活性炭，可以用作净水材料，也可以作路基的骨料。

手标本

局部放大

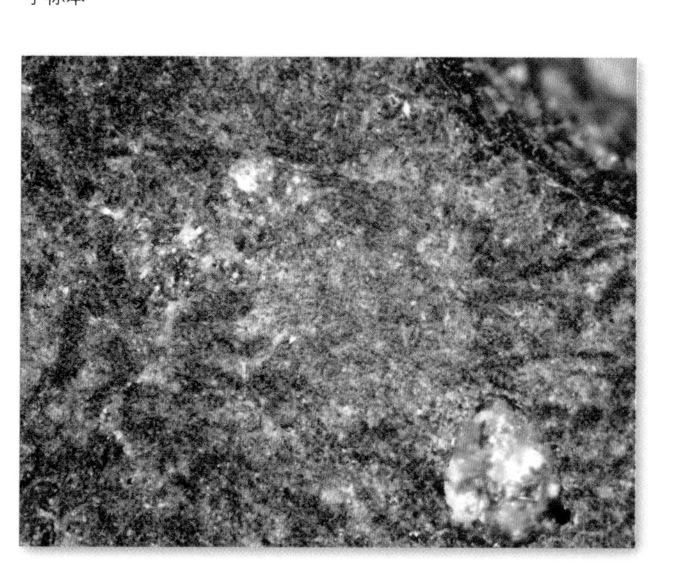

光片（反射光观察　放大 45 倍）

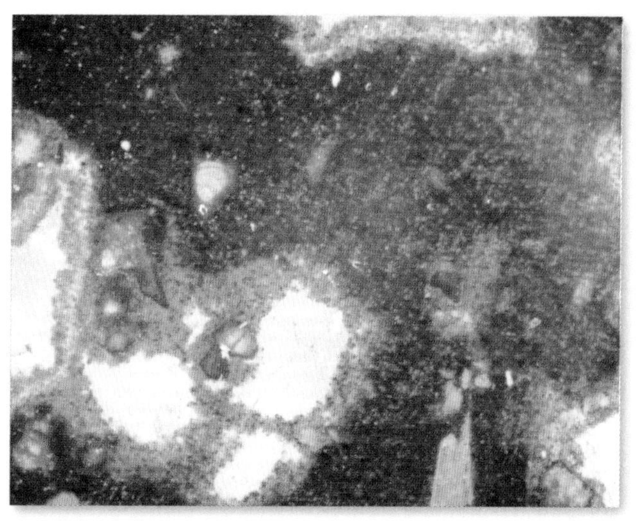

薄片（穿透光观察　60 倍）

碱性气孔状火山熔岩

产地：江苏六合

颜色：以暗色为主，多见深灰色、紫灰色，同时因为这类岩石易风化，岩石表面常常紧密地覆盖一层灰黄色的风化物，易混淆。

成分：主要矿物成分为斜长石、橄榄石和富钙辉石，偶见含钾长石、霞石和似长石类矿物。同时，氧化钾和氧化钠的化学总含量接近 10%，使岩石呈现富碱性，且氧化钠的含量大于氧化钾。

结构与构造：以交织结构、斑状结构为主，块状构造、气孔构造。

成因：是一种富碱贫硅贫钙的玄武岩，因为缺少硅元素所以称为“碱性”。

其他：碱性气孔状火山熔岩占岩石圈的比例极小，没有工业用途。

手标本

局部放大

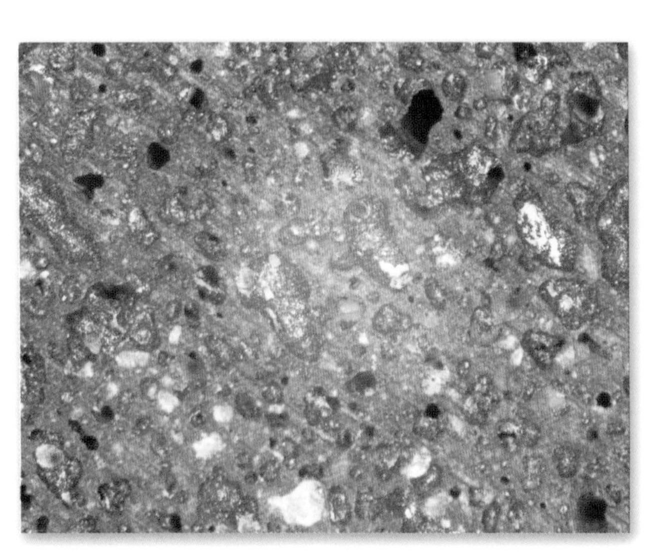

光片（反射光观察　放大 45 倍）

气孔状熔岩

产地：浙江诸暨

颜色：以暗色为主，多见褐色、灰褐色。

成分：主要矿物成分为基性斜长石、辉石和玻璃质。

结构与构造：玻基交织结构、隐晶质结构、斑状结构，气孔状构造、岩被状构造、条带状构造。

成因：最常见的气孔状玄武质熔岩，是由含有易气化矿物质的基性岩浆喷出地表后，压力和温度降低，易气化物质挥发后形成气孔状构造。气孔状熔岩常常风化，导致颜色变浅。

其他：气孔状熔岩是常见的基性喷出岩，可用作水泥制造的填料和净水材料。

手标本

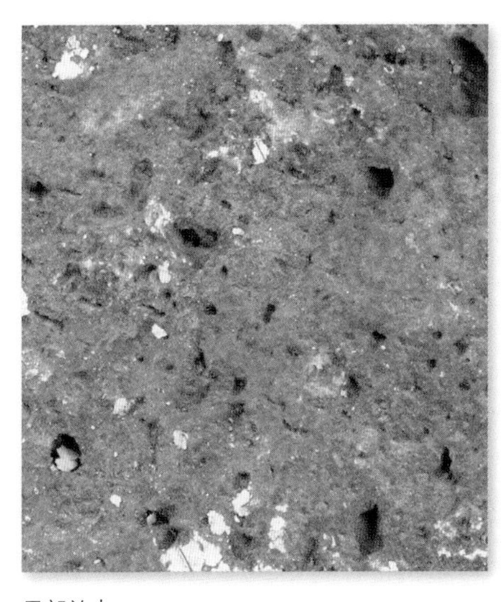

局部放大

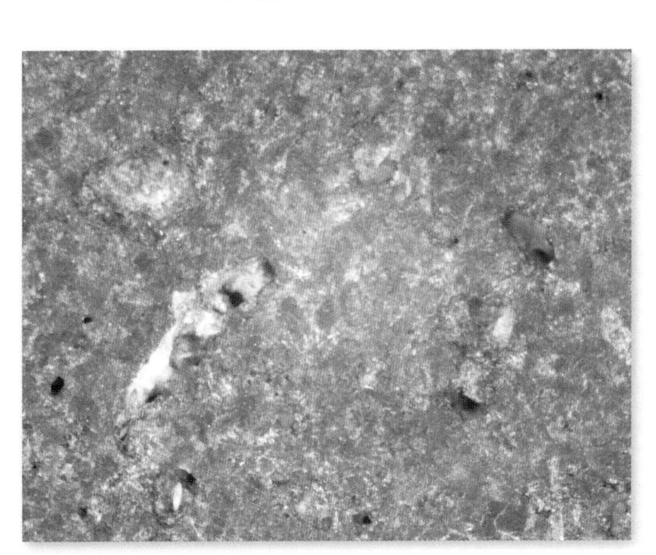

光片（反射光观察　放大 45 倍）

层状火山熔岩

产地：黑龙江五大连池

颜色：以暗色为主，多见黑绿色、灰黑色、深绿色等。

成分：主要矿物成分为基性斜长石、辉石，与辉长岩成分接近。

结构与构造：交织结构，层状构造、气孔状构造。

成因：多种岩性，本块标本为基性玄武岩的一个亚类，是由基性岩浆喷出后，间隔性重复缓慢喷出后冷却堆叠形成，类似沉积岩的层状构造，区别在于层状火山熔岩有火山玻璃和基性斜长石晶体。

其他：分布较少，目前没有工业利用。通常是判断火山地质构造体的指示物。

手标本

局部放大

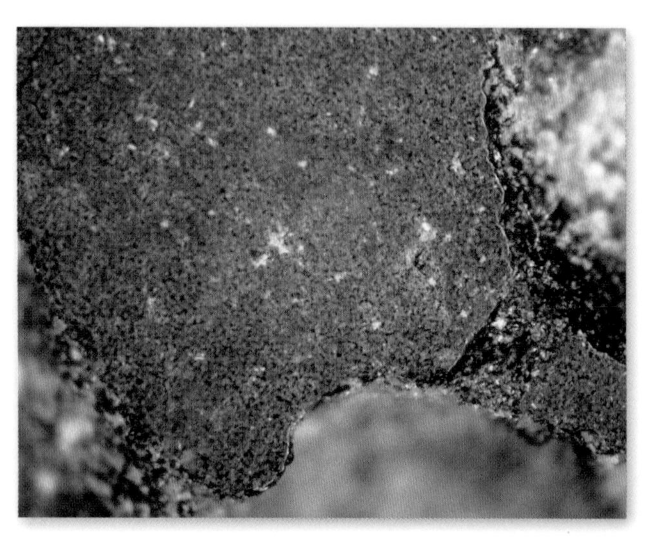

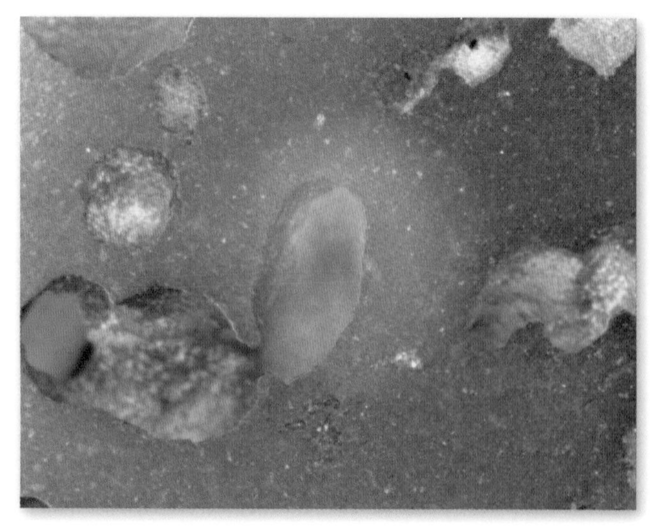

光片（反射光观察　放大 45 倍）

橄榄辉长岩

产地：山东济南

颜色：以浅色为主，有别于常见的暗色基性岩，常见灰白色、灰色、灰棕色。

成分：主要矿物成分是透辉石、异剥辉石、普通辉石、基性斜长石、橄榄石，次要矿物成分有角闪石、黑云母、斜方辉石、钛铁矿。

结构与构造：为辉长结构、中粒至粗粒结构，块状构造。

成因：由地幔的玄武质岩浆侵入形成。

其他：常伴有铁、钛、铜、镍、磷等透镜体矿产，是相关矿产的指示物。橄榄辉长岩是深部洋壳的代表性岩石之一，是橄榄玄武岩相应的侵入岩。

手标本

局部放大

光片（反射光观察　放大 45 倍）

薄片（穿透光观察　60 倍）

角闪辉长岩

产地：山东泰安

颜色：以暗色为主，多见灰黑色、深灰色、灰黑相间色。

成分：主要矿物成分为基性斜长石和角闪石、辉石，且角闪石和辉石含量相近。

结构与构造：辉长结构、斑状结构、柱状结构，块状构造。

成因：角闪辉长石是一种常见的辉长岩亚类，是由基性岩浆侵入地壳围岩冷却结晶形成。

其他：分布与铂、铜、镍、钴等矿产相关，常作为相关矿产的指示物，同时可用作装饰石材。

手标本

局部放大

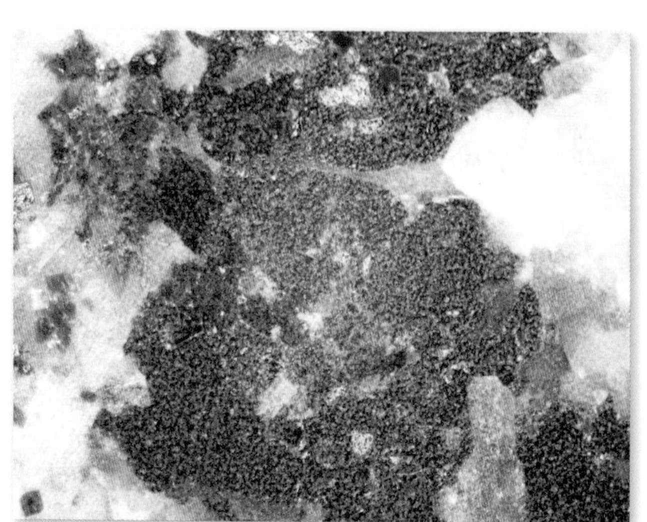

光片（反射光观察　放大 45 倍）

细粒辉长岩

产地：江苏南京

颜色：以暗色为主，多为灰黑色、灰绿色。

成分：主要矿物成分为单斜辉石（透辉石、异剥辉石、普通辉石）和基性斜长石（拉长石、倍长石），次要矿物为角闪石、橄榄石、黑云母、斜方辉石，偶见少量的石英和碱性长石。

结构与构造：为细粒结构、辉长结构，块状构造。

成因：细粒辉长岩是最常见的辉长岩，是一种基性浅层侵入岩，是由基性岩浆缓慢侵入地壳围岩形成，是深部大洋地壳的典型岩石种类。

其他：常伴生磁铁矿、钛铁矿、斑铜矿、磷矿等矿物，是相关矿产的指示物。

手标本

局部放大

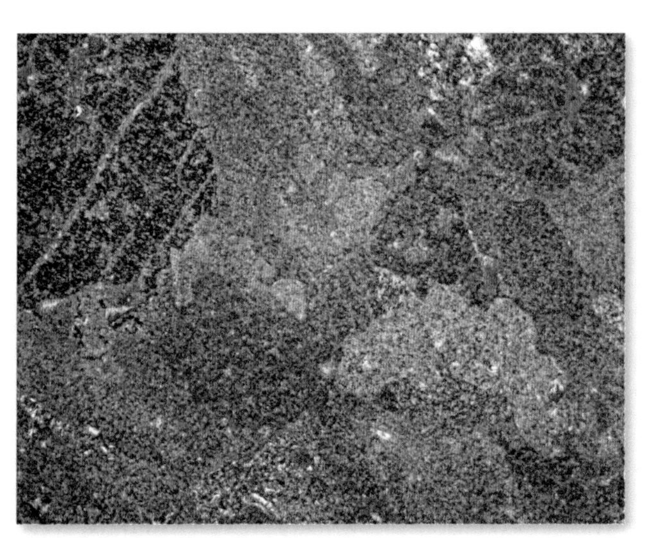

光片（反射光观察　放大 45 倍）

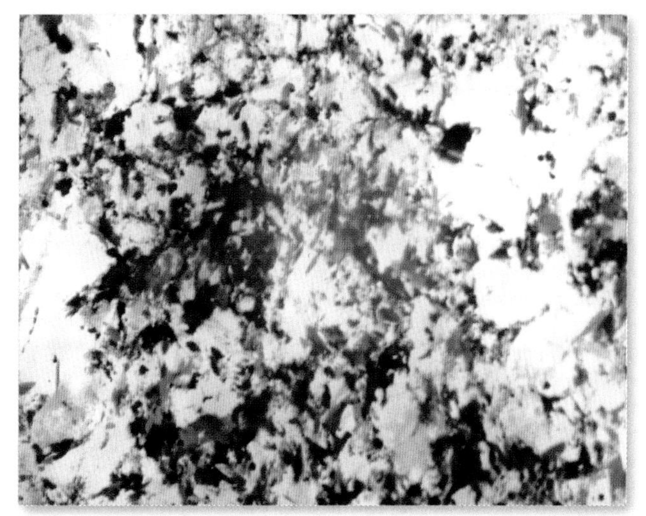

薄片（穿透光观察　60 倍）

辉绿岩

产地：浙江德清

颜色： 以暗色为主，多见灰绿色、绿色。

成分： 主要矿物成分为辉石、基性斜长石，偶见少量橄榄石、黑云母、石英、磷灰石、磁铁矿、钛铁矿。

结构与构造： 为辉绿结构，块状构造。

成因： 由玄武质岩浆侵入地壳围岩结晶形成，以岩脉、岩墙、岩床、岩株形态产出。辉绿岩是基性浅成侵入岩岩石，具有辉绿结构的基性熔岩或次火山岩也称为辉绿岩。

其他： 辉绿岩极易风化蚀变，主要矿物基性斜长石蚀变为钠长石、黝帘石、绿帘石等矿物集合体及高岭土等；辉石蚀变为绿泥石、角闪石、碳酸盐，可逐步形成蚀变型次生矿床。

手标本

局部放大

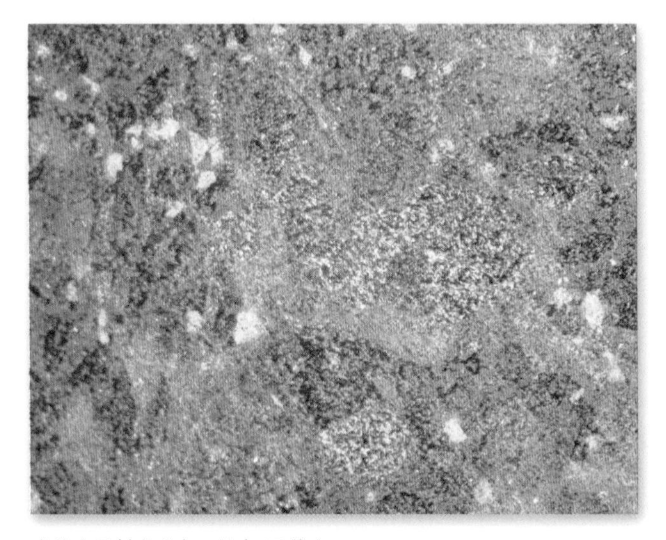

光片（反射光观察　放大 45 倍）

薄片（穿透光观察　60 倍）

辉绿玢岩

产地：湖南来阳

颜色：以浅色为主，多见灰绿色、灰色。

成分：主要矿物成分为基性斜长石和单斜辉石。基性斜长石为自形结晶，偶见斑晶；单斜辉石在肉眼下不明显，为隐晶质形态。

结构与构造：具斑状结构、间粒结构，块状构造、条带状构造。

成因：绿辉玢岩是一种基性浅成侵入岩和辉绿岩类的特殊类型，由基性岩浆缓慢侵入地壳形成。

其他：目前在工业上基本没有应用，加工后可作为建筑材料人造鹅卵石使用。辉绿玢岩和辉绿岩的区别在于辉绿玢岩岩石有明显的斜长石斑晶，即具有斑状结构的辉绿岩称为辉绿玢岩。

手标本

局部放大

细碧岩

产地：浙江缙云

颜色： 暗色为主，常见灰绿色、紫绿色。

成分： 主要矿物成分为钠长石、辉石、绿泥石、阳起石、方解石、绿帘石、葡萄石、石髓。有别于一般基性岩矿物成分的简单性和一致性，在识别时可以观察到多种矿物晶体，这是细碧岩的主要特征。

结构与构造： 间粒结构、辉绿结构、凝灰结构，枕状构造、块状构造。

成因： 对细碧岩的成因有不同的认识，当前有三种观点：第一是细碧岩岩浆结晶形成，但还未直接发现碧岩岩浆；第二是海底玄武岩在其结晶后，钙质斜长石在海水中转变为钠长石，多余的钙参与形成了绿帘石和方解石，最终混合各类矿物形成细碧岩；第三是玄武岩喷出后重新下沉埋藏至地表浅部，经过变质作用形成细碧岩。

其他： 细碧岩是一种非常特殊的岩石，是一种隐晶质、富钠贫钙、含钠质斜长石的基性喷出岩，不常见；矿物成分非常复杂。

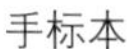

手标本

局部放大

斜长岩

产地：河北承德

颜色：浅色和斑驳色为主，多见浅灰色、灰白色、浅绿色。

成分：主要矿物成分为拉长石、中长石，次要矿物成分为辉石、橄榄石、角闪石。

结构与构造：半自形粒状结构、他形粗粒结构，块状构造。

成因：由玄武质岩浆经结晶分异作用形成。

其他：通常作为建筑装饰用石材。

手标本

局部放大

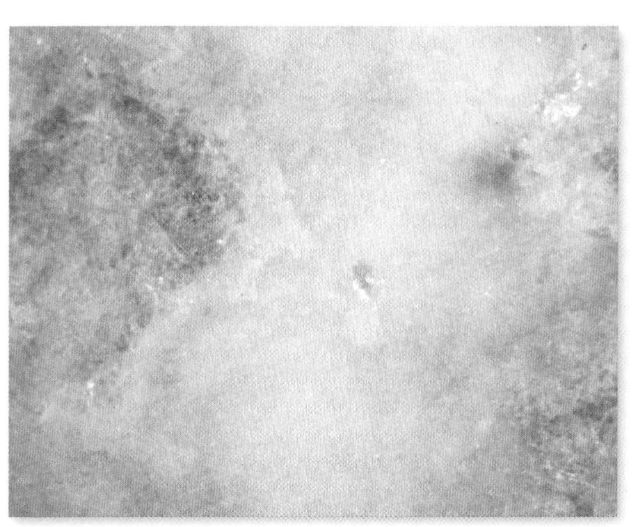

光片（反射光观察　放大 45 倍）

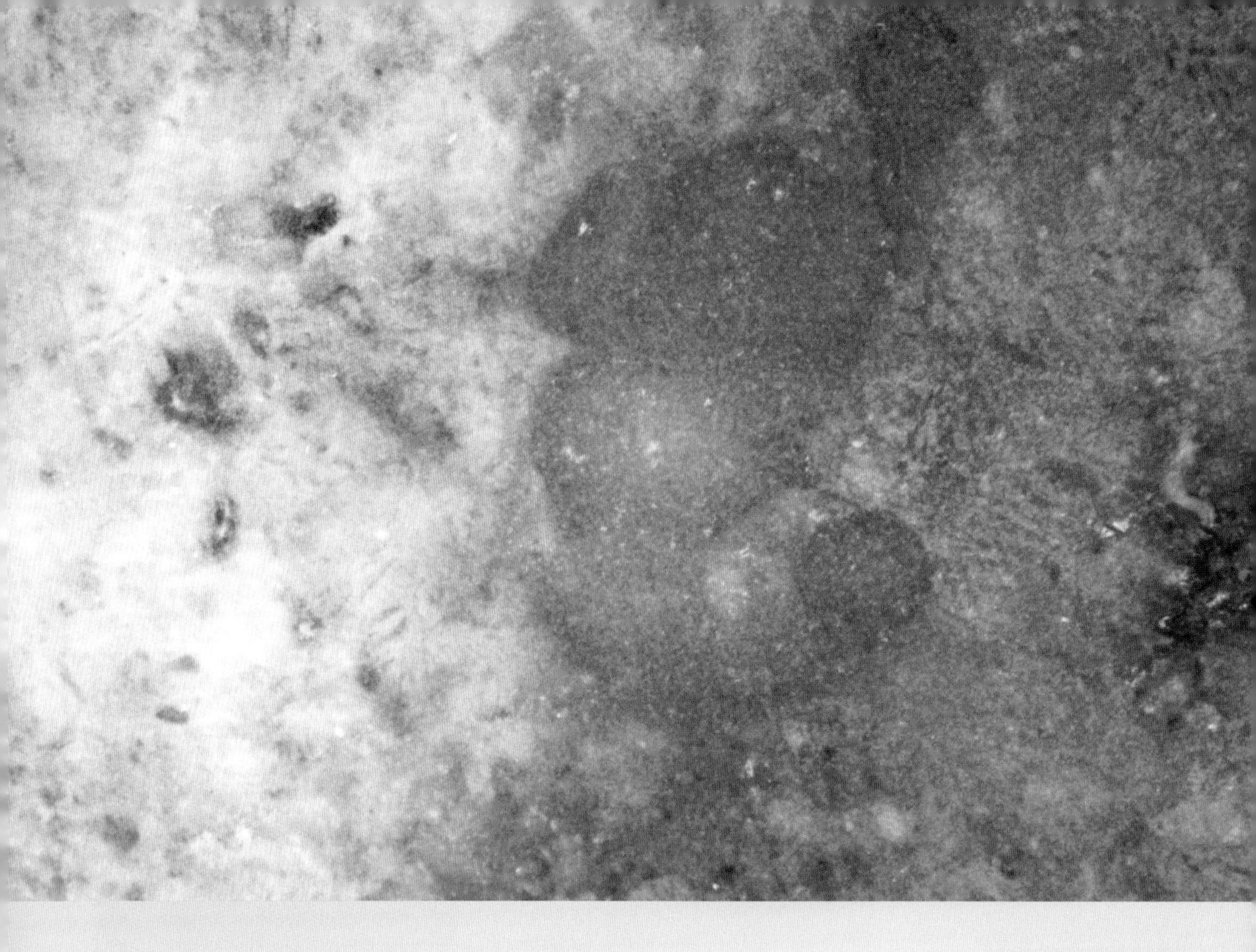

3. 中性岩

034 ~ 054

该类岩石颜色比基性岩、超基性岩浅，密度差异较大，主要造岩矿物以各类长石和石英为主，同时包含角闪石、辉石、黑云母，二氧化硅含量 52% ~ 65%。二氧化硅以石英的矿物形态和复杂硅酸盐矿物形态混合出现。

粗面安山岩

产地：浙江余杭

颜色：以浅色为主，常见白、灰、浅黄及红色。

成分：主要矿物斜长石、碱性长石，偶有角闪石、黑云母等暗色矿物。

结构与构造：斑状结构、粗面结构，气孔构造、块状构造。斑状结构分为斑晶部分和基质部分，斑晶部分由斜长石和极少量角闪石、黑云母构成，基质部分由斜长石、碱性长石和少量分布不均匀的玻璃质构造。

成因：安山质岩浆喷发形成。粗面安山岩常与玄武岩、安山岩、流纹岩、碱性玄武岩、粗面岩、响岩等共生。

其他：极易发生蚀变青磐岩化，原岩矿物变为钠长石、阳起石、绿泥石、黝帘石、方解石、绢云母、黄铁矿，也可发生次生石英岩化、高岭石化、叶蜡石化等蚀变，也是黏土类和蚀变类矿产的矿床。粗面安山岩作为原岩风化形成的土壤十分肥沃，也极易风化。

手标本

局部放大

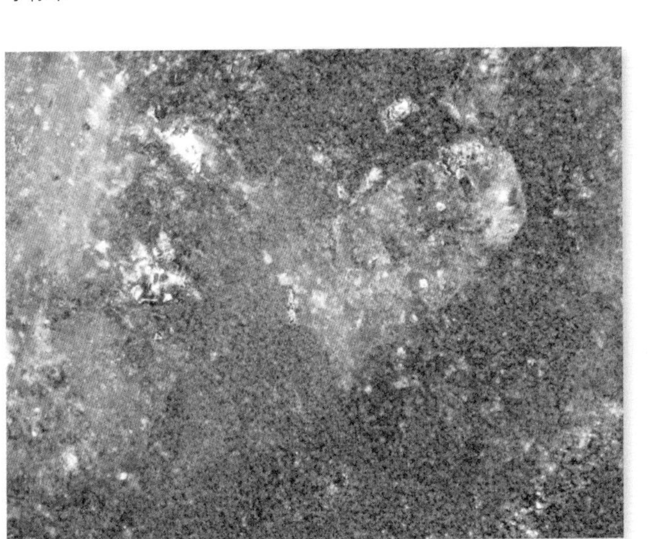

光片（反射光观察　放大 45 倍）

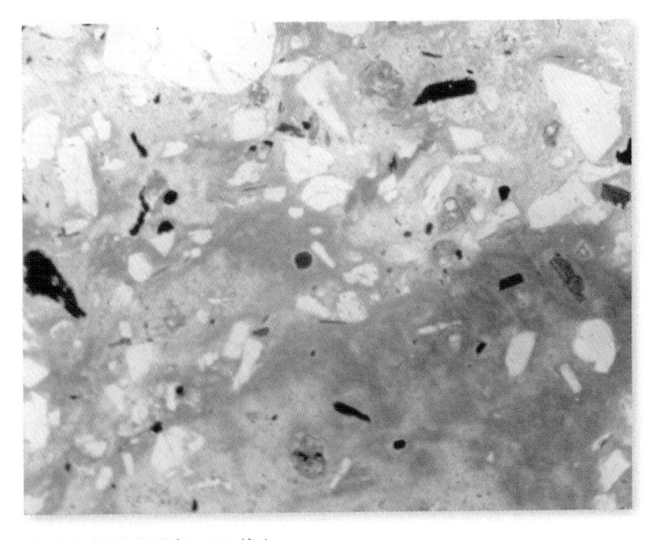

薄片（穿透光观察　60 倍）

粗面安山玢岩

产地：浙江余杭

颜色：以暗色为主，多为灰黑色、灰紫色。

成分：主要矿物成分为斜长石，次要矿物成分为角闪石、黑云母。

结构与构造：隐晶交织结构、斑状结构、粗面结构，块状构造、气孔构造。其中斑晶部分是斜长石晶体和少量角闪石、黑云母，基质部分为火山玻璃质。

成因：和安山岩同为中性喷出岩。

其他：是一种外形和颜色奇特的石材。

手标本

局部放大

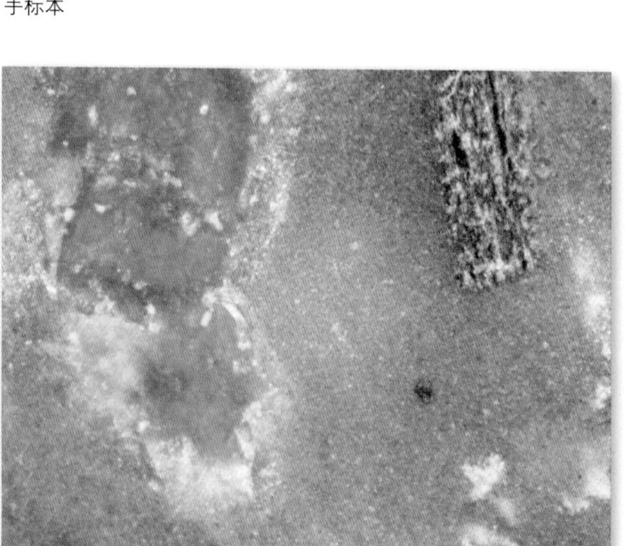

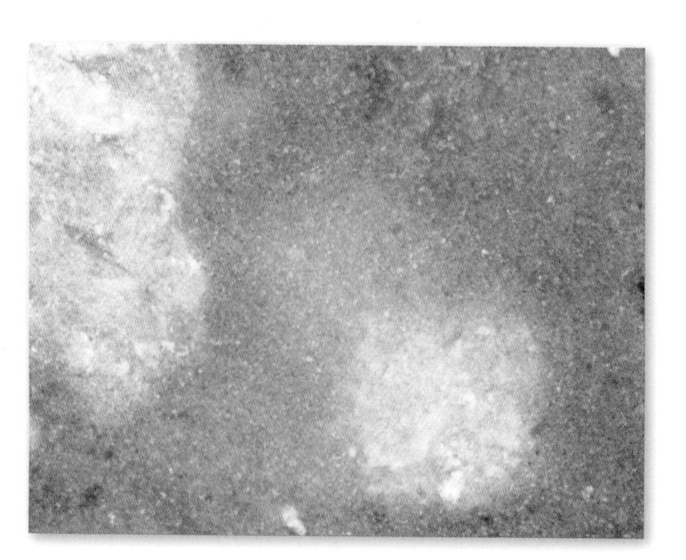

光片（反射光观察　放大 45 倍）

角砾安山粗面岩

产地：浙江绍兴

颜色：以浅色、斑驳色为主，常见灰白色、绿色、浅黄色及黄、绿、灰相杂的斑驳色。

成分：主要矿物成分为中长石、更长石、火山玻璃，次要矿物成分为角闪石、黑云母。

结构与构造：是一种构造特殊的安山岩——粗面岩的过渡岩石，具有角砾状构造，斑状结构。岩石的角砾多为含有暗色矿物的长石晶体和火山玻璃混合体；斑状结构中斑晶成分为中长石、更长石、暗色矿物，基质部分为隐晶质。

成因：是正长岩岩浆的喷出岩。

其他：其中的长石晶体是易于筛选的工业原料，是重要的陶瓷、玻璃、摩擦剂等的原料。角砾安山粗面岩可作为一种造型奇特的观赏石。

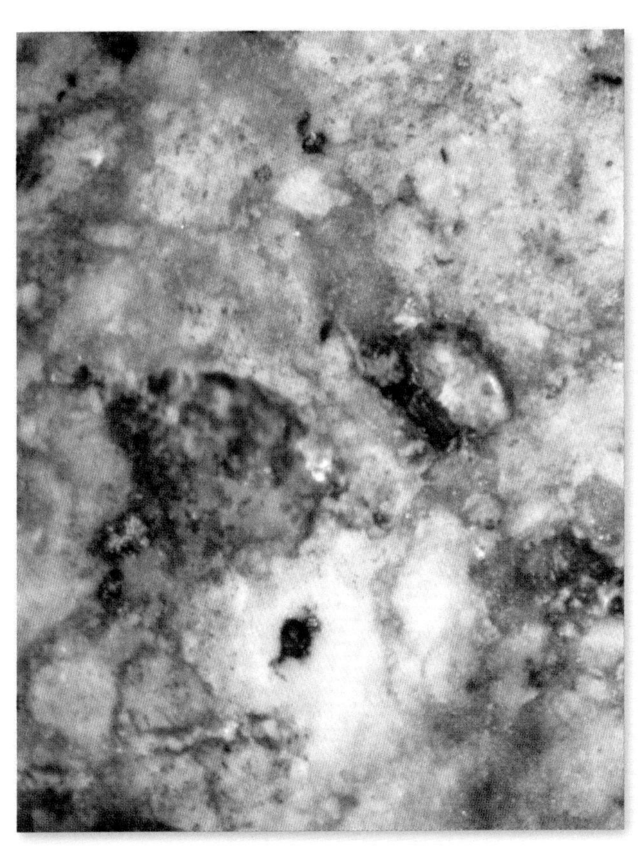

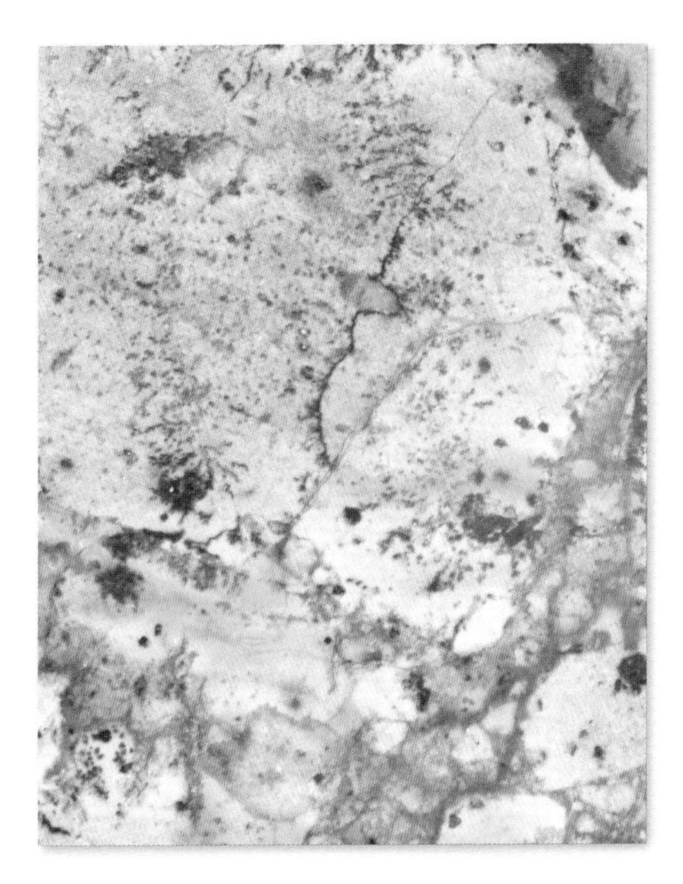

光片（反射光观察　放大 45 倍）

粗面岩

产地：河北张家口

颜色：以浅色为主，常见浅灰色、浅黄色、淡粉色、红色。

成分：是一种常见中性火山喷出岩，主要矿物成分为钾长石、碱性长石，少量斜长石，次要矿物成分为角闪石、黑云母、辉石，偶见石英。

结构与构造：斑状结构、粗面结构，熔渣构造、气孔构造、流纹构造、块状构造。斑晶部分为透长石、斜长石晶体、黑云母；基质为隐晶质的碱性长石，且碱性长石的排列呈平行定向，及粗面结构。

成因：由粗面岩浆衍生、喷出冷却形成，分布很少，常常与流纹岩、安山岩等伴生分布。

其他：是一种外形和颜色奇特的观赏石，用作石材。

手标本

局部放大

角闪粗面岩

产地：山东莒南

颜色：以浅色为主，多见灰色、浅灰色、灰绿色。

成分：主要矿物成分为透长石、更长石、角闪石、火山玻璃，次要矿物成分为黑云母、辉石。

结构与构造：主要为斑状结构、粗面结构，熔渣状构造、气孔状构造、流纹构造。

成因：是一种特殊的粗面岩，与流纹岩、安山岩等伴生出露。

其他：目前用途较少，可做建筑填料。

手标本

局部放大

矽化粗面岩

产地：浙江绍兴

颜色： 以浅色和斑驳色为主，常见浅黄色、灰绿色、浅灰色。

成分： 是发生了硅化的中性喷出岩，其主要矿物成分为更长石、透长石，次要矿物成分为斜长石、角闪石、辉石、黑云母。

结构与构造： 为斑状结构、粗面结构，条带状构造、斑杂状构造、块状构造。

成因： 是由粗面岩形成后发生硅化作用，火山玻璃质成分、硅含量较高的矿物质变化为石英、玉髓、蛋白石等蚀变矿物。

其他： 矽化粗面岩分布很少，在我国东南地区较为常见，与接触变质岩类共生分布。同时规模较大的矽化粗面岩是玉石类矿产的矿床。

手标本

局部放大

光片（反射光观察　放大 45 倍）

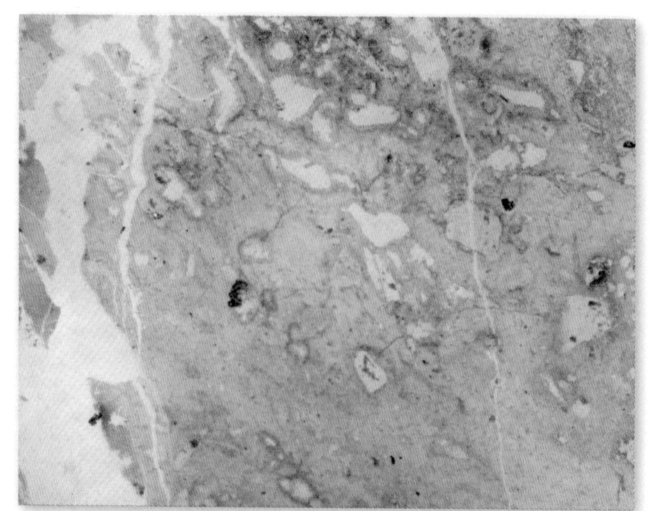

薄片（穿透光观察　60 倍）

流纹质英安岩

产地：浙江绍兴

颜色： 颜色变化很大，岩石的新鲜面为淡灰色、深灰色、淡绿色，风化侵蚀后为黄色、淡黄色、褐色。

成分： 主要矿物成分为斜长石、石英，次要矿物成分为角闪石和黑云母。

结构与构造： 为半自形粒状结构、霏细结构、微文象结构，流纹构造。霏细结构或微文象结构的斑晶部分为石英、斜长石、少量透长石，基质为微晶质—显晶质。

其他： 是流纹岩和英安岩之间的过渡岩石，是石英闪长岩的喷出岩，是由中酸性岩浆喷出地表后流动冷却形成。流纹质英安岩有着奇特的流纹构造，可作观赏石。

手标本

局部放大

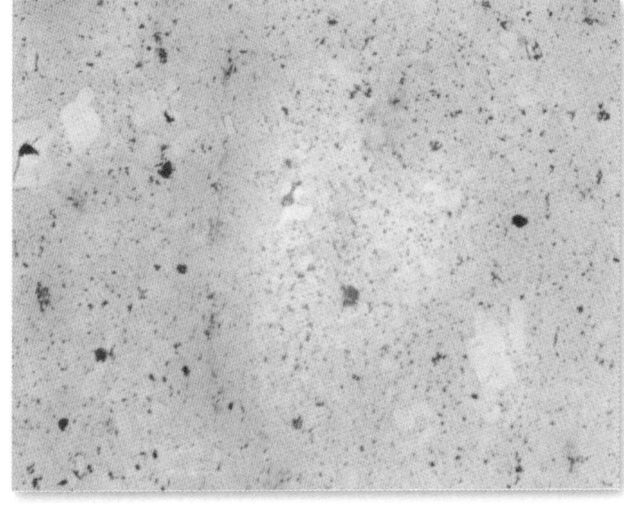

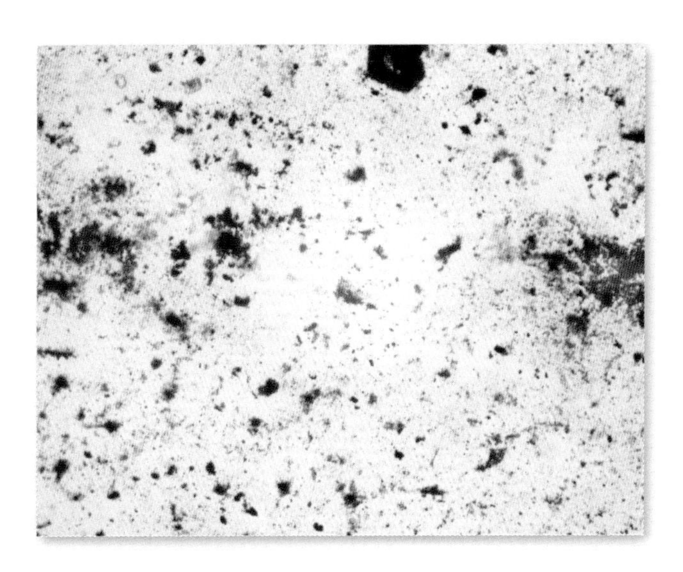

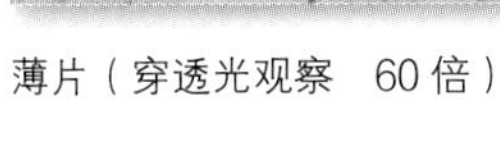

薄片（穿透光观察　60 倍）

闪长岩

产地：浙江仙居

颜色：以浅色和斑驳色为主，常见灰色、灰白色。

成分：主要矿物成分为中长石、角闪石，次要矿物成分为黑云母、辉石正长石、石英，含少量的磷灰石、磁铁矿、钛铁矿和榍石。

结构与构造：为半自形粒状结构，块状构造。

成因：是一种全晶质中性深成侵入岩，由中性岩浆侵入深部地壳围岩冷却形成。

其他：闪长岩不常见，可作为建筑石材使用。

手标本

局部放大

光片（反射光观察　放大 45 倍）

二长岩

产地：浙江龙游

颜色：以浅色、艳色为主，常见灰白色、灰色、玫瑰色、肉红色。

成分：主要矿物成分为斜长石和钾长石，次要矿物成分为石英、角闪石、黑云母、辉石。

结构与构造：是特殊的二长结构，这是深成岩中斜长石的自形程度较钾长石高得多的粒状结构，具斑状结构、块状构造。

成因：是正长岩向闪长岩过渡的全晶质的中性侵入岩，是由中性岩浆小规模侵入地壳围岩形成，以岩株状产出。

其他：钾长石含量极高，易于筛选，是重要的钾长石矿产。

与二长花岗岩相似，区别是二长花岗岩中石英和黑云母的含量更高。二长岩常常与矽卡岩型铁矿伴生。

手标本

局部放大

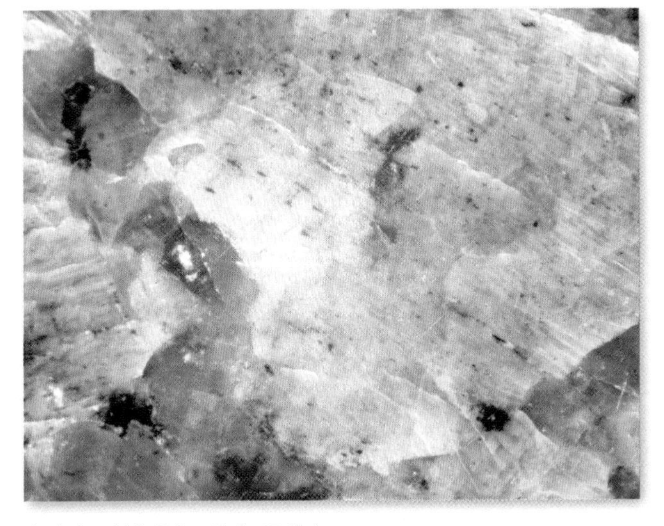

光片（反射光观察　放大 45 倍）

钠长岩

产地：山东新泰

颜色： 又称钠长闪长岩，颜色以浅色为主，常见灰白色、灰红色。

成分： 主要矿物成分为钠长石，次要矿物成分为微斜长石和石英。

结构与构造： 为半自形粒状结构、斑状结构，块状构造。

成因： 是正长岩亚类中的一种特殊岩石，是由晚期富钠残余岩浆结晶形成。也有研究表明正长花岗岩和碱性花岗岩通过碱质热液交代作用形成了钠长岩。

其他： 用途很多，是重要的钠长石型稀有稀土和铀矿矿藏。

手标本

局部放大

辉石闪长岩

产地：山东泰安

颜色：以浅色、斑驳色为主，常见浅灰色、灰绿色、黑白斑驳色。

成分：主要矿物成分为斜长石，且斜长石的含量变化很大，次要矿物成分为辉石、石英、磁铁矿、角闪石。

结构与构造：细粒半自形晶结构、反应边结构，块状构造。

成因：是中性闪长岩向基性辉长岩过渡的岩石类型，是由中性岩浆或基性岩浆结晶分异形成。

其他：岩石表面容易风化，可作观赏石。

手标本

局部放大

光片（反射光观察　放大 45 倍）

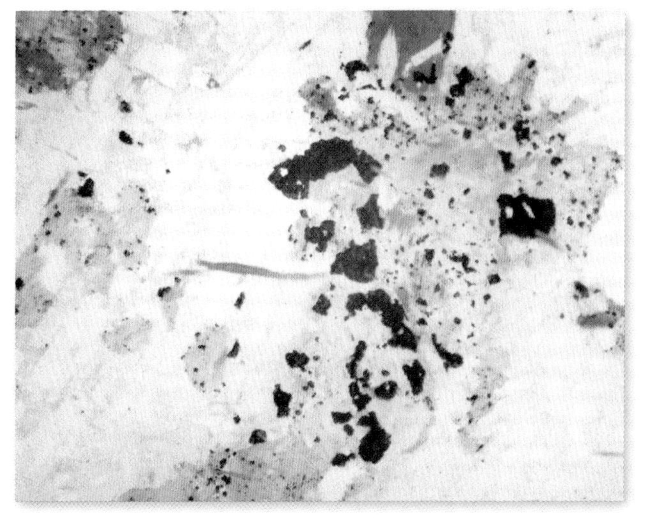

薄片（穿透光观察　60 倍）

闪长玢岩

产地：浙江德清

颜色：以浅色为主，常见灰色、浅灰色。

成分：主要矿物成分为斜长石和普通角闪石，次要矿物成分为黑云母。

结构与构造：为半自形粒状结构、斑状结构，块状构造。

成因：是中性闪长岩类的中性浅成岩或超浅成岩，分布有限，多以岩床、岩墙产状。

其他：目前在工业上没有应用，偶有建筑上作为填料使用。

玢（bin）岩这个概念是由中国地质学家提出的，只在中国范围内使用，是指浅成岩中具斑状结构的中基性（或弱酸性，如花岗闪长玢岩）喷出岩、浅成岩和超浅成岩的斑状结构中，斑晶矿物组成为暗色矿物和斜长石为主，如闪长玢岩、安山玢岩和辉绿玢岩等。

手标本

局部放大

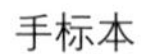

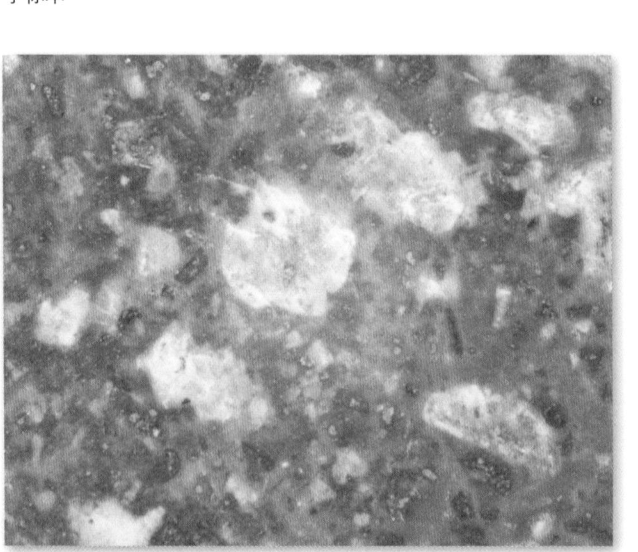

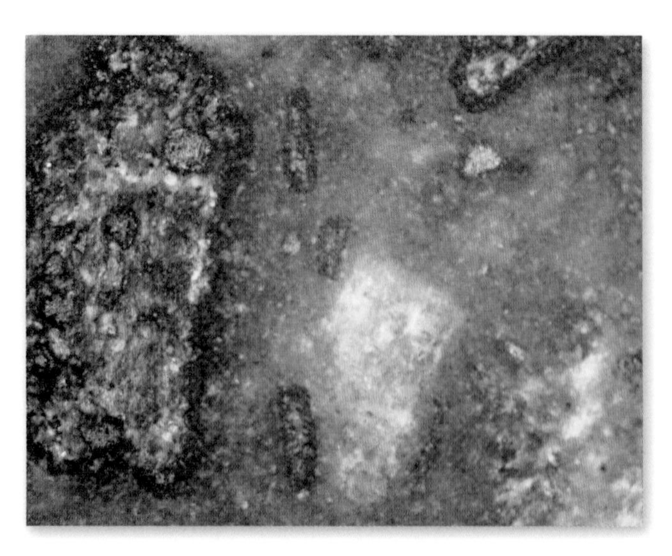

光片（反射光观察　放大 45 倍）

细粒角闪石英闪长岩

产地：浙江绍兴

颜色：颜色起伏较大，多见灰色、绿黑色、灰紫色。

成分：主要矿物成分为石英、斜长石、正长石，次要矿物成分为碱性长石、角闪石。

结构与构造：为半自形粒状结构、花岗结构，块状构造。

成因：由深成中－中酸性岩浆侵入地壳围岩冷却形成，分布较广。

其他：与花岗岩外观相似，可作观赏石。

手标本

局部放大

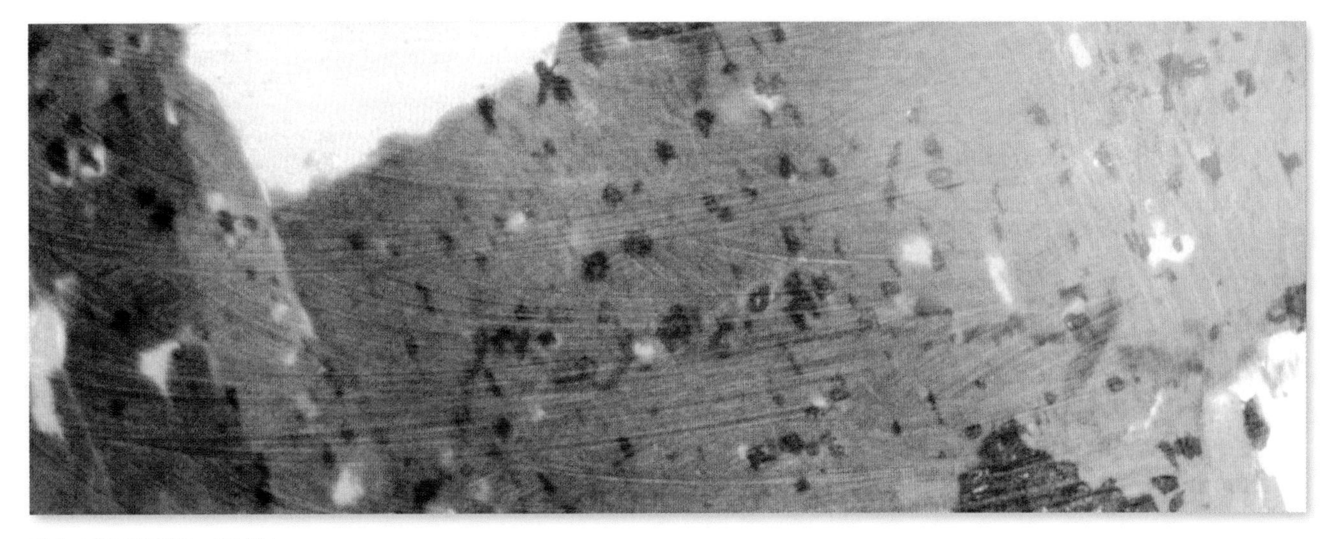

薄片（穿透光观察　60 倍）

中粒角闪石英闪长斑岩

产地：浙江绍兴

颜色：以中－暗色为主，常见绿黑色、斑驳色。

成分：主要矿物成分为石英、斜长石，次要矿物成分为角闪石。

结构与构造：为似斑状结构（不是斑状结构）、半自形中粒结构、花岗结构，块状结构。似斑状结构的斑晶部分和基质都是一致的矿物，斑晶部分的矿物结晶更大，基质结晶较小。

成因：由深成中酸性岩浆侵入地壳围岩后冷却形成。

其他：石英含量较高，可用作硅类矿产开采。

光片（反射光观察　放大 45 倍）

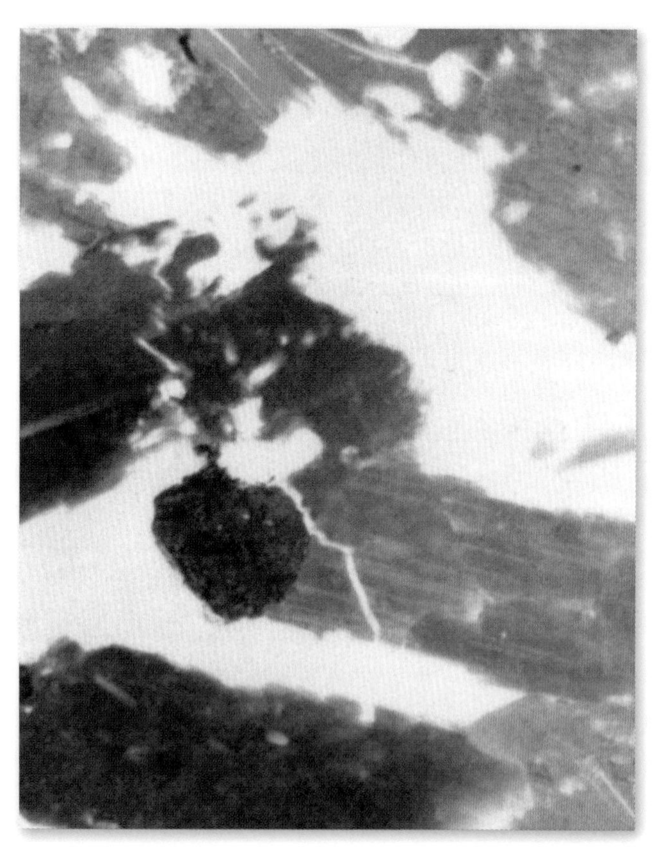

薄片（穿透光观察　60 倍）

中粒角闪石英闪长玢岩

产地：北京房山

颜色：以浅色为主，多见灰白色、浅灰色。

成分：主要矿物成分为中长石、石英、角闪石，次要矿物成分为黑云母、辉石、正长石。

结构与构造：为花岗结构、半自形中粒结构、斑状结构，块状构造、条痕状构造。

成因：由中酸性岩浆侵入地壳浅部冷凝结晶形成。

其他：分布较少，目前基本没有用途，偶尔可作为装饰用材料。

手标本

局部放大

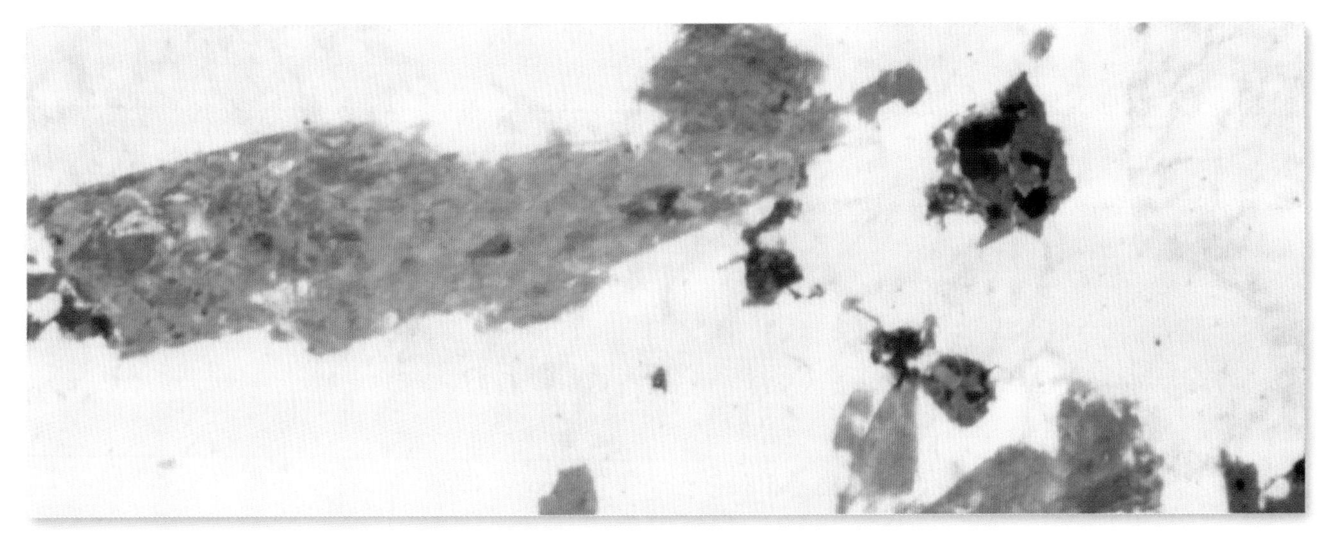

薄片（穿透光观察　60 倍）

正长岩

产地：湖北宜昌

颜色：以浅色为主，多见浅灰色、肉红色。

成分：主要矿物成分为长石、角闪石、黑云母，其中碱性长石（正长石、微斜长石、条纹长石）的含量极高，偶见极少量的石英。

结构与构造：等粒状结构、斑状结构，块状构造。

成因：是一种深成侵入岩，由热液蚀变作用形成的成分与正长岩近似的岩石。原岩为花岗类岩石，形成过程中碱性热液溶蚀了石英，将长石类矿物富集。

其他：正长石含量极高，是一种通用的建筑材料。

手标本

局部放大

正长斑岩

产地：浙江德清

颜色：以浅色、斑驳色为主，多见浅灰色、肉红色、斑驳红绿色。

成分：主要矿物成分为长石、角闪石、黑云母，其中碱性长石的含量极高，偶见极少量的石英。

结构与构造：斑状结构、似粗面结构、交织结构，块状构造。斑晶为正长石，偶见透长石；基质为似粗面结构或交织结构长石、角闪石。

成因：是一种常见的浅成侵入岩，由热液蚀变作用形成。

其他：可作建筑用材料，也可用作观赏石。

手标本

局部放大

光片（反射光观察　放大 45 倍）

薄片（穿透光观察　60 倍）

石英正长岩

产地：浙江德清

颜色：以浅色为主，多见浅灰色、肉红色。

成分：主要矿物成分为斜长石、石英，偶见少量镁铁质暗色矿物。

结构与构造：为半自形粒状结构、花岗结构、斑状结构，块状构造。

成因：是闪长岩向长英质岩石、花岗闪长岩发展过渡的岩石，分布较少。

其他：是一种广泛使用的观赏石，在工业上可以用作摩擦剂、稳定剂等。

手标本

局部放大

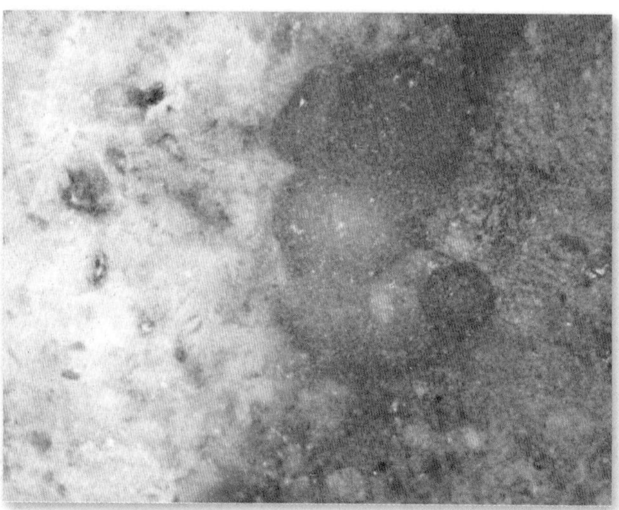

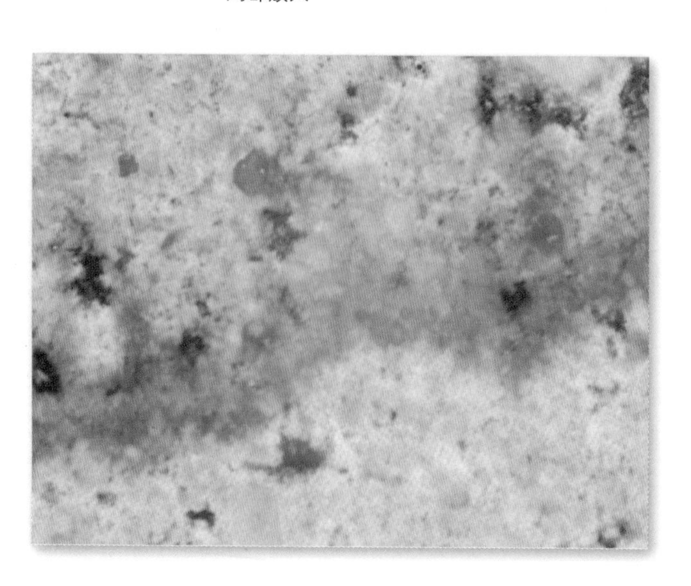

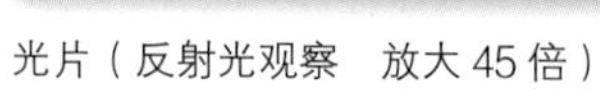

光片（反射光观察　放大 45 倍）

霞辉正长岩

产地：山西临县

颜色：以浅色为主，多见灰色、浅绿色、浅黄褐色。

成分：主要矿物成分为正长石、歪长石 、微斜长石、钠长石、霓辉石、霓石、钠铁闪石、富铁钠闪石，偶见石英、磁铁矿、钛铁矿、磷灰石、锆石、榍石。

结构与构造：为似花岗结构、中粗粒结构，块状构造、似片麻状构造。

成因：属于中性侵入岩，同时是一种深成碱性岩，是由成分复杂的中碱性岩浆侵入地壳形成。

其他：是一种重要的矿场指示物，常与铌、钽、稀土、锆和铀等矿产伴生。

手标本

局部放大

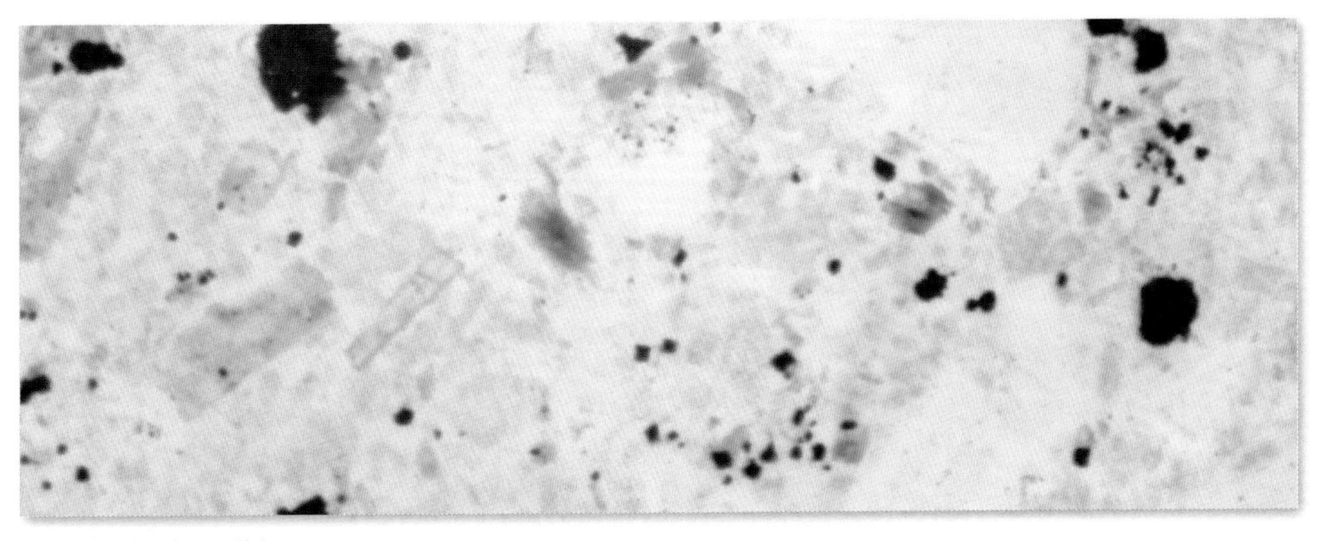

薄片（穿透光观察　60 倍）

黝方石霓辉正长岩

产地：江苏南京

颜色：以浅色为主，多见浅肉红色、灰红色、青灰色。

成分：主要矿物成分为黝方石、霓辉石、正长石，偶见石英、磁铁矿、钛铁矿、磷灰石、锆石、榍石。

结构与构造：为霏细结构、粒状结构、斑状结构，块状构造。

成因：与霞辉正长岩的成因相同，在岩浆成分形成时混入更多的黝方石成分，再冷却结晶形成。

其他：分布较少，其中的黝方石可以作为宝石原料。

手标本

局部放大

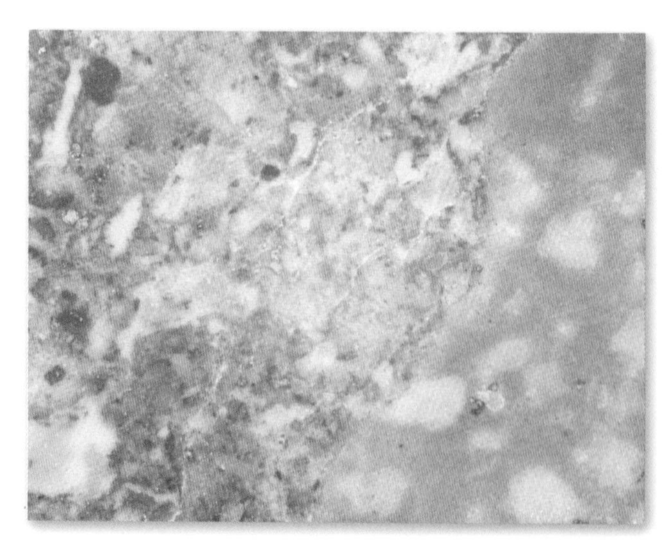

光片（反射光观察　放大 45 倍）

4. 酸性岩

055 ~ 087

该类岩石的颜色以灰白色为主，也有红色、粉红色、青白色等浅色，相对密度较大，主要的造岩矿物是石英、钾长石、斜长石、微斜长石、云母、角闪石，二氧化硅含量超过 65%。该类岩石分布极为广泛，占岩浆岩总量 50% 以上。

二长花岗岩

产地：安徽广德

颜色： 以浅色为主，多见肉红色、浅灰色。

成分： 主要矿物成分为斜长石、钾长石、石英，次要矿物成分为黑云母、角闪石、磷灰石、褐帘石、磁铁矿、锆石等。

结构与构造： 为半自形粗粒结构、二长结构、花岗结构、似斑状结构，块状构造。

成因： 由酸性岩浆缓慢侵入地壳围岩冷却形成，岩石矿物结晶较好。

其他： 在工业上用于石英和钾长石筛选开采，是重要的工业原料。同时二长花岗岩极易因动力变质作用变质为花岗碎裂岩。二长花岗岩在中国分布较广，尤其是西南地区，岩石广泛出露，其风化物形成的土壤肥力高、地下水洁净，二长花岗岩也被称为“富饶石”。

手标本

局部放大

光片（反射光观察　放大 45 倍）

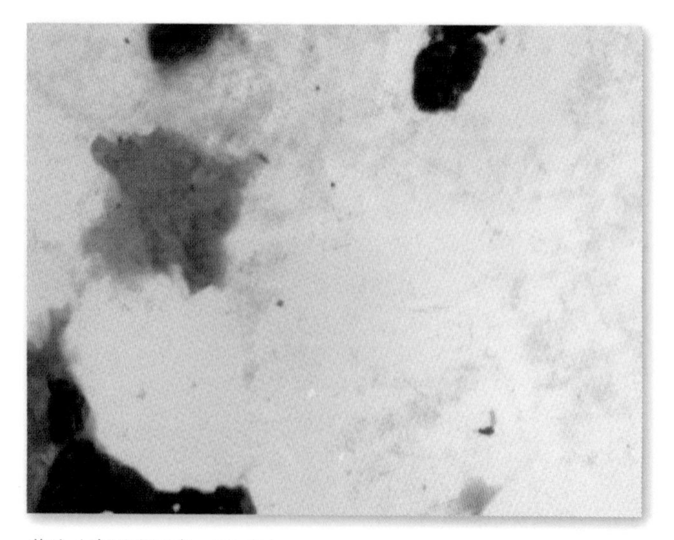

薄片（穿透光观察　60 倍）

黑云母二长花岗岩

产地：福建建瓯

颜色：以浅色、斑驳色为主，多见肉红色、浅灰色、红黑斑驳色。

成分：主要矿物成分为斜长石、钾长石、石英、黑云母，次要矿物成分为角闪石。

结构与构造：半自形粗粒结构、二长结构、花岗结构、斑状结构，块状构造。

成因：是一种特殊的二长花岗岩，岩石性质与二长花岗岩一致，其黑云母含量大于其他花岗岩类。

其他：是石英、钾长石等矿产的母岩。

手标本

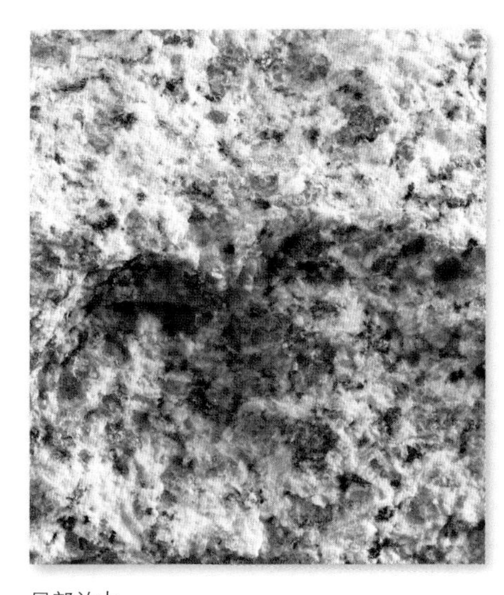

局部放大

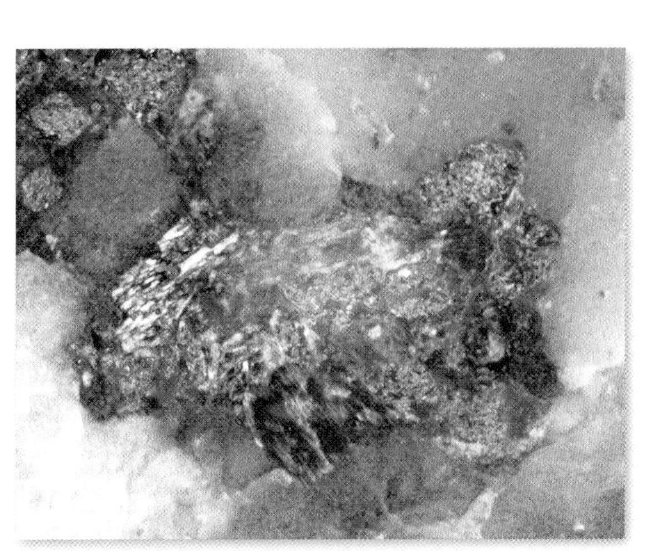

光片（反射光观察　放大 45 倍）

斑状花岗岩

产地：浙江德清

颜色：以浅色为主，多见肉红色、灰白色，偶有黑色斑发育。

成分：主要矿物成分为正长石、斜长石、石英，次要矿物成分为黑云母、普通角闪石、榍石、绿帘石等暗色矿物。

结构与构造：为花岗结构、似斑状结构、中粒结构，块状构造。

成因：是一种深成酸性侵入岩，且岩石规模巨大，多以大规模岩基或岩株形态产出。

其他：是常见的建材和观赏石。同时和多种金属矿产形成相关，如钼、铅、锌、钒等有色金属。斑状花岗岩的斑状其实是“似斑状”，岩石的斑晶粒度较大，基质也是肉眼可以看到的显晶质。

手标本

局部放大

光片（反射光观察　放大 45 倍）

粗粒斑状花岗岩

产地：浙江临安

颜色： 以浅色为主，多见肉红色、浅灰色。

成分： 主要矿物成分为石英、钾长石、角闪石、斜长石、黑云母，次要矿物成分为普通角闪石、榍石、绿帘石等暗色矿物。

结构与构造： 为花岗结构、似斑状结构、半自形粗粒结构，块状构造。

成因： 是一种特殊的斑状花岗岩，成因与斑状花岗岩一致，区别在于粗粒斑状花岗岩的基质是粗粒结构。

其他： 可作为石材、观赏石。

手标本

局部放大

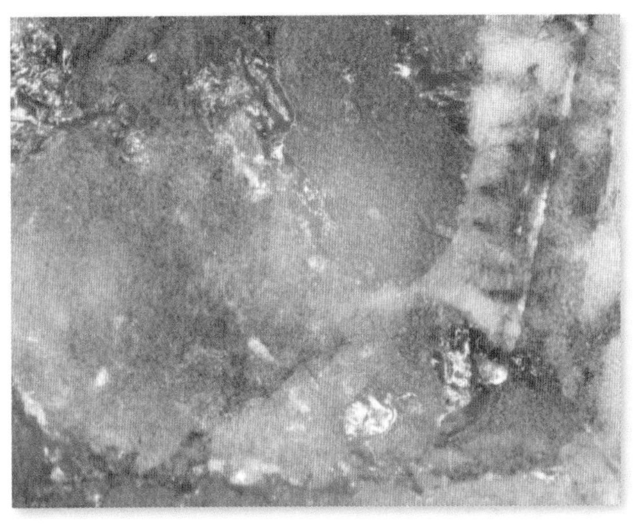

光片（反射光观察　放大 45 倍）

粗粒花岗岩

产地：浙江湖州

颜色：以中－浅色为主，多见肉红色、灰黄色、灰色，偶见黑红、黑白斑驳色。

成分：主要矿物成分为石英、钾长石、酸性斜长石，次要矿物成分为黑云母、角闪石。其中红色钾长石明显多于灰白色斜长石。

结构与构造：为粗粒等粒结构、花岗结构，块状构造。

成因：是一种深成酸性侵入岩，且侵入围岩后冷却结晶速度快于普通花岗岩。

其他：比普通花岗岩更容易风化，其中的石英、长石崩解为散碎的砂粒，形成砂中带黏土的富钾风化物。

手标本

局部放大

薄片（穿透光观察　60 倍）

黑云母细粒花岗岩

产地：浙江德清

颜色：以浅色为主，多见灰红色、灰色、肉色。

成分：主要矿物成分为钾长石、斜长石、石英，次要矿物成分为黑云母、角闪石、磁铁矿。

结构与构造：为中粒他形半自形粒状结、花岗结构、斑状结构，块状构造。

成因：是一种常见的深成酸性侵入岩，岩石的分布规模极大，由酸性岩浆侵入地壳围岩后缓慢降温形成。

其他：是一种花岗石建筑材料，应用极广。

手标本

局部放大

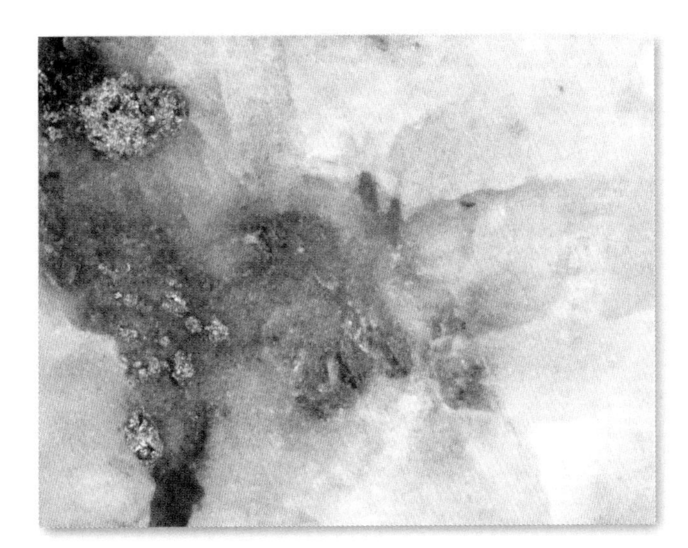

光片（反射光观察　放大 45 倍）

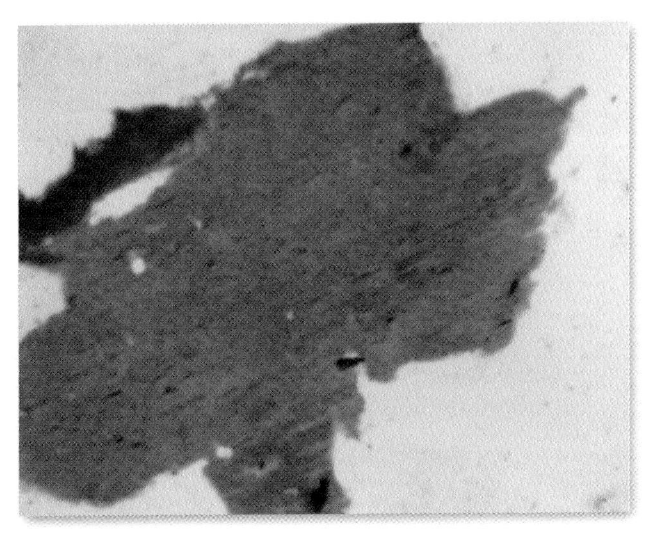

薄片（穿透光观察　60 倍）

中粒钾长石花岗岩

产地：逝江湖州

颜色：以浅色为主，多见肉红色、灰色。

成分：主要矿物成分为钾长石、斜长石、石英、黑云母，次要矿物成分为磁铁矿、角闪石、榍石。

结构与构造：为花岗结构、中粒等粒结构、斑状结构，块状构造。

成因：由酸性岩浆侵入地壳围岩形成，且冷却时间相对较慢，矿物结晶的晶体形态较好。

其他：是重要的钾长石原料，是制造陶瓷、玻璃等的原料；也可作为建筑石材和观赏石。

手标本

局部放大

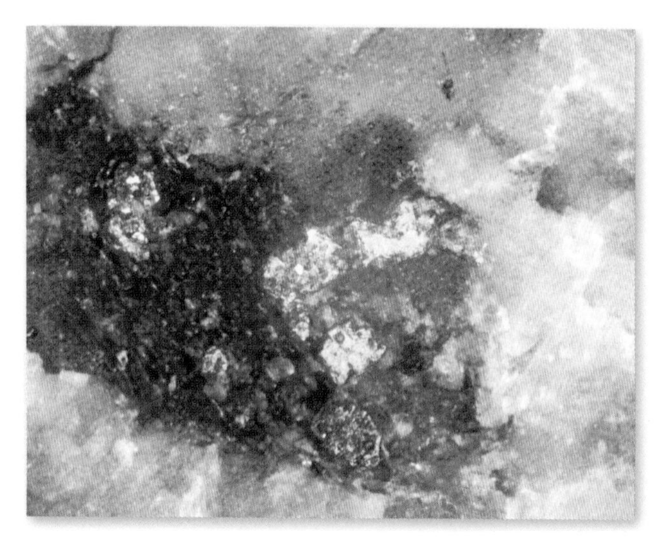

光片（反射光观察　放大 45 倍）

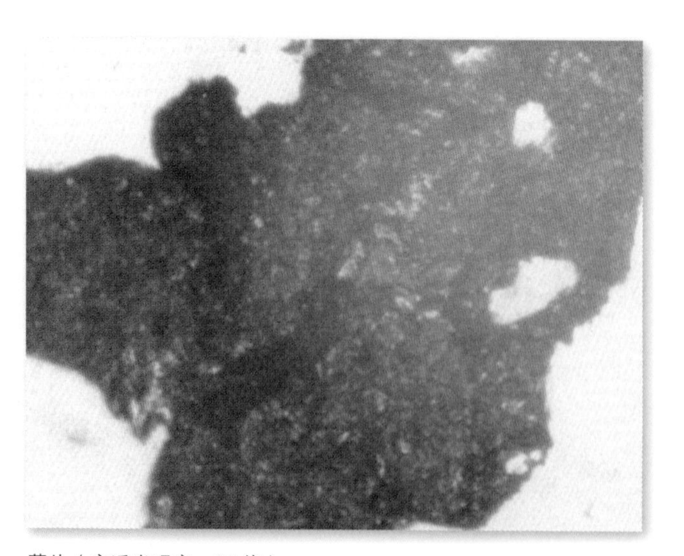

薄片（穿透光观察　60 倍）

细粒钾长石花岗岩

产地：逝江湖州

颜色：以浅色为主，多见肉红色、灰红色。

成分：主要矿物成分为钾长石、斜长石、石英、黑云母，次要矿物成分为磁铁矿、角闪石、榍石。

结构与构造：为花岗结构、细粒结构、斑状结构，块状构造。

成因：由酸性岩浆侵入地壳围岩形成，且冷却时间相对较慢，矿物结晶较差。

其他：是重要的钾长石原料，是制造陶瓷、玻璃等的原料；也可作为建筑石材和观赏石。

手标本

局部放大

光片（反射光观察　放大 45 倍）

文象花岗岩

产地：山东莱芜

颜色：以浅色为主，多见灰白色、浅灰色、乳白色。

成分：主要矿物成分为钾长石和石英，次要矿物成分为斜长石、碱性长石。

结构与构造：文象结构、花岗结构，块状构造。

成因：是一种花岗伟晶岩，由酸性岩浆在已有的岩石裂隙、缝隙中冷却形成。

其他：文象花岗岩是一种分布极少的岩浆岩，也是观赏性极强的观赏石。文象花岗岩的文象结构是由钾长石和石英在成岩时的结晶时间一致，形成有规律共生的楔形连续晶体，外观似楔形文字，形似“文象”故此得名。

手标本

局部放大

花岗斑岩

产地：浙江东阳

颜色：以浅色、斑驳色为主，多见肉红色、黑红斑驳色。

成分：主要矿物成分为石英、斜长石、碱性长石、黑云母，次要矿物成分为角闪石、磁铁矿、榍石。

结构与构造：斑状结构、花岗结构、半自形细粒结构，块状构造。

成因：是一种酸性浅成侵入岩，由酸性岩浆侵入地表冷却形成，有特殊的斑状结构。

其他：花岗斑岩和斑状花岗岩是结构不同的两种花岗岩，花岗斑岩为斑状结构；斑状花岗岩为似斑状结构。花岗斑岩是常见的建筑材料。

手标本

局部放大

光片（反射光观察　放大 45 倍）

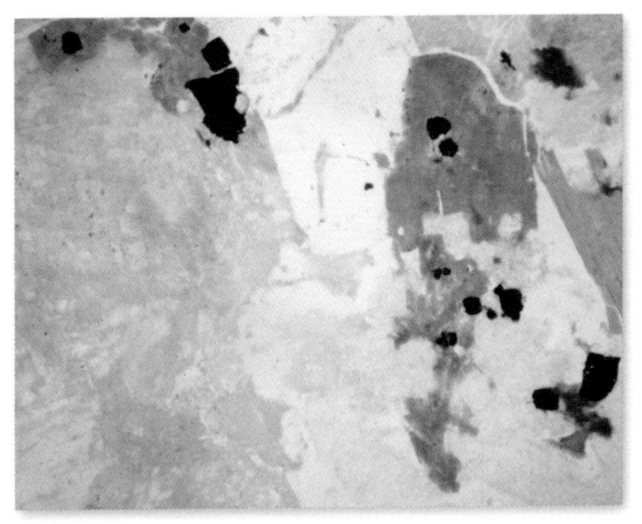

薄片（穿透光观察　60 倍）

黑云母花岗闪长岩

产地：浙江绍兴

颜色：以浅色为主，常见浅灰色、肉色。

成分：主要矿物成分为斜长石、钾长石、石英、角闪石、黑云母，次要矿物成分为榍石。

结构与构造：结构与构造单一，半自形粒状结构、花岗结构，块状构造。

成因：是一种酸性深成岩，由酸性岩浆侵入地壳深部围岩后缓慢降温冷却形成。

其他：黑云母花岗闪长岩的主要矿物成分长石和石英易于筛选，常常作为长石和石英开采的矿床。同时局部的岩石可形成富含钾元素的区域，可开采钾元素。

黑云母花岗闪长岩是极为常见的侵入岩，是我国地质地理构造单元扬子准地台的基底岩石，在湖北省极为常见。

手标本

局部放大

光片（反射光观察　放大 45 倍）

薄片（穿透光观察　60 倍）

花岗闪长岩

产地：浙江余杭

颜色：以浅色为主，常见浅灰色、灰白色。

成分：主要矿物成分为斜长石、石英、斜长石、角闪石，次要矿物成分为黑云母、榍石。

结构与构造：半自形粒状结构、粗粒结构、花岗结构，块状构造。

成因：是一种中酸性深成岩浆侵入岩，由深部酸性岩浆侵入地壳围岩冷却形成。

其他：极易富集各类金属元素，常常局部富含钼、铅、锌、钒等稀有金属。花岗闪长岩不能大规模用作雕刻用石材，在打击和打磨时会产生大量的热量而损坏器具，但可随形用作观赏石。

手标本

局部放大

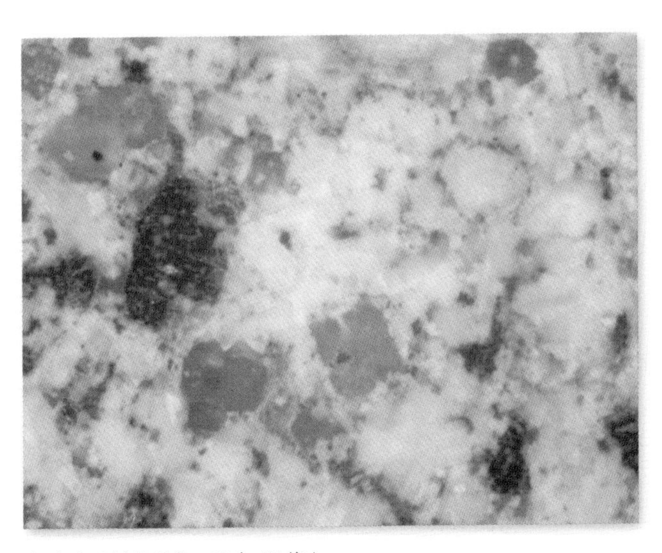

光片（反射光观察　放大 45 倍）

细粒花岗闪长岩

产地：浙江余杭

颜色：以灰色、灰白色为主。

成分：主要矿物成分为斜长石、石英、斜长石、角闪石，次要矿物成分为黑云母、榍石。

结构与构造：为半自形细粒结构、花岗结构，块状构造。有别于一般花岗闪长岩的粗粒结构。

成因：是一种酸性深成岩浆侵入岩，由酸性岩侵入地壳围岩后极缓慢降温冷却形成。

其他：极易风化蚀变，会形成新矿物，多为黏土类矿物、金属类矿物。

细粒花岗闪长岩与花岗闪长岩不能作为雕刻用石材，但可以作为观赏石。

手标本

局部放大

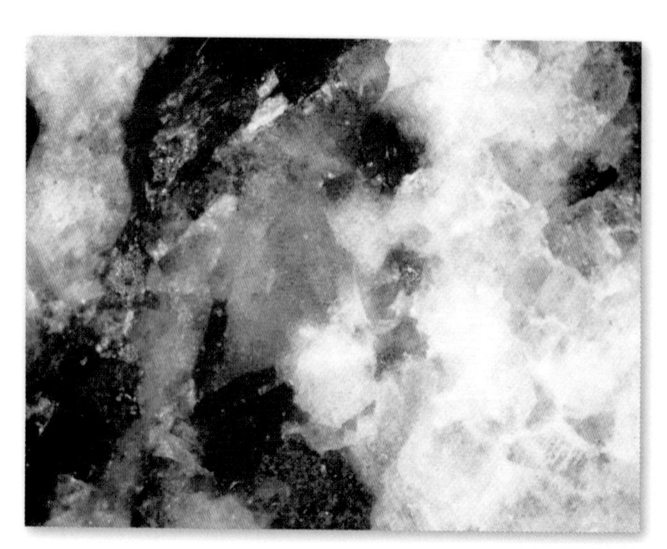

光片（反射光观察　放大 45 倍）

细粒角闪花岗闪长岩

产地：福建霞浦

颜色：以灰色、深灰色为主。

成分：主要矿物成分为斜长石、石英、斜长石、角闪石，次要矿物成分为黑云母、榍石。

结构与构造：为半自形细粒结构、花岗结构，块状构造。

成因：是一种酸性深成岩浆侵入岩，由酸性岩浆侵入地壳围岩后极缓慢降温冷却形成。

其他：极易风化蚀变，形成新的矿物；可以作为观赏石。

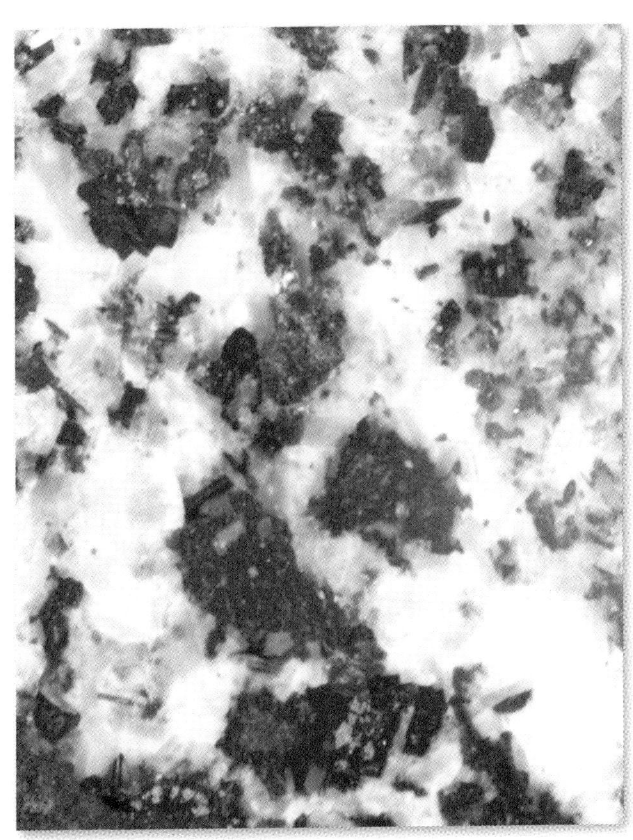

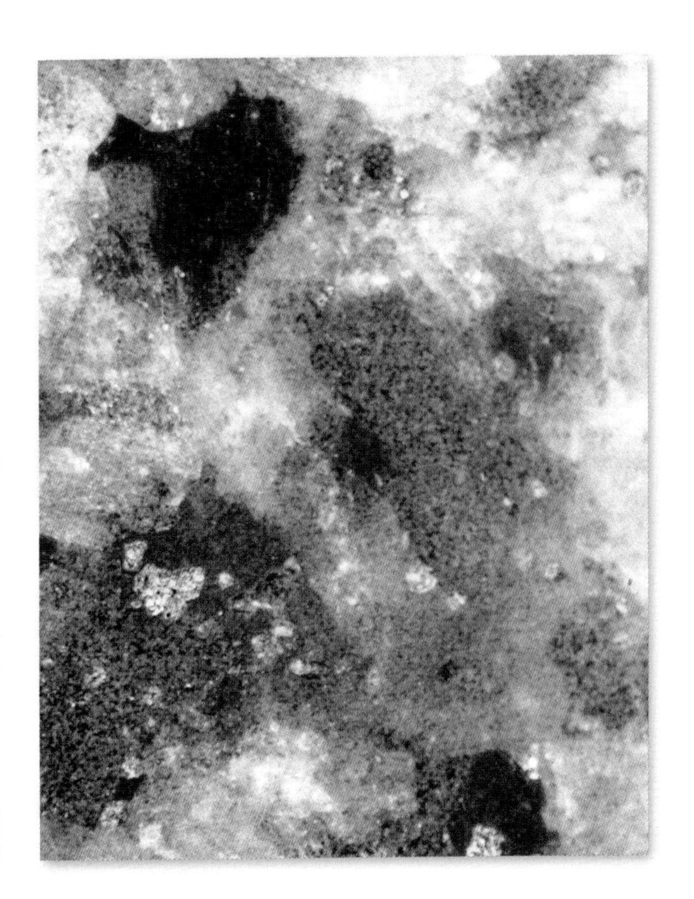

光片（反射光观察　放大 45 倍）

中粒角闪花岗闪长岩

产地：福建霞浦

颜色：以灰色、深灰色、灰绿色为主。

成分：主要矿物成分为斜长石、石英、斜长石、角闪石，次要矿物成分为黑云母、榍石。

结构与构造：有别于常见的花岗闪长岩，不是粗粒结构，为半自形中粒结构、花岗结构，块状构造。

成因：是一种酸性深成岩浆侵入岩，由酸性岩浆侵入地壳围岩后缓慢降温冷却形成。

其他：极易风化和蚀变，形成黏土类矿物、金属类矿物；可作为观赏石。

手标本

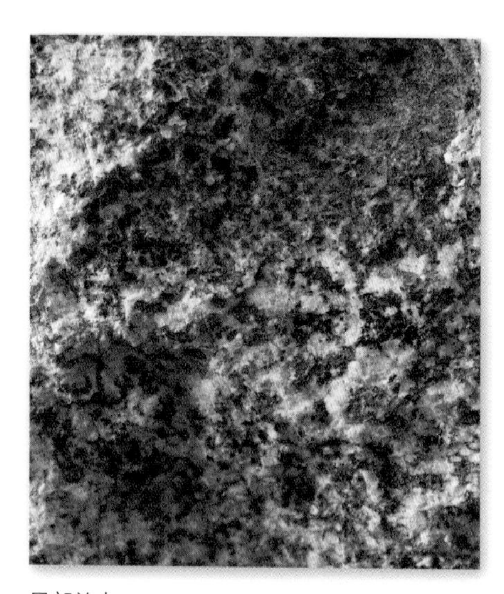

局部放大

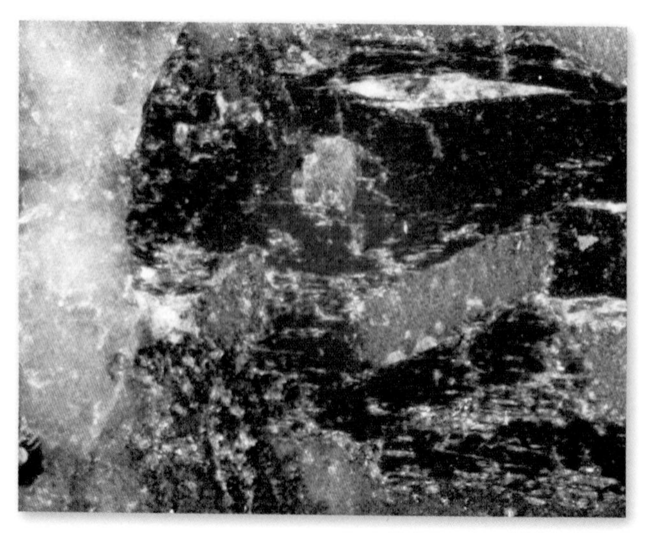

光片（反射光观察　放大 45 倍）

白岗岩

产地：山东青岛

颜色：多见白色和灰白色。

成分：主要矿物成分为石英、碱性长石、斜长石。

结构与构造：花岗结构、块状构造。

成因：一种浅色变种花岗岩，不含钾长石及角闪石、榍石等暗色矿物。

其他：本身没有矿产价值，与锡、钨、铌、钽等稀有金属矿产伴生，是一种相关矿产的重要指示物，也可作为观赏石。

手标本

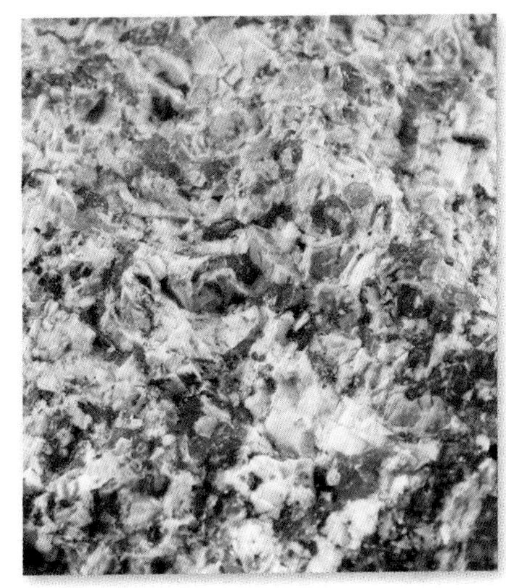

局部放大

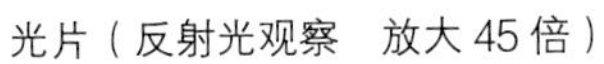

光片（反射光观察　放大 45 倍）

流纹岩

产地：浙江余杭

颜色：颜色变化极大，常见的有灰色、灰红、红色，灰黑色、灰绿色、紫色。

成分：主要矿物成分为石英、钾长石，次要矿物成分为斜长石。

结构与构造：斑状结构、玻璃质结构，流纹构造；球粒结构、霏细结构、显微文象结构，流纹构造、块状构造。当流纹岩呈斑状结构时，斑晶部分的矿物成分为石英、碱性长石，基质为隐晶质或玻璃质。

成因：是一种酸性岩的火山喷出岩，岩浆喷出后流动冷却形成，成分与花岗岩侵入岩相同，但矿物晶体的结晶完全不一样。

其他：易风化蚀变，形成以蛇纹石矿物为主的蛇纹岩；同时蛇纹岩岩体也含有黑曜岩、松脂岩、珍珠岩和浮岩等不常见的岩石。流纹岩在酸性岩浆岩分布区域多有分布，可作为化学矿产和建筑材料。

手标本

局部放大

光片（反射光观察　放大 45 倍）

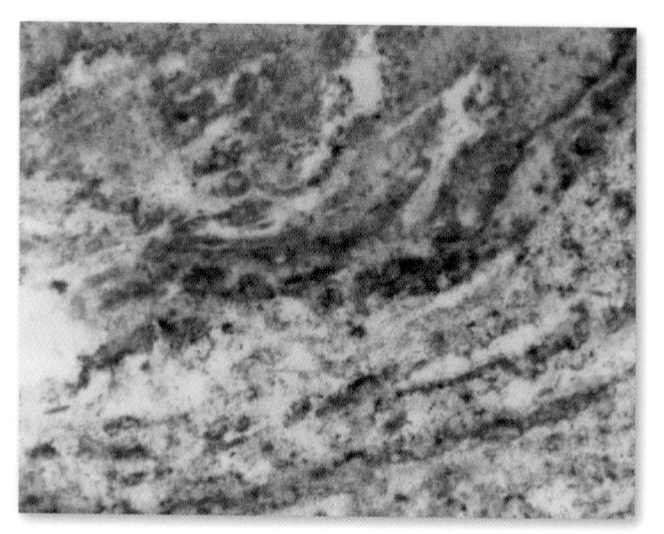

薄片（穿透光观察　60 倍）

沸石化石泡流纹岩

产地：浙江缙云

颜色：以浅色为主，多见肉红色、灰棕色。

成分：主要矿物成分为石英、钾长石、火山玻璃，次要矿物成分为斜长石、沸石。

结构与构造：为磷晶假象霏细结构、隐晶质结构、斑状结构，石泡构造、块状构造、流纹构造。

成因：是一种特殊的流纹岩，在流纹岩成岩后期，由于蚀变作用使长石类矿物逐渐沸石化，而且含有易挥发的矿物在气化后形成气泡或石泡状构造。

其他：用途很少，常与磷、镍、钼等矿产伴生。

手标本

局部放大

光片（反射光观察　放大 45 倍）

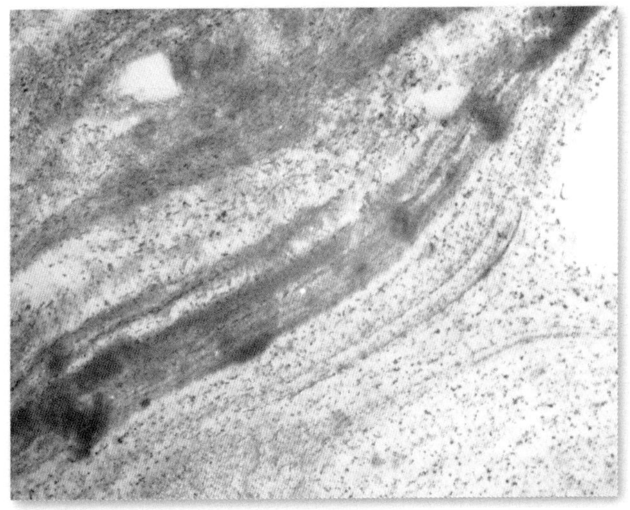

薄片（穿透光观察　60 倍）

球粒流纹岩

产地：浙江天台

颜色：以浅色为主，多见灰红、红色、米黄色。

成分：主要矿物成分为石英、钾长石，其中石英的含量极高，次要矿物成分为斜长石。

结构与构造：疣状结构（球粒结构），流纹构造、块状构造。

成因：一种具有特殊矿物结构的流纹岩，疣状结构是由酸性岩浆在同时存在海陆相地质环境里形成。

其他：球粒流纹岩的出现指示地质历史中地质构造事件或火山岩浆作用。

手标本

局部放大

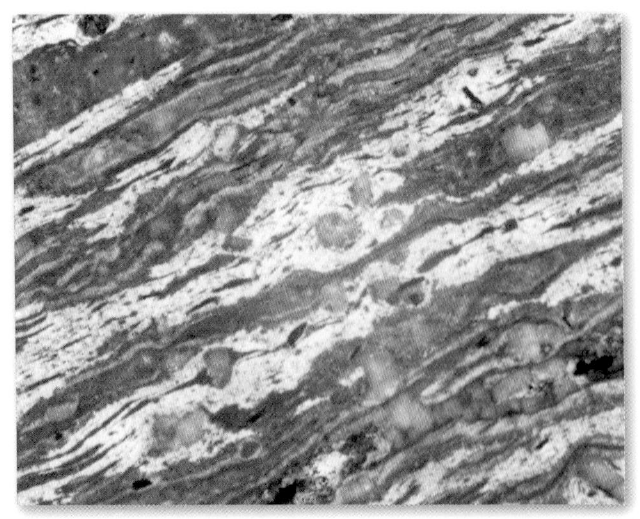

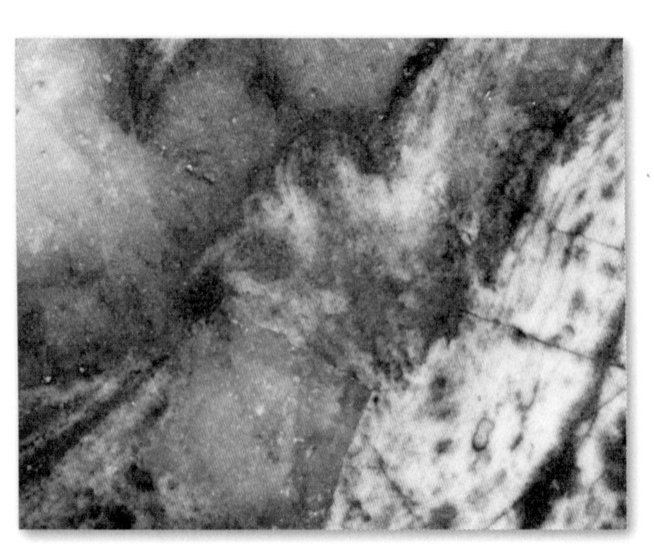

光片（反射光观察　放大 45 倍）

流纹斑岩

产地：浙江余杭

颜色：以浅色为主，多见灰色、灰红色、红色、深灰色、灰绿色、紫色。

成分：主要矿物成分为透长石、石英、钾长石、脱玻化玻璃质，次要矿物成分为黑云母、角闪石。

结构与构造：斑状结构、霏细结构，气孔状、杏仁状、流纹构造。长石和石英晶体的边缘具有熔蚀边。

成因：由长石类矿物含量较高的酸性岩浆喷出流动快速冷却形成。

其他：是重要的化工原料，可作肥料、充填剂等。流纹斑岩极易蛇纹石化，也可逐步形成蛇纹蛇玉石。

手标本

局部放大

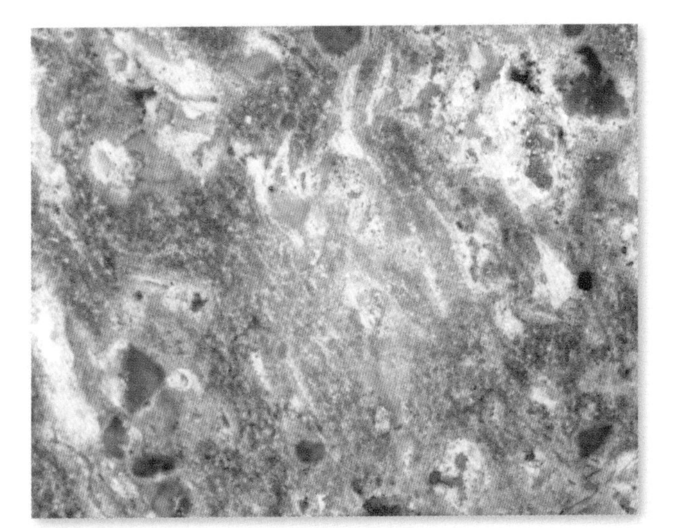

光片（反射光观察　放大 45 倍）

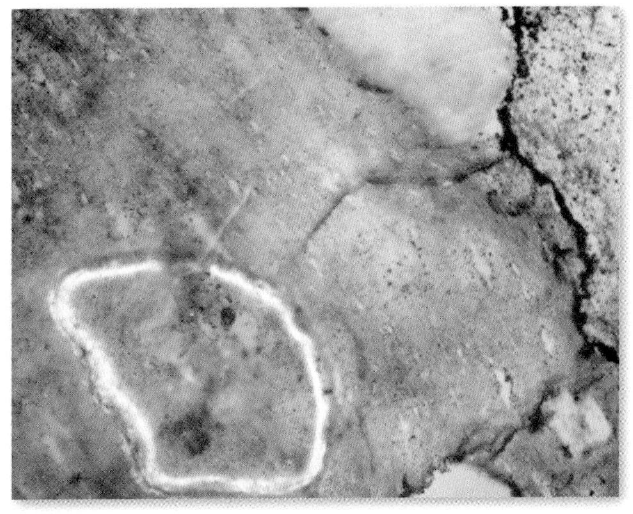

薄片（穿透光观察　60 倍）

英安质流纹岩

产地：浙江绍兴

颜色：以浅色为主，多见浅灰色、灰白色、浅黄色。

成分：主要矿物成分为石英、斜长石，次要矿物成分为火山微晶质或隐晶质、透长石，偶见角闪石、磁铁矿。

结构与构造：斑状结构、霏细结构、微文象结构，流纹构造、块状构造。出现斑状结构时，斑晶部分为石英、斜长石和少量暗色矿物及少量透长石，基质为微晶质、半晶质、隐晶质。矿物成分与英安岩接近，构造形态与流纹岩接近。

成因：一种流纹岩和英安岩之间的过渡岩石，在多种复杂地质作用共同作用和影响下形成。

其他：分布较少，但可作为地质标志物。

手标本

局部放大

光片（反射光观察　放大 45 倍）

英安玢岩

产地：浙江永康

颜色：以中－暗色为主，多见灰绿色、灰黄色、浅灰色。

成分：主要矿物成分为中性斜长石，次要矿物成分为碱性长石、石英，偶见云母。

结构与构造：为斑状结构、玻璃质结构、玻基交织结构、霏细结构，块状构造、流纹构造。

成因：是一种浅成中酸性岩浆的喷出岩，矿物成分与侵入岩花岗闪长岩一致，分布较广但规模很小。

其他：一种工业原料，与高岭石、蒙脱石、明矾石、叶蜡石、黄铁矿、萤石等矿产伴生，是相关矿产的指示物。

手标本

局部放大

粗粒石英斑岩

产地：浙江绍兴

颜色：以浅色为主，多见浅灰色、浅粉色、灰绿色、肉色。

成分：主要矿物成分为石英、正长石，次要矿物成分为黑云母。

结构与构造：斑状结构、粗粒结构、霏细结构，块状构造。

成因：一种重熔型岩浆岩，是在壳源沉积物中，经过部分熔融、结晶而形成。

其他：粗粒石英斑岩的出现分布，与脉岩型金矿的形成有一定的相关性。

手标本

局部放大

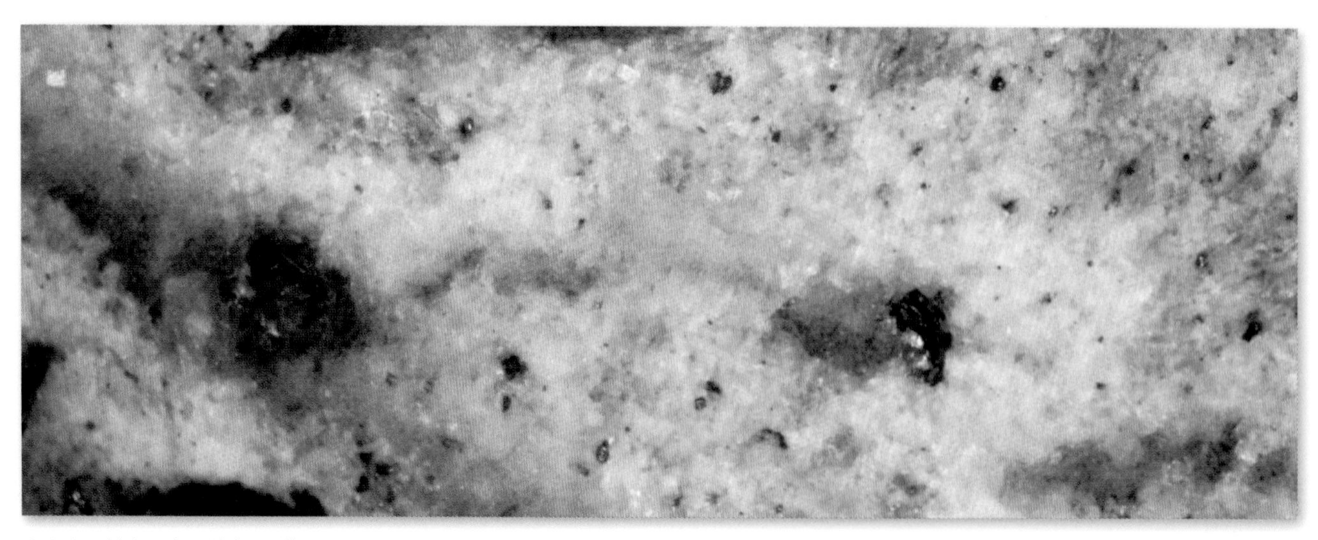

光片（反射光观察　放大 45 倍）

石英斑岩

产地：浙江余杭

颜色：以浅色为主，多见浅灰色、灰白色、青灰色。

成分：主要矿物成分为石英、长石，次要矿物为黑云母、角闪石。

结构与构造：为霏细结构、斑状结构，块状构造。

成因：一种特殊的石英岩，石英的重熔过程较长，形成了长石、石英斑晶集合体。

其他：可作为石英矿产，易分选；也可作观赏石。

手标本

局部放大

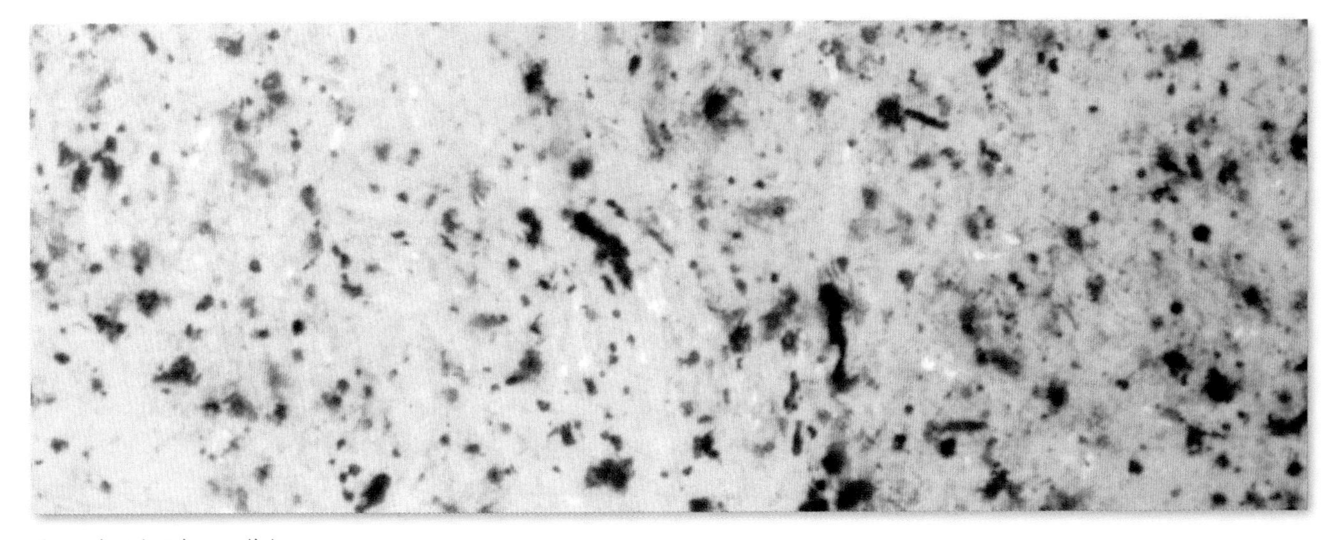

薄片（穿透光观察　60倍）

钾长石石英霏细斑岩

产地：浙江诸暨

颜色：变化较大，多见肉红色、灰黑色、灰色、灰绿色。

成分：主要矿物成分为石英、辉石、钾长石、斜长石，次要矿物为正长石、黑云母。

结构与构造：霏细结构、斑状结构，块状构造。

成因：一种特殊的酸性喷出岩，通常形成于地壳中浅部，以岩墙状发育。分布极广，但规模较小。

其他：钾长石英霏细斑岩是一种类似流纹岩的岩石，容易与流纹岩相混淆，注意钾长石英霏细斑岩的基质不是隐晶质结构，而是矿物石英与长石的长英质结构，即霏细结构。在工业上没有应用，基本发育在强烈的地质构造区，是地质学科学研究的重要标志物。

手标本

局部放大

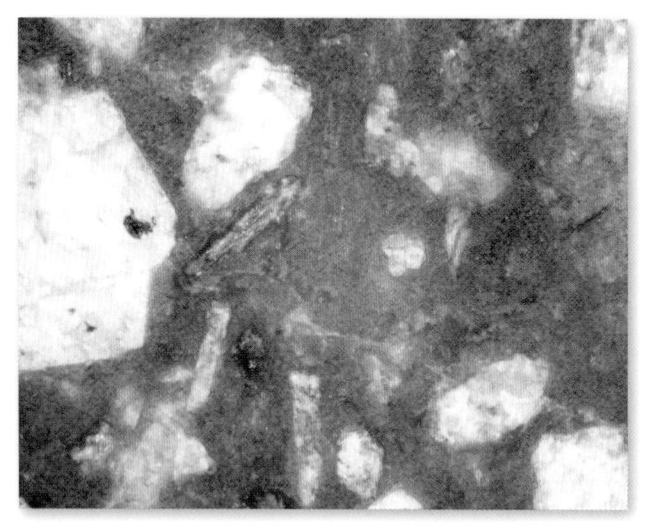

光片（反射光观察　放大 45 倍）

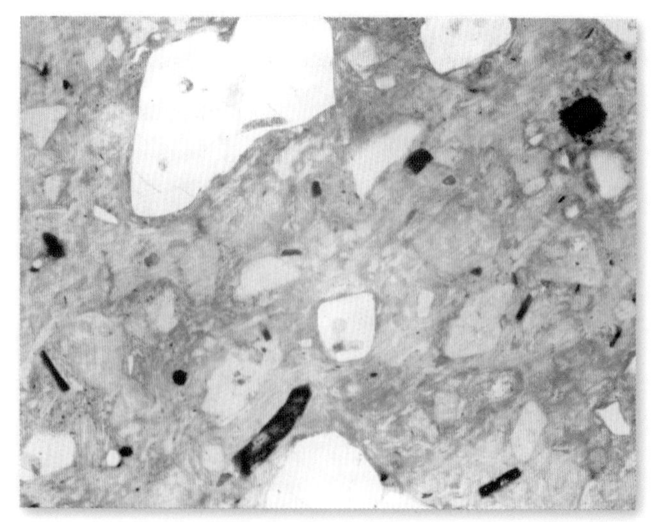

薄片（穿透光观察　60 倍）

霏细斑岩

产地：浙江永康

颜色：以浅色为主，多见灰白色、浅灰色、浅粉色。

成分：主要矿物成分为石英、斜长石、钾长石，次要矿物成分为黑云母。

结构与构造：霏细结构、斑状结构，板状构造。霏细斑岩的岩石分为斑晶和基质，基质远多于斑晶。斑晶主要为石英和长石，矿物结晶极好，多为中细粒；基质成分为长石、石英和黑云母，结晶差，隐晶质为主。

成因：和花岗岩一致，区别在该类岩石基质为微晶至隐晶质构成，常见于酸性浅色火山喷出或浅成侵入岩，岩石由极细小的他形粒状石英和长石的隐晶物质集合体所组成，有成岩后期地质作用。

其他：通常与岩浆岩后生矿产有关，可以指导镍、钼、铅、锌等矿产勘探。

手标本

局部放大

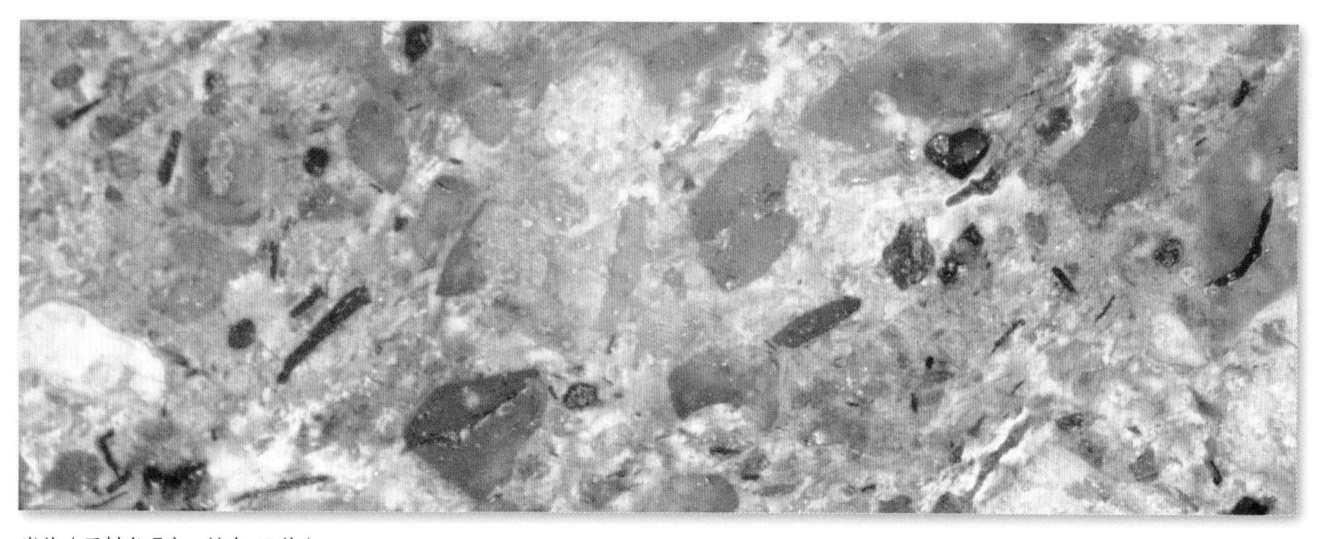

光片（反射光观察　放大 45 倍）

霏细岩

产地：浙江诸暨

颜色：以浅－中色为主，多见淡紫色、灰紫色、粉红、灰绿色，同时霏细岩易风化，表面风化后为灰白色。

成分：主要矿物成分石英、正长石、斜长石，次要矿物成分为锂云母、锆石。

结构与构造：霏细结构、鳞片粒状变晶结构，块状构造、板状构造。

成因：本件标本形成于古老地质隆起的边缘，主要受我国的北东向次级断裂控制。围岩是雪峰期花岗闪长岩和燕山期黑云母花岗岩、花岗混合岩以及震旦系浅变质岩，属于燕山中期晚阶段的产物。

其他：霏细岩与酸性花岗岩一致，本质是一种没有斑状结构的流纹岩，矿物结晶差，冷却成岩速度极快。

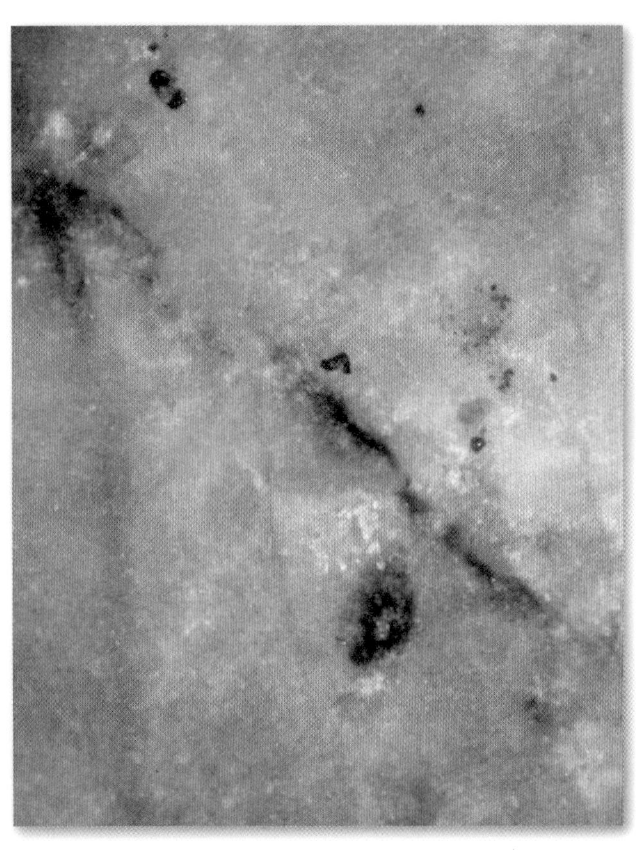

光片（反射光观察　放大 45 倍）

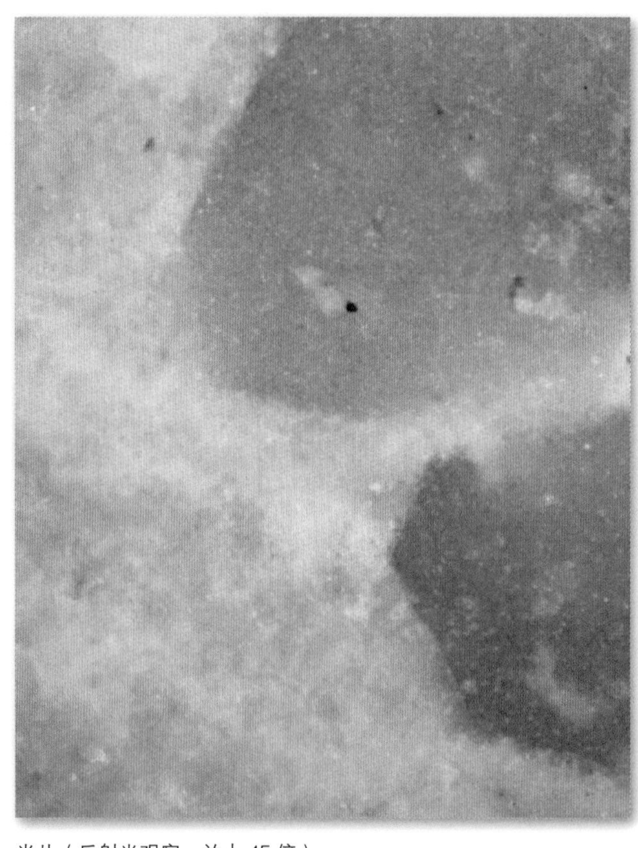

光片（反射光观察　放大 45 倍）

黏土化石英霏细斑岩

产地：浙江绍兴

颜色：以浅色为主，多见灰黄色、灰乳白色、青白色。

成分：主要矿物成分为斜长石、石英，次要矿物成分为钾长石、蒙脱石、高岭石。

结构与构造：与霏细斑岩一致，为霏细结构、斑状结构，块状构造。

成因：是一种特殊的霏细斑岩，是霏细斑岩形成后在后期蚀变作用和风化作用影响下的次生岩石，并没有彻底改变霏细斑岩的岩石性质，但形成了少量新的造岩矿物。

其他：用途很多，可作肥料、建材原料。

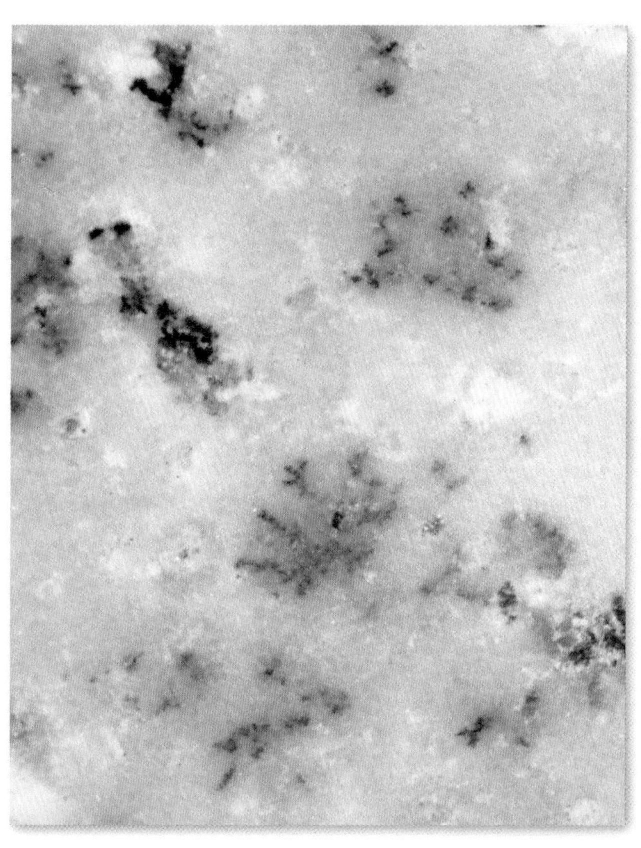

光片（反射光观察　放大 45 倍）

光片（反射光观察　放大 45 倍）

碧玉岩

产地：广西柳州

颜色：颜色起伏较大，多见红色、棕色、绿色、玫瑰色。

成分：主要矿物成分为石英、玉髓，次要矿物成分为赤铁矿、有机质。

结构与构造：隐晶结构，条带状构造、斑状构造、块状构造。

成因：与海底火山喷发有关，是由海相火山喷发带出的二氧化硅沉淀而成。

其他：一种玉石材料，可作观赏石和建筑装饰材料。

手标本

局部放大

松脂岩

产地：浙江缙云

颜色：以暗色为主，多见黑色、灰色、褐色等。

成分：主要矿物成分为石英、碱性长、斜长石、火山玻璃质，次要矿物成分为辉石和普通角闪石。

结构与构造：火山玻璃质结构、流纹状结构，块状构造。

成因：一种半透明至不透明的火山玻璃岩，由酸性熔岩岩浆形成。

其他：其物理化学性质容重小、膨胀性好、耐火度高、化学稳定性强、导热系数低、吸音性好、吸湿性小、抗冻、耐酸、绝缘，这工业上用途非常广泛，可用作制造膨胀珍珠岩的原料，也可以用作宝玉石材料。松脂岩和某些石陨石的外型相似，陨石市场上充斥着由松脂岩伪装的石陨石。在鉴别时，松脂岩的密度稳定且小于石陨石。

手标本

局部放大

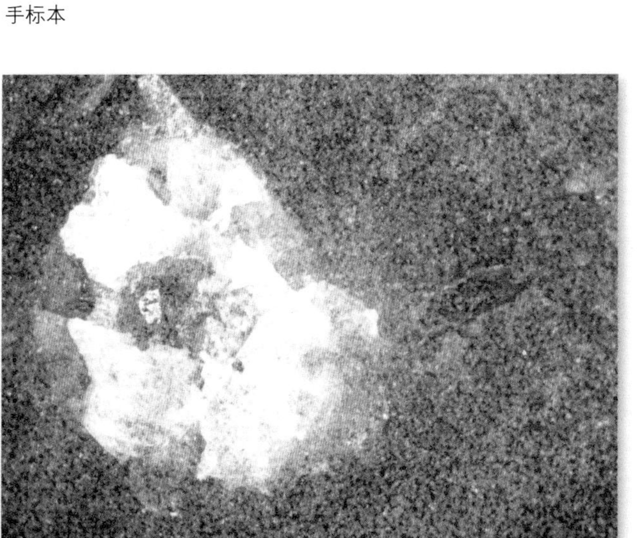

光片（反射光观察　放大 45 倍）

薄片（穿透光观察　60 倍）

珍珠岩

产地：浙江缙云

颜色：变化较大，多见灰白色、淡灰色、兰绿色、红色、褐色。

成分：主要矿物成分为酸性火山玻璃质，次要矿物成分为石英、辉石、角闪石。

结构与构造：玻璃结构、斑状结构、珍珠裂隙结构，块状构造。

成因：是一种火山喷发的酸性熔岩，经急剧冷却而成的玻璃质岩石，主要产于我国大陆地壳活动频繁的中生代。

其他：工业用途很广泛，可作为阻断剂、隔热剂、摩擦剂等。

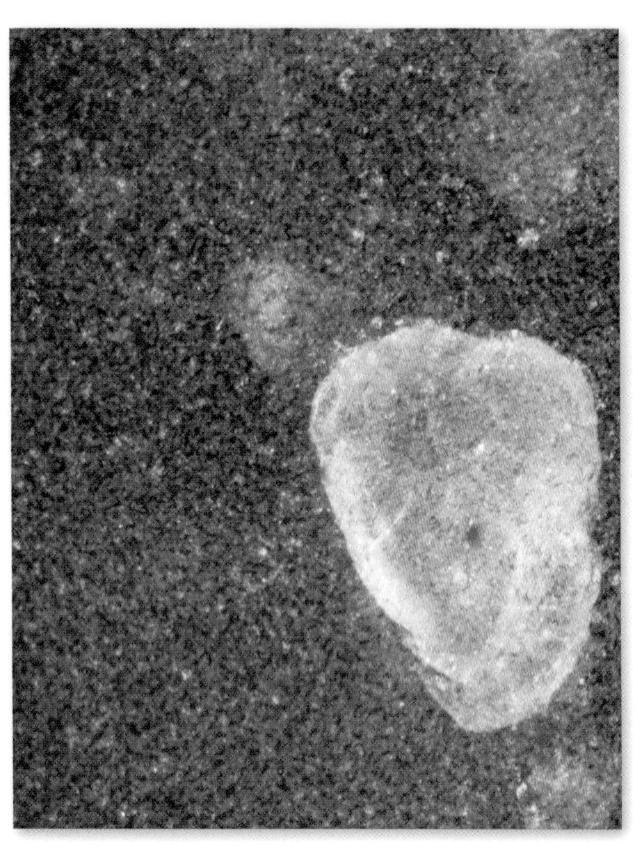

光片（反射光观察　放大 45 倍）

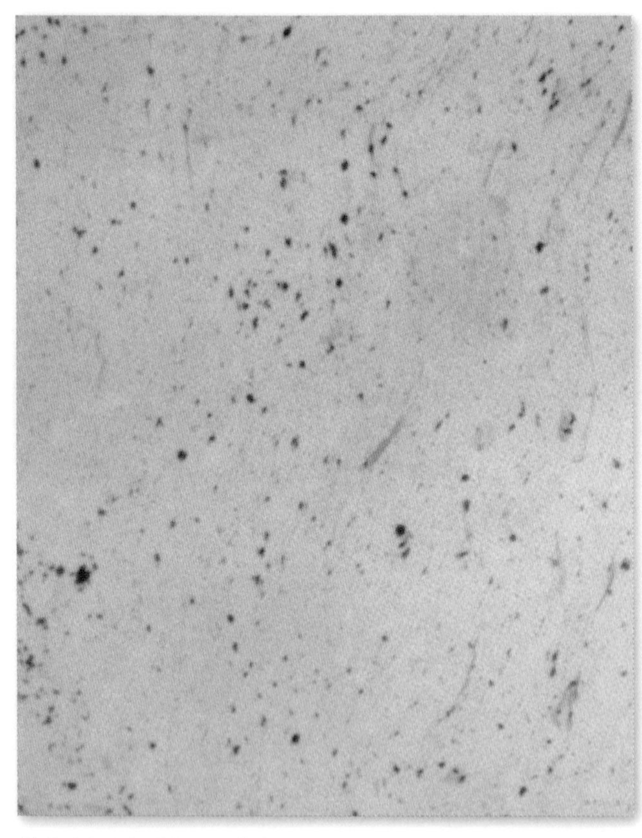

薄片（穿透光观察　60 倍）

黑曜岩

产地：浙江余杭

颜色：变化起伏较大，多见深褐色、黑色、灰黑色、红色。

成分：主要矿物成分为玻璃质黑曜石，偶见极少量磁铁矿。

结构与构造：玻璃结构、斑状结构、石泡结构，条带状构造、致密块状构造、流纹构造、斑点构造。

成因：一种酸性玻璃质火成岩，在天然火山玻璃形成中，由黏滞熔岩快速冷凝而形成。

其他：黑曜石是一种观赏石和宝玉石材料，在原始社会曾被加工为切割片，用于切割动物肉类。

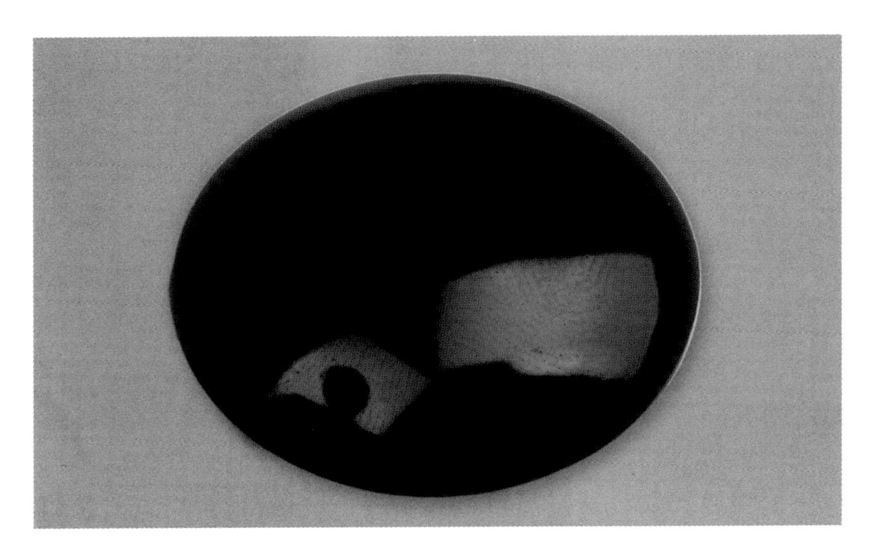

手标本

局部放大

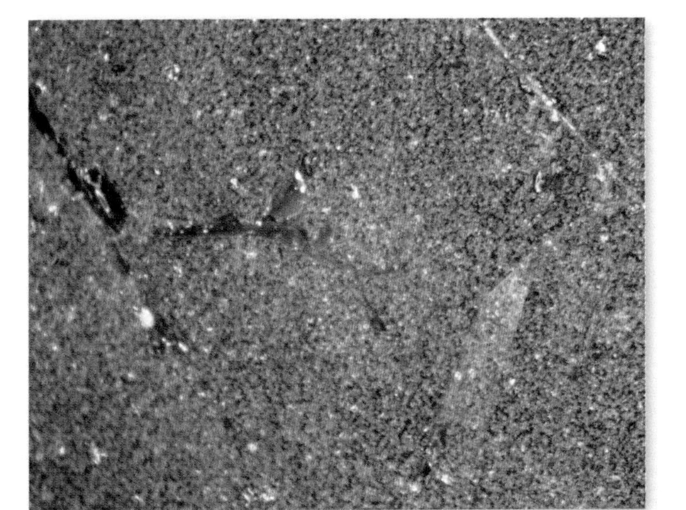

光片（反射光观察　放大 45 倍）

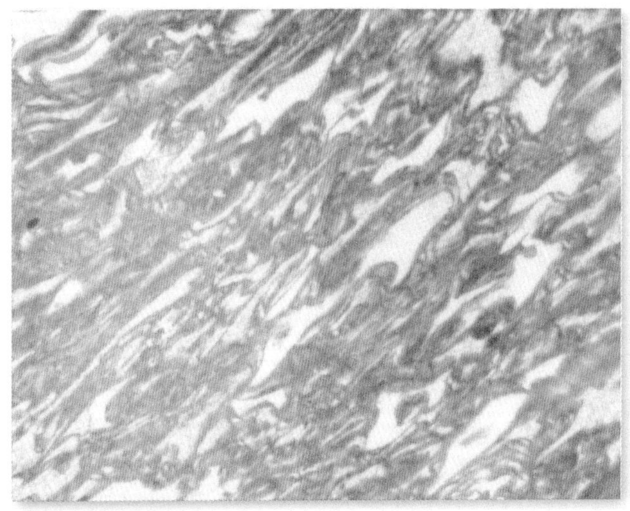

薄片（穿透光观察　60 倍）

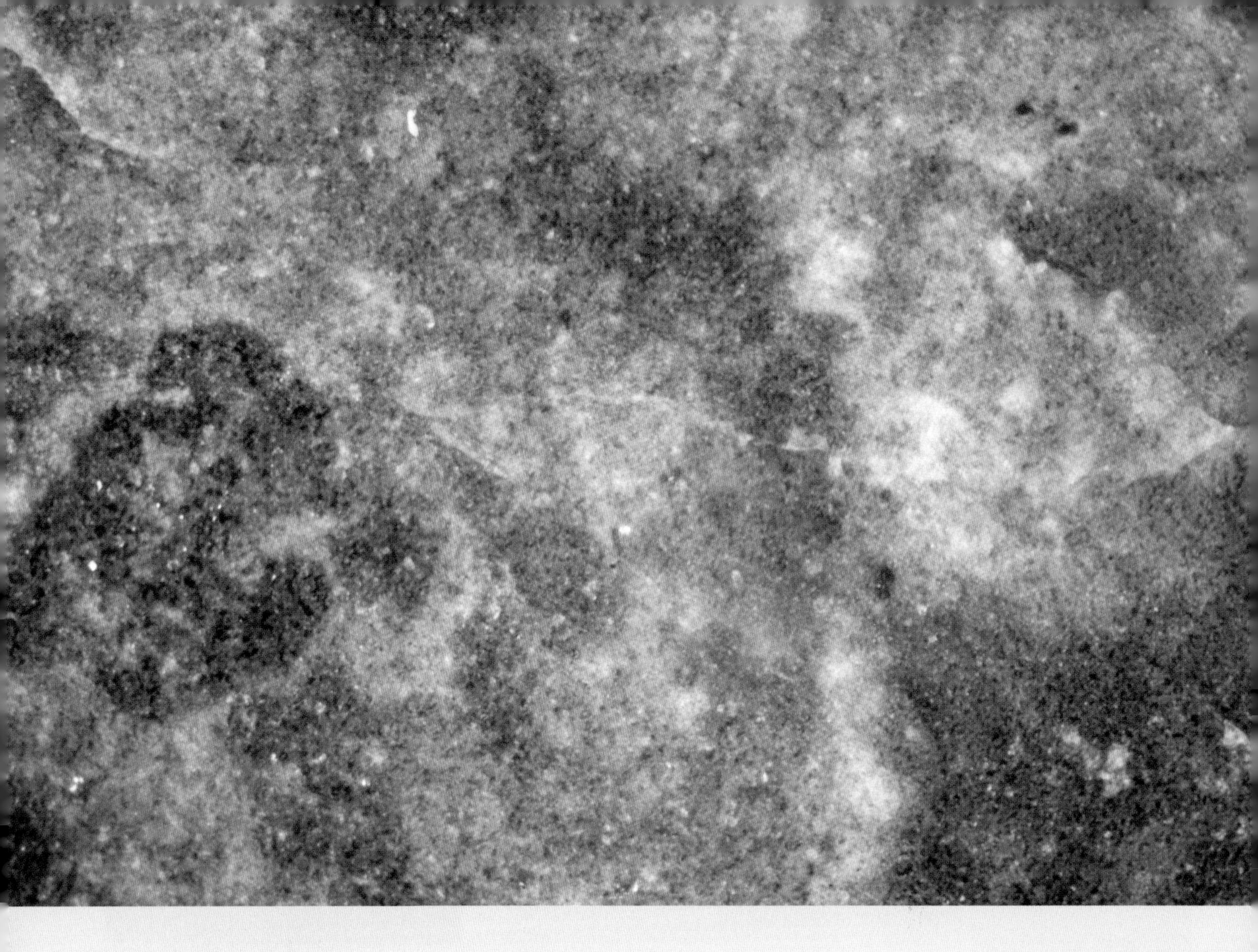

5. 碱性岩

088 ~ 094

该类岩石的颜色以浅色、灰白色为主，相对密度与基性岩相当，主要的造岩矿物为碱性长石、富钛辉石、富铁黑云母，主要的化学成分为二氧化硅（SiO_2）、氧化亚铁（FeO）、氧化镁（MgO）、氧化钙（CaO_2）。二氧化硅含量 45% ~ 52%，且几乎不以石英的矿物形态出现。该类岩石的分布很少，占岩石圈岩浆岩的比例不足 1%。

碱性岩的很多成分与基性岩相似，但在成因和结构上完全不一样，属于极少数的特殊岩浆岩。

霓霞岩

产地：浙江湖州

颜色：以深色为主，多见灰黑色、深绿色。

成分：主要矿物成分为霞石、霓石、霓辉石，次要矿物成分为钛铁矿、榍石、磷灰石、黑榴石、方解石。

结构与构造：为半自形粒状结构、块状结构，条带状构造、流动构造、似层状构造。

成因：一种过碱性的超基性岩，属于不含长石类矿物的深成侵入岩，是介于磷霞岩和霞霓钠辉岩之间过渡的岩石。

其他：常有小团块形态的磷霞岩包裹体，是一个识别特点。

手标本

局部放大

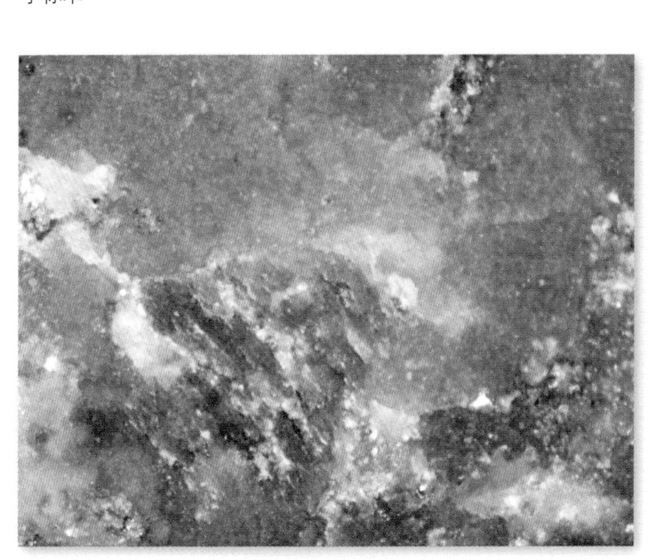

光片（反射光观察　放大 45 倍）

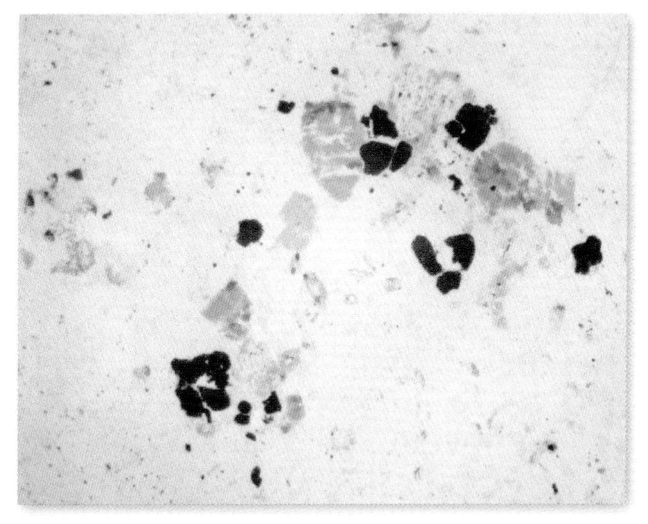

薄片（穿透光观察　60 倍）

霞霓钠辉岩

产地：浙江临海

颜色：以暗色为主，多见灰黑色、深灰色、灰绿色、暗紫色。

成分：主要矿物成分为霓石、霓辉石、钛辉石，次要矿物成分为钙霞石、榍石、磷灰石、黑榴石、方解石。

结构与构造：为自形－半自形粒状结构，条带状构造、块状构造。

成因：霞霓钠辉岩是一种特殊的霓霞岩，几乎不含长石类矿物，属于暗色辉岩类，是由深成超基性岩浆侵入已形成的基性、超基性侵入岩冷却形成。

其他：与霞石、钙霞石、钛辉石、霓石、次闪石、磁铁矿、锆石、方解石、赤铁矿等矿产伴生，是重要的指示物。

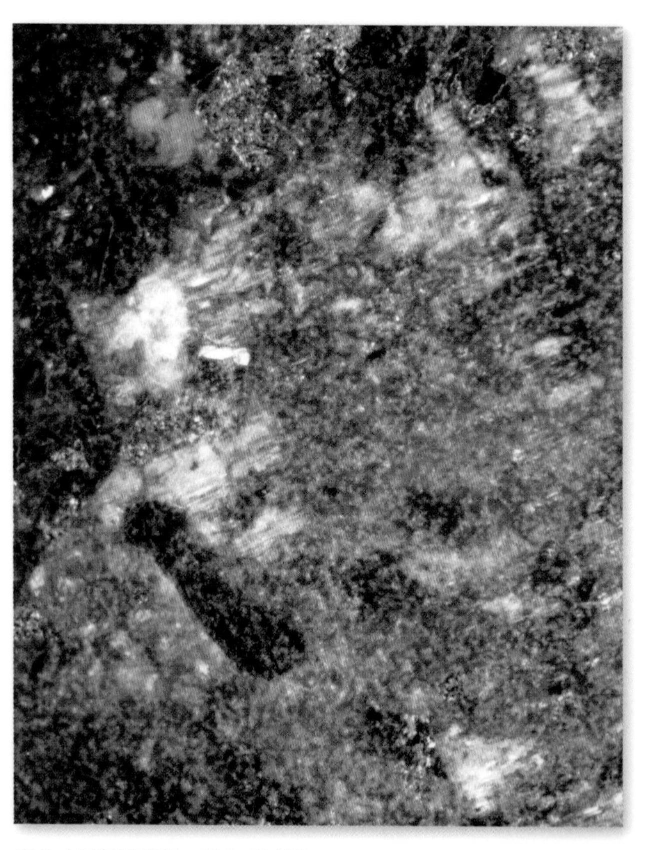

光片（反射光观察　放大 45 倍）

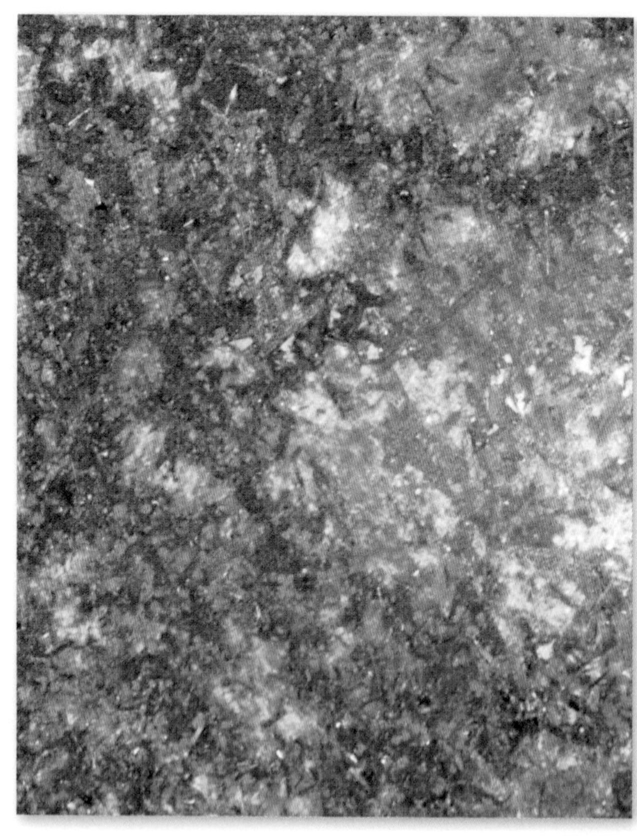

光片（反射光观察　放大 45 倍）

霞石响岩

产地：江苏江宁

颜色：以中－浅色为主，多见灰色、灰绿色、灰紫色、浅褐色。

成分：主要矿物成分为碱性长石、副长石、碱性辉石、碱性角闪石，次要矿物成分为磁铁矿、磷灰石、锆石、榍石、三斜闪长石、黑榴石。

结构与构造：斑状结构、无斑隐晶结构，块状构造。

成因：一种碱性喷出岩，成分与霞石正长岩一致，呈小型岩流、岩钟形态产出，极为少见。

其他：沿节理击打，岩石会发出清脆响声，因此得名。

手标本

局部放大

黝方石响岩

产地：江苏江宁

颜色：以暗色为主，多见深灰色、灰黑色、灰紫色。

成分：主要矿物成分为透长石、霓石、透辉石、黝方石，次要矿物为碱性长石、霓辉石、黄铁矿。

结构与构造：斑状结构、非均匀隐晶结构、霏细结构，块状构造、板状构造，其中透长石常呈自形板状，黝方石断面呈四方形、长方形、六方形。

成因：是一种中性－过碱性喷出岩，矿物成分复杂，由多种深层矿物质充分混合后喷出形成。

其他：分布较少，发育在岩浆、地质构造作用强烈的区域，与多种稀有矿产伴生。

手标本

局部放大

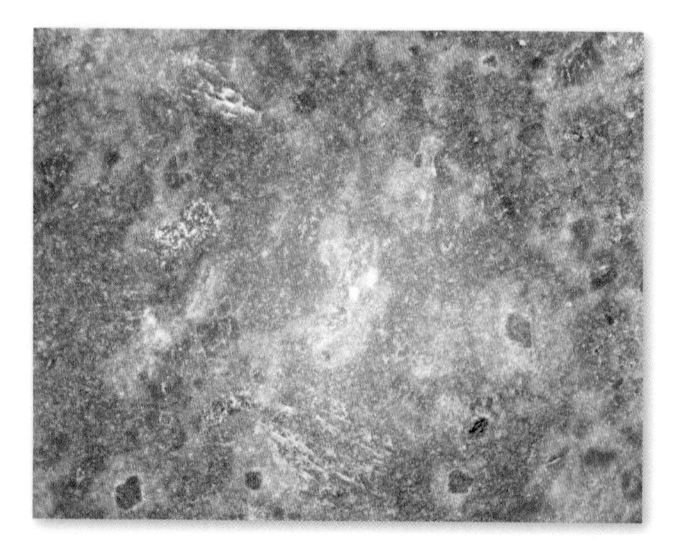

光片（反射光观察　放大 45 倍）

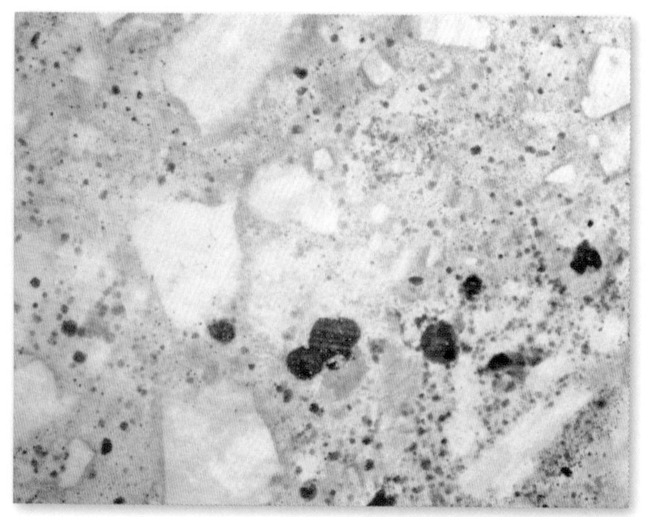

薄片（穿透光观察　60 倍）

假白榴石响岩

产地：江苏江宁

颜色：以浅色为主，多见白色、灰绿色、灰色。

成分：主要矿物成分为钾霞石、正长石、透长石，次要矿物成分为碱性辉石、钠质斜长石。

结构与构造：斑状结构、块状构造，其中钾霞石和正长石混合形成假白榴石，既是斑晶部分，也是基质部分。

成因：一种岩浆成岩作用和岩浆地质后期作用共同作用下的碱性喷出岩，本来含有大量白榴石，但在成岩后白榴石极易转化，后期作用形成结构相似的假白榴石。

其他：分布很少，但岩石因成岩作用富集轻稀土元素、大离子亲石元素，具有极强的稀土元素分异性，极易成矿。

手标本

局部放大

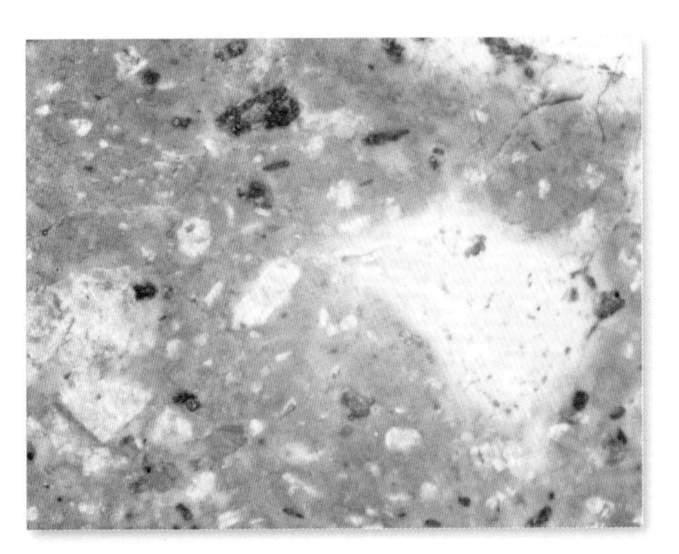

光片（反射光观察　放大 45 倍）

假白榴石斑岩

产地：江苏江宁

颜色：以深色为主，多见灰绿色、灰红色。

成分：主要矿物成分为钾霞石、正长石、透长石，次要矿物成分为碱性辉石、碱性角闪石。其中斑晶为假白榴石、钾霞石和正长石的次生后期混合晶体；基质为隐晶质，为钾霞石和正长石的非结晶混合物。

结构与构造：细粒结构、斑状结构、隐晶质结构，块状构造、斑点构造。

成因：与假白榴石响岩的矿物成分一致，区别在于假白榴石斑岩的冷却成岩时间更长。

其他：与正长岩、粗面岩等伴生，与银、铅、镍等矿产正相关分布。

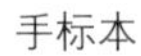

手标本

局部放大

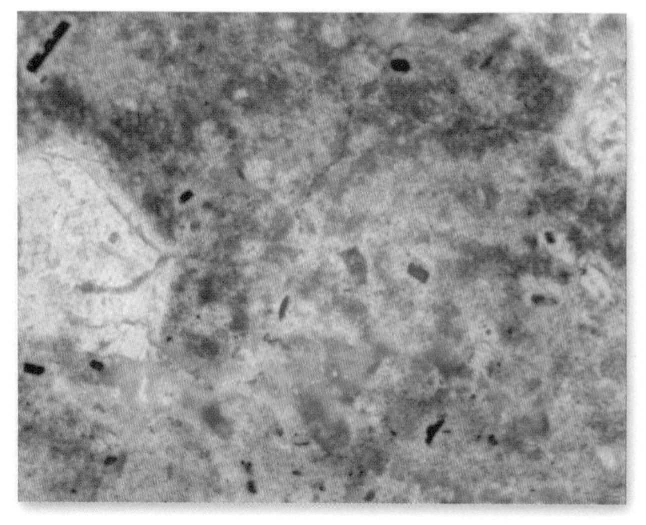

光片（反射光观察　放大 45 倍）

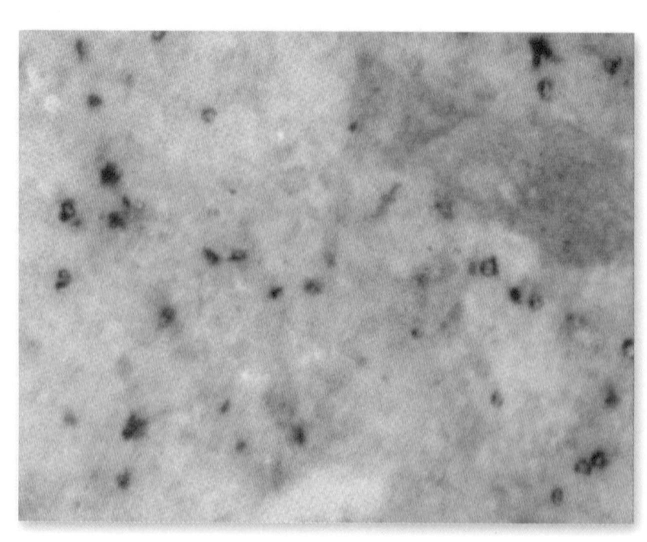

薄片（穿透光观察　60 倍）

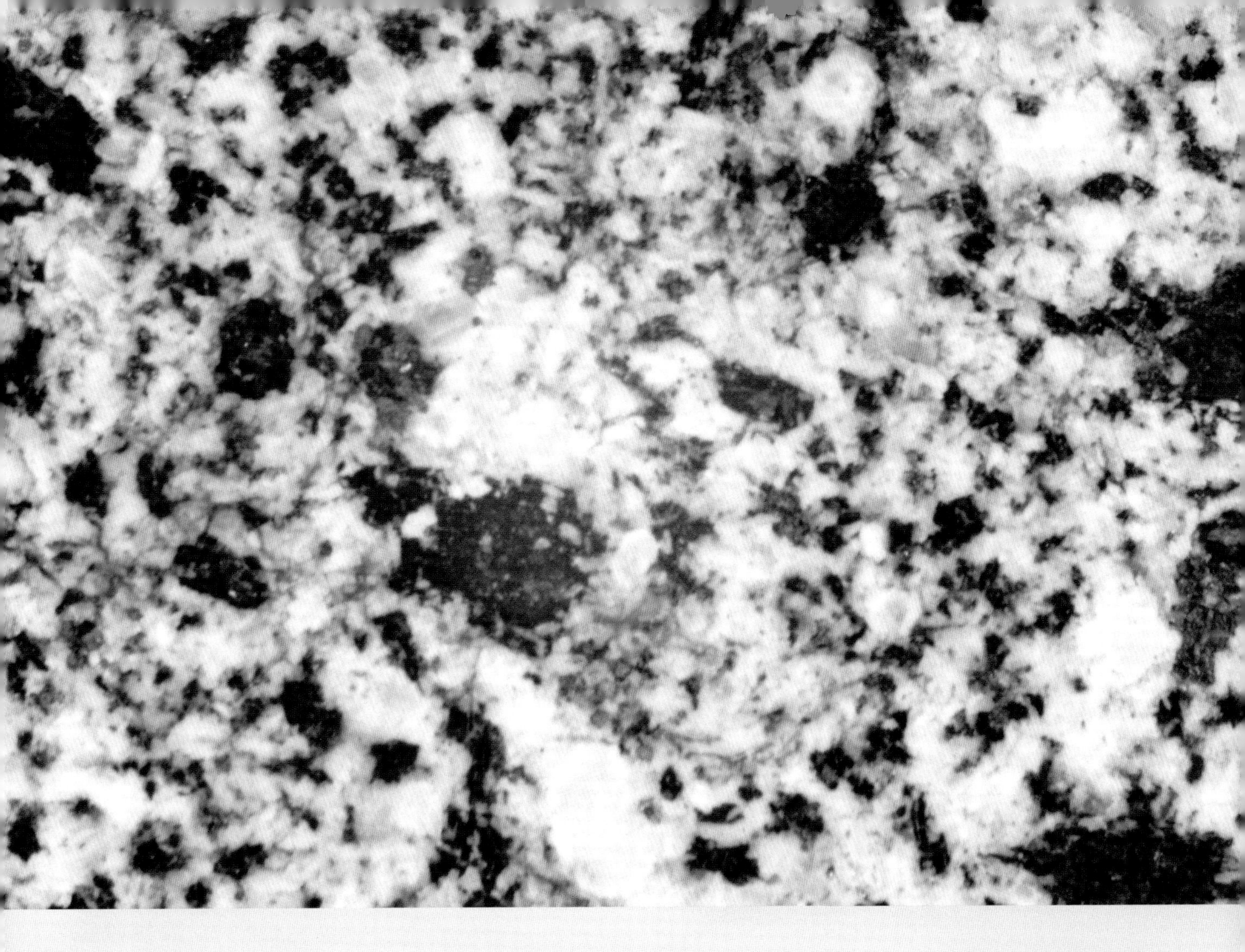

6. 脉　岩

095 ~ 101

该类岩石的颜色分为浅色的细晶岩和伟晶岩、暗色的煌斑岩和云煌岩，相对密度低于酸性岩。脉岩主要的造岩矿物很多，与岩浆的性质有关，基性脉岩为辉石、碱性长石；中性脉岩为各类长石、角闪石、透闪石；酸性脉岩为石英、钾长石、斜长石；伟晶岩为方解石、石英；碱性脉岩为正长石、钠长石。脉岩是地质构造中的层状、墙体状、枝状、管状等脉岩在结构、构造、结晶、密度等外在形态与对应的岩浆岩完全不一致。该类岩石的分布广，在中酸性岩浆岩的构造裂隙、裂缝、岩枝里发育，占岩石圈中岩浆岩的比重极低，是一种小规模特殊岩浆岩。

含电气石斜长伟晶岩

产地：西藏多雅

颜色：以浅色为主，多见灰白色、浅黄色、肉红色。

成分：主要矿物成分为斜长石、电气石和石英，次要矿物成分为黑云母、电气石、透辉石。

结构与构造：为中粒伟晶结构、块状构造。

成因：由残余的溶浆缓慢结晶而成。

其他：形态复杂，与围岩产状一致，也可切割围岩，多见脉状、透镜状、囊状、筒状及不规则形状等。

手标本

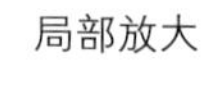

局部放大

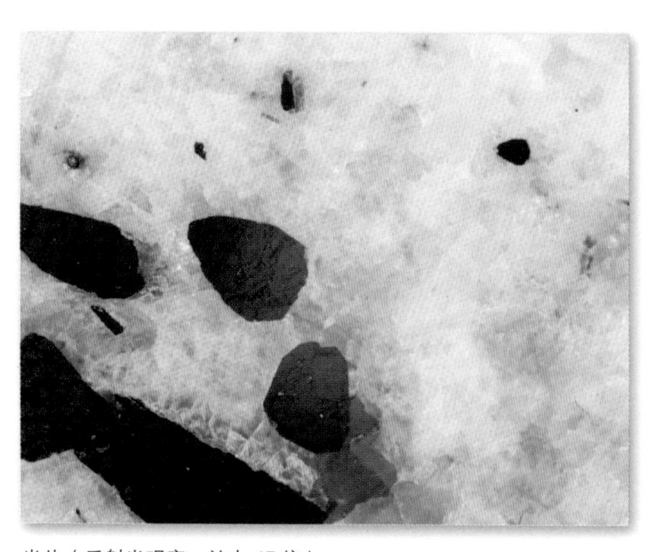

光片（反射光观察　放大 45 倍）

伟晶岩

产地：辽宁辽阳

颜色：以浅色为主，多见粉红色、肉红色、灰白色、浅黄绿色。

成分：主要矿物成分为石英、碱性长石、斜长石，次要矿物成分为黑云母、金云母、黄玉、电气石、绿柱石、褐帘石、萤石，偶见稀有元素矿物。

结构与构造：花岗伟晶结构、巨粒结构、文象结构，晶洞构造、晶簇构造、条带状构造、脉状构造。

成因：由侵入到火成岩或围岩裂隙中缓慢结晶而成，结晶时间越长结晶程度越好。

其他：伟晶石可用作建筑装饰用材料和观赏石，也富含铌、锂、铍、铊等稀有元素，是此类金属矿产的重要母岩。伟晶岩分布较少，识别伟晶岩时只有一个标准，造岩矿物石英、长石的晶体巨大，晶体的粒径大于 4 厘米。

手标本

局部放大

光片（反射光观察　放大 45 倍）

斜长伟晶岩

产地：山东莱芜

颜色：以浅色为主，多见灰白色、浅黄色、浅粉色。

成分：主要矿物成分为正长石、微斜长石，次要矿物成分为石英、电气石、透辉石、黑云母。

结构与构造：为他形粒状结构、中粒伟晶结构，块状构造、条带状构造。

成因：是一种常见的伟晶岩，是由硅酸盐岩浆侵入地壳围岩缓慢冷却形成。

其他：是一种常见建筑装饰材料，也是制硅、提取长石的原料。

手标本

局部放大

云煌岩

产地：浙江长兴

颜色： 起伏较大，多见褐色、深绿色、深紫色、黑色。

成分： 主要矿物成分为黑云母、正长石，次要矿物成分为辉石、橄榄石、钾长石。

结构与构造： 斑状结构、自形细粒结构，块状构造、条带状构造。其中斑晶部分为黑云母晶体；基质部分为正长石和黑云母混合体。

成因： 是发育在花岗岩体、花岗闪长岩体、正长岩体等中酸性岩类中常见脉岩，由中酸性岩浆异化脱硅后在围岩中冷却形成。

其他： 是云母矿的重要母岩。

手标本

局部放大

光片（反射光观察　放大 45 倍）

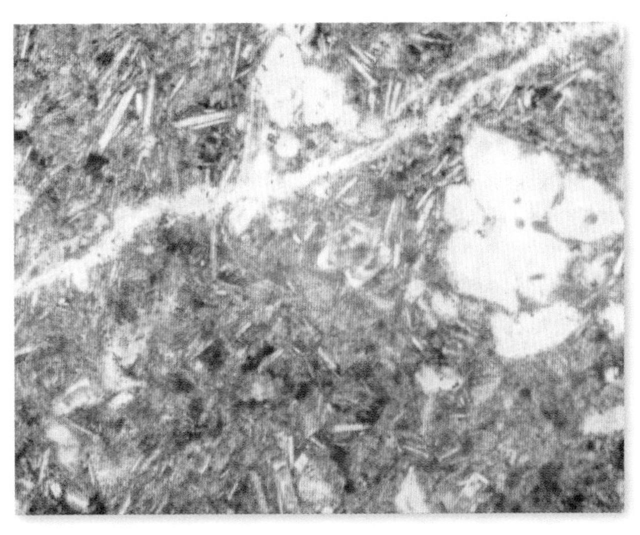

薄片（穿透光观察　60 倍）

闪斜煌斑岩

产地：山东济南

颜色： 以暗色为主，多见深灰色、灰绿色、深绿色。

成分： 主要矿物成分为斜长石、普通角闪石、橄榄石、黑云母，次要矿物成分为碱性长石、单斜辉石。

结构与构造： 煌斑结构、细粒结构，块状构造、条带状构造。其中斑晶部分为普通角闪、石黑云母、橄榄石、辉石；基质部分为普通角闪、石黑云母、橄榄石、辉石、斜长石、碱性长石。

成因： 是一种细粒致密块状基性浅成岩，成岩机理与云煌岩相似。

其他： 极易风化，会不同程度上出现绿泥石化、碳酸盐化，风化形成的土壤极为肥沃。

手标本

局部放大

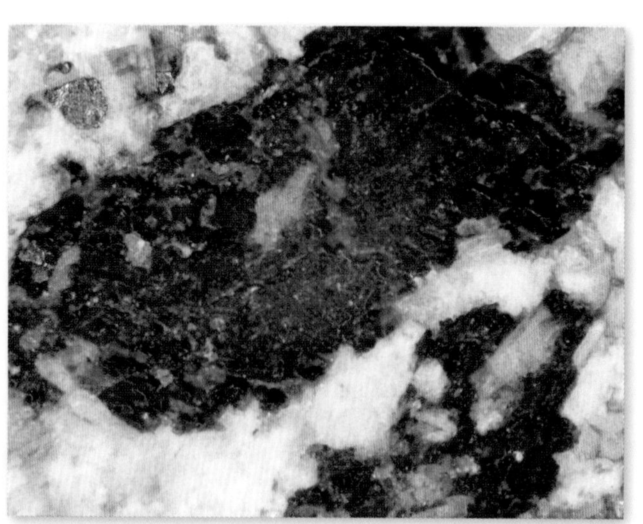

光片（反射光观察　放大 45 倍）

煌斑岩

产地：辽宁抚顺

颜色：以暗色为主，多见黑、灰黑色、深褐色。

成分：主要矿成分为黑云母、角闪石，次要矿物成分为橄榄石、辉石。

结构与构造：煌斑结构、细粒－微粒结构、隐晶质结构，块状构造、条带状构造、气孔状构造。其中斑晶和基质部分均为黑云母、角闪石，斑晶结晶程度好，基质为隐晶质。

成因：一种浅成脉岩，是云煌岩与碱性火成岩之间的过渡岩石，通常形成岩脉、岩墙、岩床。

其他：富含各种次生矿物，如磷灰石、榍石、磁铁矿、绿泥石、蛇纹石、滑石、硫化物等，极易成矿，是重要的矿产指示物。

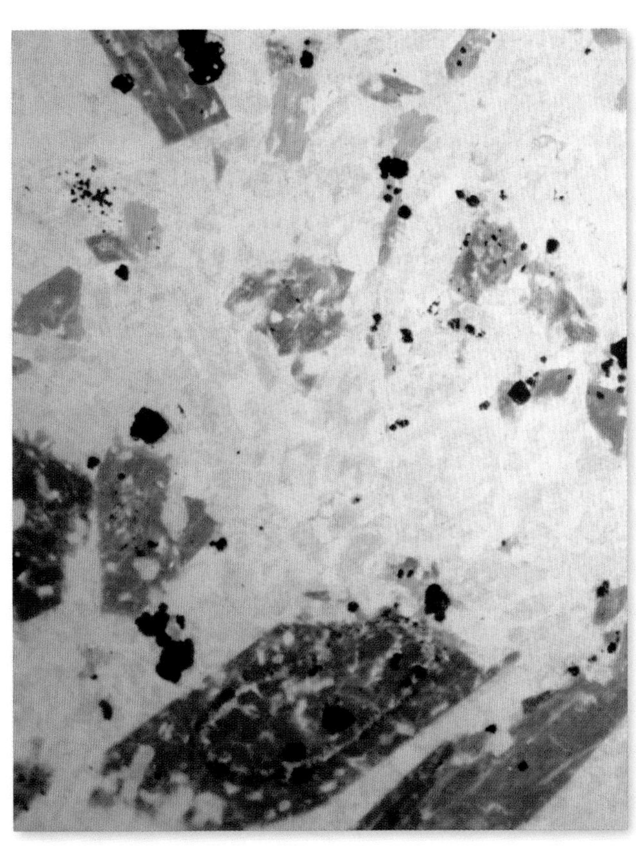

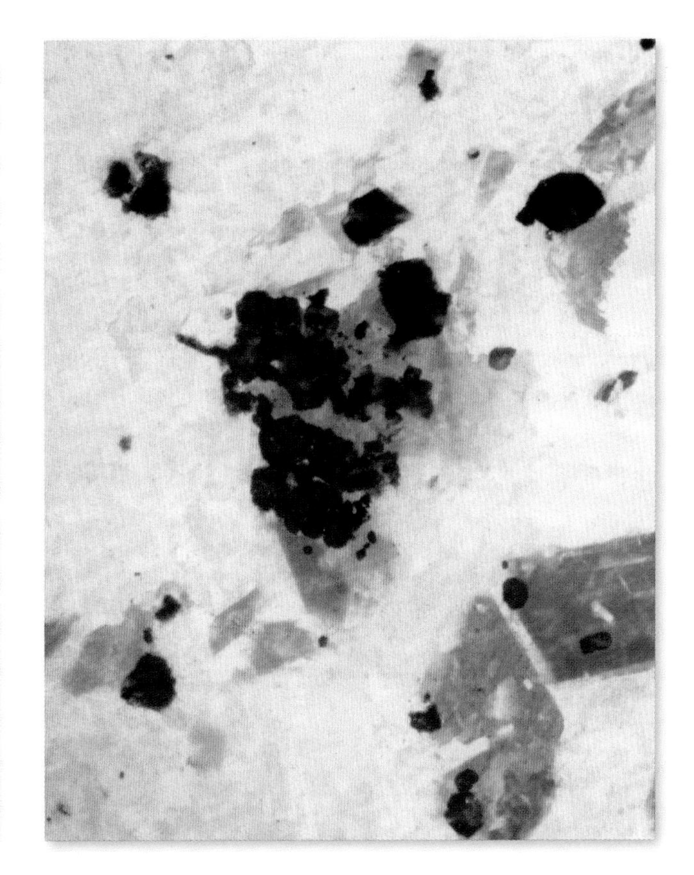

薄片（穿透光观察　60 倍）

三、

火山碎屑岩

介于岩浆岩和沉积岩之间的岩类

该类岩石的颜色变化较大，浅色至暗色的颜色区域均有。密度起伏也较大，有气孔的密度较小，也有相对致密和密度较大的岩石种类。主要的造岩矿物和岩石种类有关，其中火山集块岩包含各种基性岩、中性岩熔块和火山弹，造岩矿物也对应这些岩石，包括基性岩的辉石、橄榄石，中性岩的各类长石等；火山角砾岩包含各种熔岩角砾和其他已固结的岩石角砾，包括的造岩矿物更复杂；凝灰岩包含各类火山灰，除了原本的矿物，由于结构和环境的特点，偶有很多蚀变作用形成的新矿物，包括蒙脱石、伊利石、沸石等。该类岩石分布在岩浆岩喷发区，在岩石圈中的比重很小，其中三个种类中凝灰岩的分布和占比最大。

火山碎屑岩是一类特殊岩类，物质来源是完全依靠火山作用短距离转移成岩，没有经过沉积岩的长距离搬运、风化、碎裂细化、流水和风作用；成岩作用则是以物理沉积作用为主，没有岩浆岩成岩的冷却固结、矿物结晶。

在我国的岩石学科学研究进程中，成都理工大学（原成都地质学院）在多年的研讨过程里将火山碎屑岩划到了沉积岩类，而中国地质大学（北京）将火山碎屑岩划到了岩浆岩类。在学界，火山碎屑岩的归属存在争议，其成岩既有火山作用，也有沉积作用，本书不为此类岩石归类定性，单独成章是为了方便具体的岩类描述和提高读者的认识。

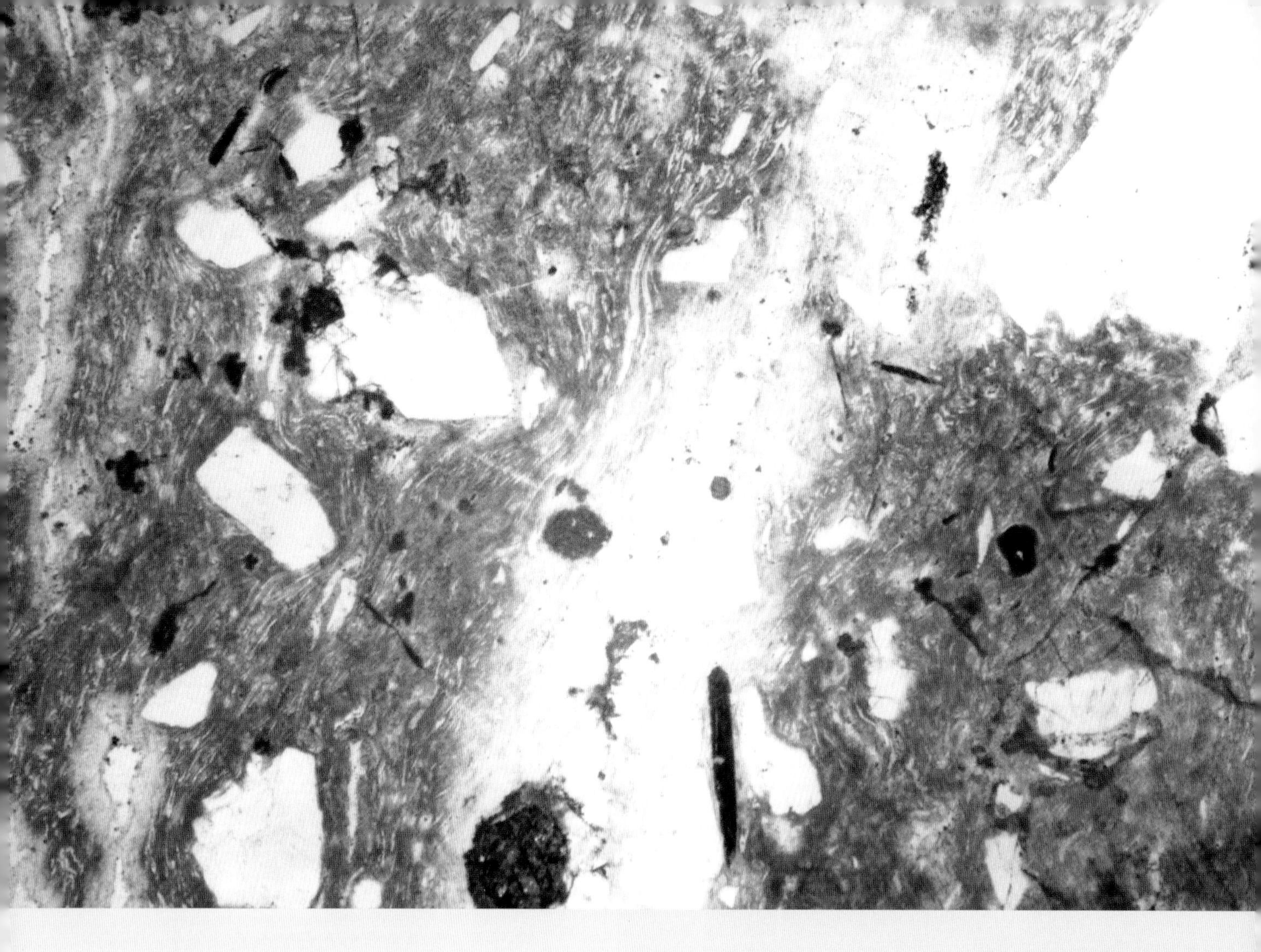

1. 火山凝灰岩

104 ~ 114

火山凝灰岩也称为凝灰岩，是一种结构致密的火山碎屑岩，颜色以中到浅色为主，由颗粒直径小于2毫米的火山晶屑、玻屑和岩屑为主要岩石成分和结构支撑，填隙物为肉眼无法分辨粒度的火山微尘。除了大量的火山沉积物也混有少量的陆源沉积物、生物化学沉积物（非火山作用形成），受风力、水力、海洋作用影响，次要的造岩矿物成分逐渐复杂，快速沉积形成的具有沉积构造特点的岩石，在火山口附近区域出现。

玻屑凝灰岩

产地：浙江天台

颜色：以浅色为主，多见浅绿色、浅黄色、灰白色。

成分：主要造岩成分为火山碎屑，占比超过70%，主要是碎屑粒径小于2mm的玻屑，次要造岩成分为岩屑、晶屑、火山灰。

结构与构造：玻屑凝灰结构、塑变结构、假流纹结构，块状构造、层状构造。

成因：是一种火山喷发作用驱动且具有沉积构造的岩石，由火山喷发出的碎屑物自然沉积形成，是一种常见的火山碎屑岩。

其他：玻屑凝灰岩的出现表示该区域内在地质历史时期有过火山喷发，是地质学研究火山喷发和古地理环境的参考物。

手标本

局部放大

光片（反射光观察　放大45倍）

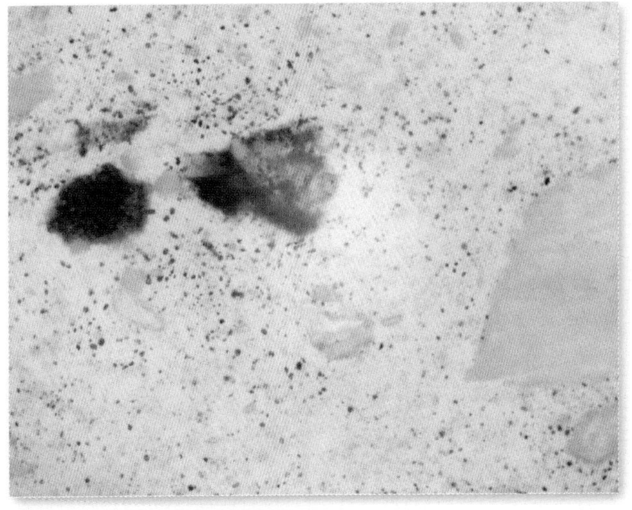

薄片（穿透光观察　60倍）

沉凝灰岩

产地：浙江诸暨

颜色：多见浅灰、浅红、黄绿色、灰红色。岩石易风化，表面风化后为深绿色、深紫色、灰黑色。

成分：主要矿物成分为火山碎屑、火山玻璃质，次要矿物成分为陆源沉积物。

结构与构造：沉凝灰结构、火山玻璃结构、火山碎屑结构，块状构造、层状构造、瘤状构造。

成因：是一种介于正常火山碎屑岩和正常沉积岩之间的过渡岩石类型，形成于离喷发中心有一定距离的地方，岩石中含有不等量陆源沉积物，有别于火山碎屑物。

手标本

局部放大

光片（反射光观察　放大 45 倍）

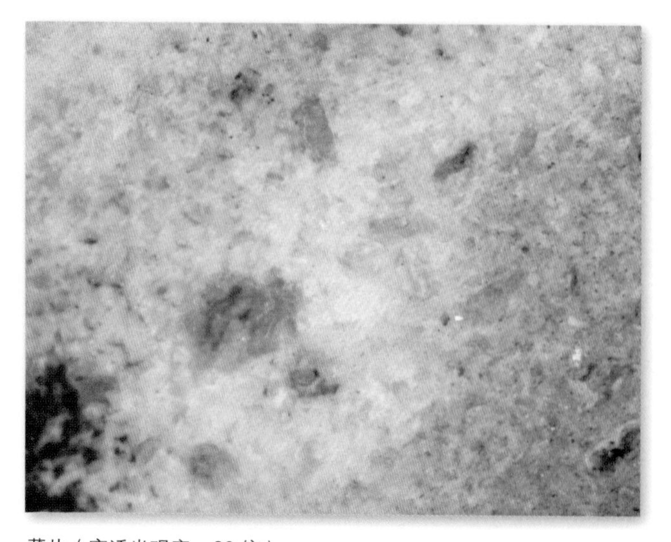

薄片（穿透光观察　60 倍）

角砾凝灰岩

产地：浙江缙云

颜色：以浅色为主，多见灰绿色、灰红色、灰白色。

成分：主要矿物成分为火山灰、火山角砾、火山碎屑，次要矿物成分为陆源沉积物。

结构与构造：沉角砾凝灰结构、细粒结构，块状构造、层状构造。

成因：一种火山碎屑岩和陆源沉积岩之间的过渡岩石，其中角砾集块较多。

其他：是常用的建筑材料，也是制造水泥的原料和提取钾肥的原料。角砾凝灰岩冷却凝结时会偶然形成火山砾结构。

手标本

局部放大

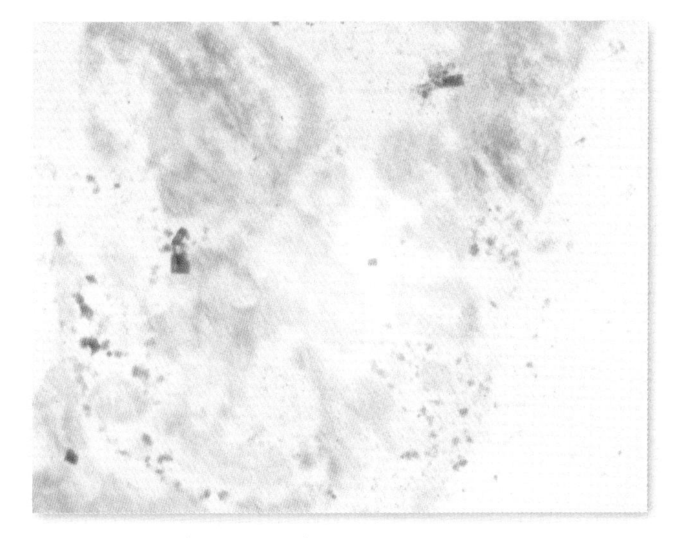

光片（反射光观察　放大 45 倍）

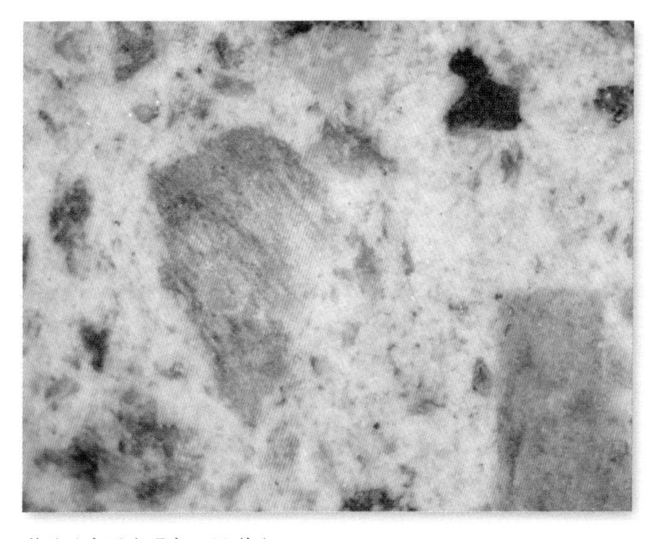

薄片（穿透光观察　60 倍）

多屑凝灰岩

产地：浙江余杭

颜色：以中－浅色为主，多见浅灰色、浅棕色、紫红色、灰白色、灰绿色。

成分：主要矿物成分为火山晶屑、岩屑、玻屑，次要矿物为火山灰。

结构与构造：凝灰结构、玻璃结构，层状构造、块状构造。

成因：多屑凝灰岩是一种火山碎屑岩，是介于沉积岩和火山岩之间的岩石，由火山喷发作用且具有沉积岩构造的火成岩。

其他：是常用的建筑材料，也可以作为制造水泥的原料和提取钾肥的原料。

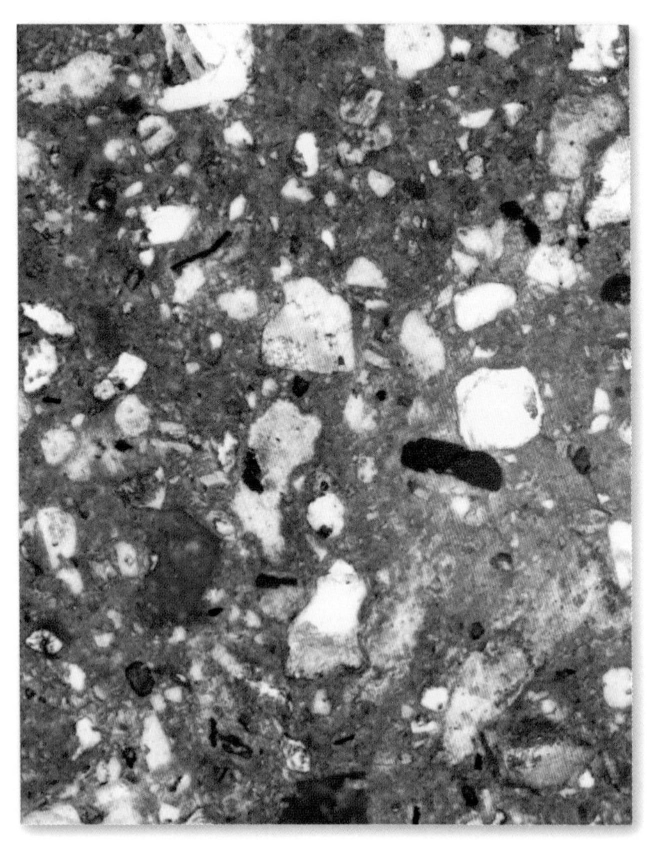

光片（反射光观察　放大 45 倍）

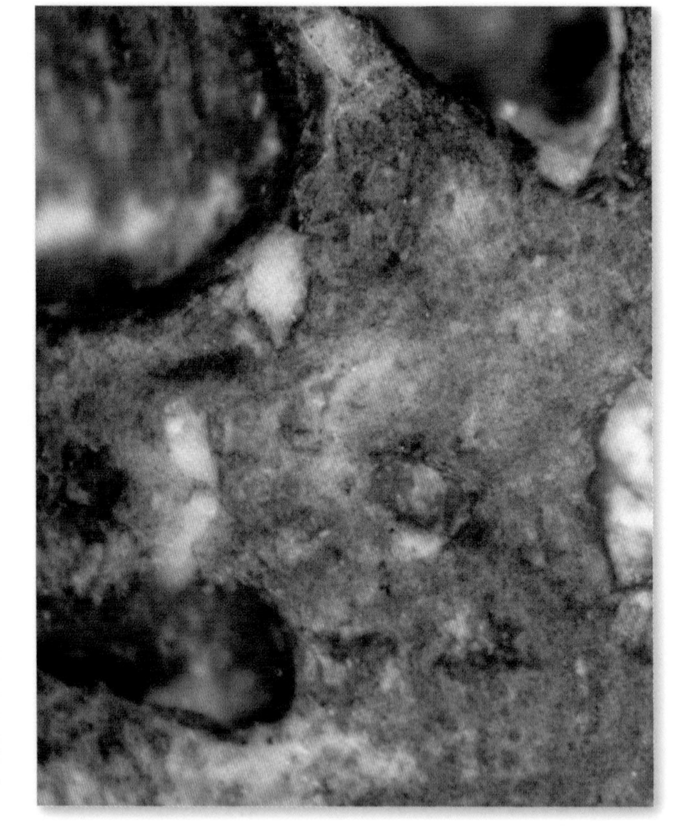

绿色凝灰岩

产地：浙江蝶州

颜色：多见浅绿色、绿色、嫩绿色。

成分：主要矿物成分为岩屑、玻屑，次要矿物成分为火山灰。

结构与构造：凝灰结构、块状构造。

成因：是一种常见的凝灰岩，其火山碎屑的成分主要为流纹岩和安山质岩屑。

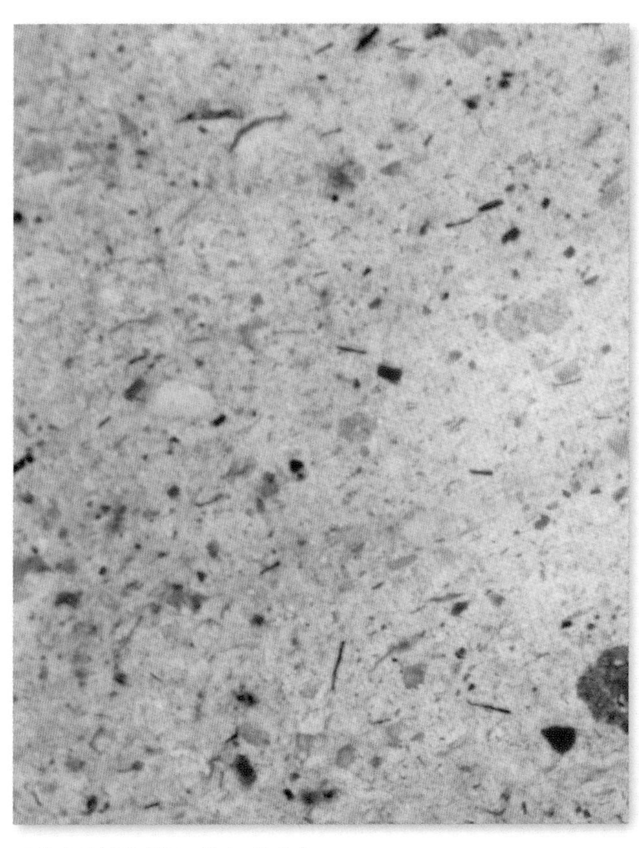

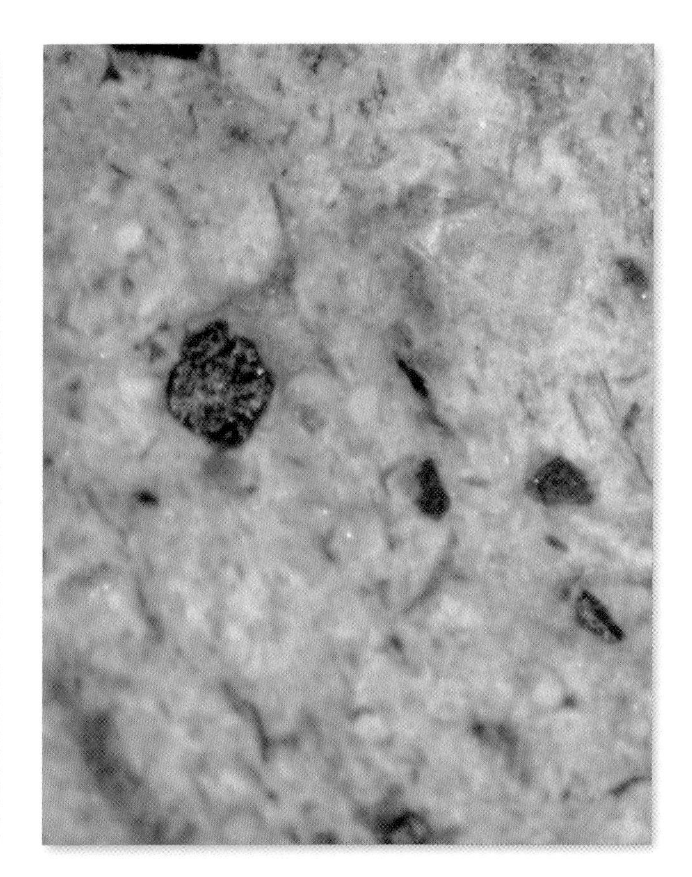

光片（反射光观察　放大 45 倍）

晶屑凝灰岩

产地：浙江诸暨

颜色：以暗色为主，多见灰黑色、紫色、深灰色。

成分：主要矿物成分为晶屑、岩屑、火山灰。

结构与构造：凝灰结构，层状构造、块状构造。

成因：是一种分布较少的火山碎屑岩，其中岩屑为玄武岩碎屑、玄武质成分，晶屑为斜长石碎屑，火山灰为填隙物。

手标本

局部放大

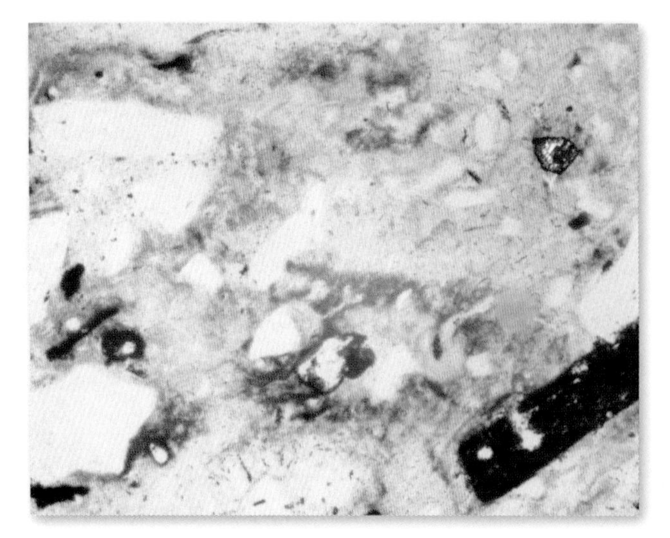

光片（反射光观察　放大 45 倍）

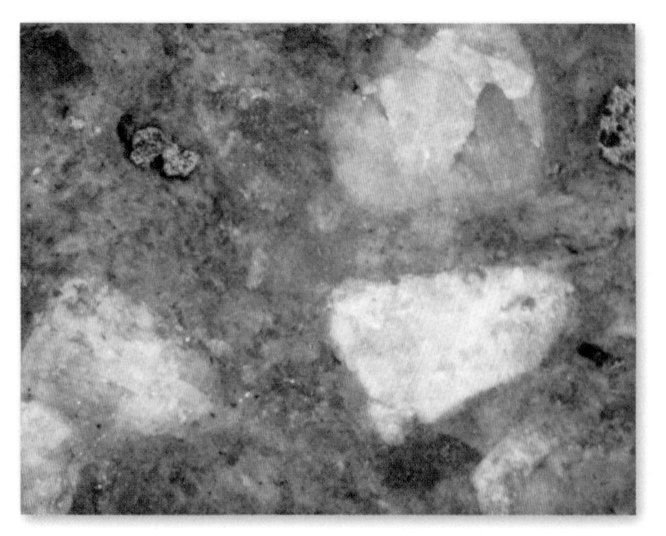

薄片（穿透光观察　60 倍）

岩屑凝灰岩

产地：浙江仙居

颜色：以浅色为主，多见灰白色、浅灰色。

成分：主要矿物成分为岩屑、玻屑、火山灰，次要矿物成分为陆源沉积物泥质及硅质。

结构与构造：凝灰结构，块状构造、层状构造。

成因：分布较广的火山碎屑岩，在成岩过程中火山碎屑会和岩石碎屑（岩浆岩碎屑）混合。火山碎屑为流纹岩、安山岩岩屑。

手标本

局部放大

英安质强熔结凝灰岩

产地：浙江德清

颜色：以浅色为主，多见灰色、灰红色、浅灰色。

成分：主要矿物成分为岩屑、晶屑、浆屑、玻屑、火山灰，次要矿物成分为长石、石英。

结构与构造：玻屑塑变结构、凝灰结构，假流动构造、假角砾构造。

成因：在火山基底和火山通道附近沉积形成，接近火山喷发中心点。

手标本

局部放大

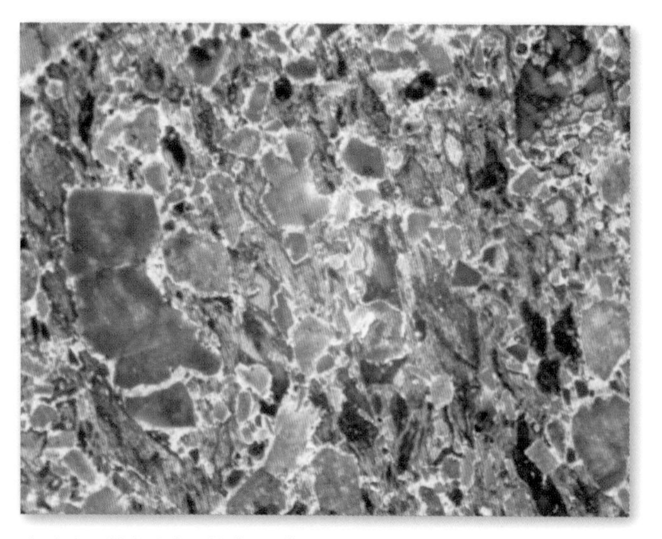

光片（反射光观察　放大 45 倍）

薄片（穿透光观察　60 倍）

强熔结凝灰岩

产地：浙江德清

颜色：以浅色为主。

成分：主要矿物成分为晶屑，次要矿物成分为集块、火山角砾、火山砾、晶屑和半塑性的玻屑。

结构与构造：网玻屑塑变结构、凝灰结构，假流动构造、假角砾构造。

成因：常见的火山碎屑岩，其中塑性玻屑含量较高，呈扁平状。在接近火山喷发中心处形成。

其他：偶与玄武岩外型相似，易混淆。

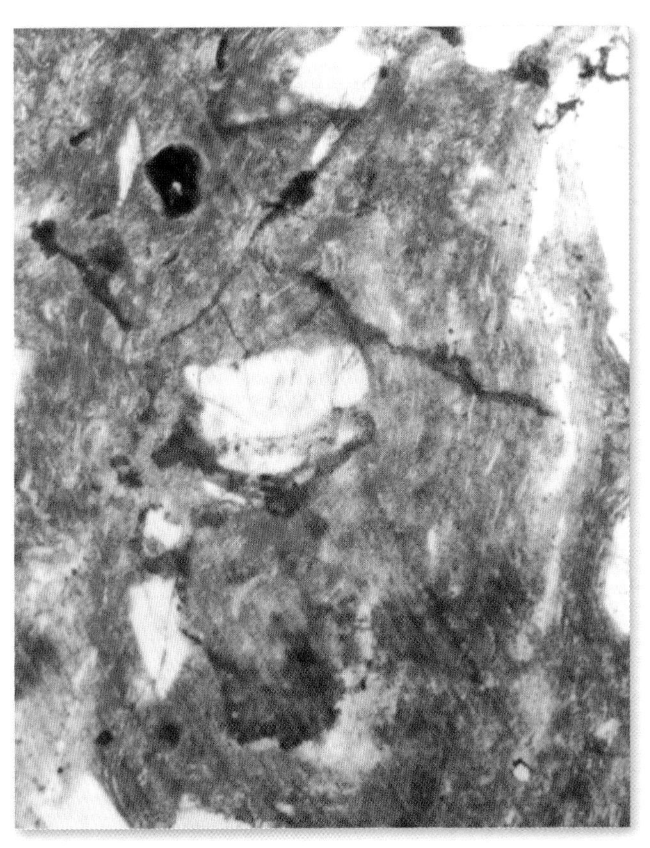

薄片（穿透光观察 60倍）

明矾石化熔结角砾凝灰岩

产地：浙江余杭

颜色：以浅色为主，多见浅红白色、浅灰色、青灰色。

成分：主要矿物成分为明矾石、晶屑、岩屑、火山灰、角砾，次要矿物成分为长石、石英、陆源碎屑。

结构与构造：凝灰结构、火山角砾结构、熔结凝灰结构，块状构造、似流动构造。

成因：是一种特殊的凝灰岩，其特点是凝灰岩的明矾石化，是在火山喷出近地表区域内低温条件下发生的，受控于近地表的强氧化作用，热液中硫元素被氧化成为亚硫酸或硫酸，再与钾元素、氯元素结合形成明矾石。

其他：分布广泛，在火山喷发区均有发育。

手标本

局部放大

2. 火山角砾岩

115 ~ 119

该类岩石的颜色多以中色、斑驳色为主，且角砾的颜色变化极大，从黑色到浅灰色均有。该类岩石是由火山作用直接形成的棱角状、次棱角状的火山砾石与熔岩碎屑组成，其砾石的粒径为 2 ~ 64 毫米，含量大于 50%。其中角砾部分多为凝灰岩角砾，其他火山喷出岩次之。

火山角砾岩的特征有三：一是角砾状构造；二是角砾的原岩性质必须为火山喷出岩性质的，没有经过地质搬运形成的磨圆；三是基质部分必须是火山碎屑沉积物。

火山角砾岩

产地：浙江绍兴

颜色：以中－浅色为主，多见灰紫色、灰色、青色。

成分：主要矿物成分为火山角砾、火山碎屑、火山灰，次要矿物成分为陆源碎屑。

结构与构造：火山角砾结构，角砾状构造、棱角状构造。

成因：形成于陆地火山喷发中心区域，也是地质构造作用强烈的陆地区域。

其他：火山角砾岩的火山角砾和火山碎屑来源广泛，基性岩玄武岩和中性岩安山岩均是主要来源。

手标本

局部放大

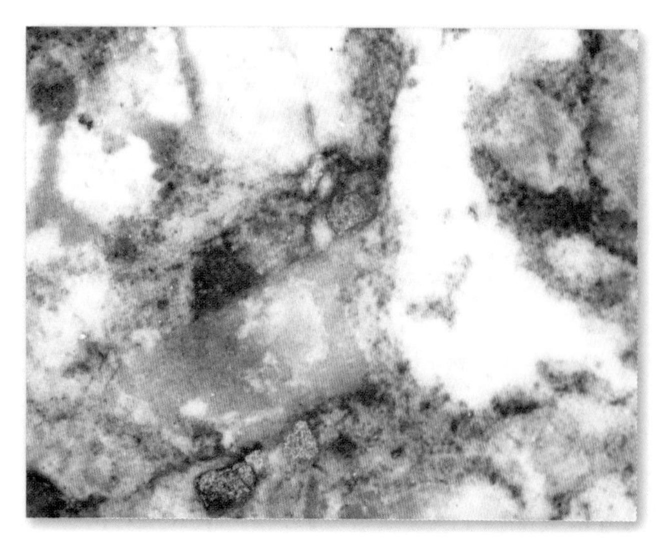

光片（反射光观察　放大 45 倍）

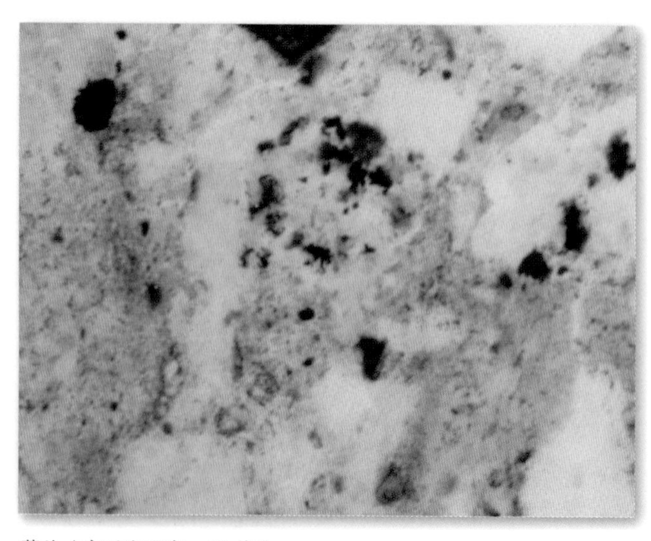

薄片（穿透光观察　60 倍）

流纹质火山角砾岩

产地：浙江萧山

颜色：以中—浅色为主，多见灰白色、紫灰色、灰色、青灰色。

成分：主要矿物成分为火山角砾、岩屑、晶屑、火山灰。

结构与构造：为火山角砾结构、脱玻结构，块状构造、流纹构造。

成因：是特殊的火山角砾岩，由于火山喷出物重新沉积堆积后仍具有相当的温度和液体流动性，经过流动冷却后成岩。

其他：流纹质火山角砾岩的矿物成分来源复杂，常见玄武岩、安山岩、安山质凝灰岩、英安岩、英安质凝灰岩、流纹岩、流纹质凝灰岩等。分布较少，通常在火山喷发的中心区域发育。

手标本

局部放大

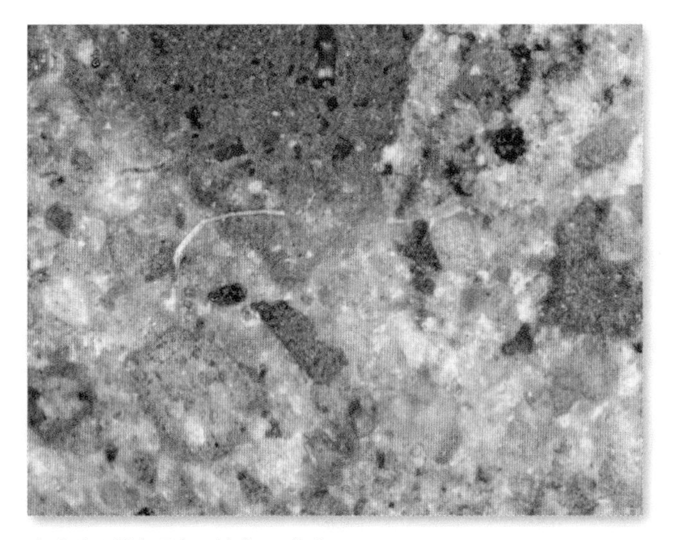

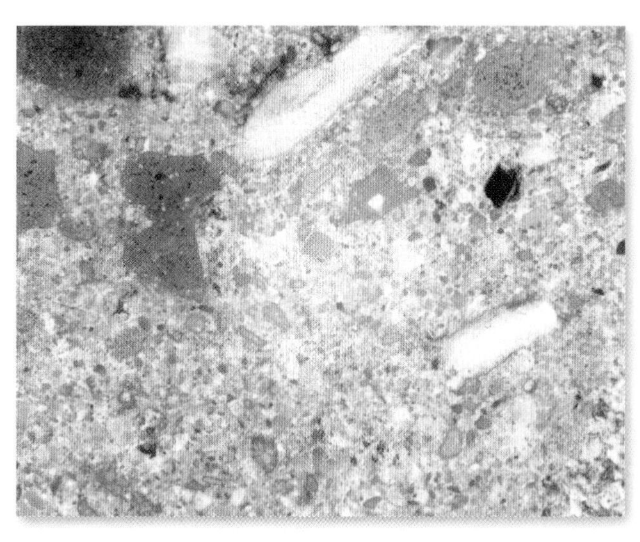

光片（反射光观察　放大 45 倍）

凝灰质角砾岩

产地：浙江绍兴

颜色：以浅色为主，多见浅红色、浅紫色、浅绿色。

成分：主要矿物成分为火山角砾、凝灰质火山碎屑。

结构与构造：火山角砾结构、凝灰角砾结构，块状构造、角砾构造。

成因：是一种特殊的角砾岩，分为火山角砾和凝灰质基底两部分，前者保存了原岩的岩性，后者的成分与凝灰岩相似。岩石是在火山喷发时，喷出的火山弹、火山集块在快速冷却凝固后与凝灰质火山碎屑混合、沉积成岩。

其他：可作建筑装饰材料和观赏石。

手标本

局部放大

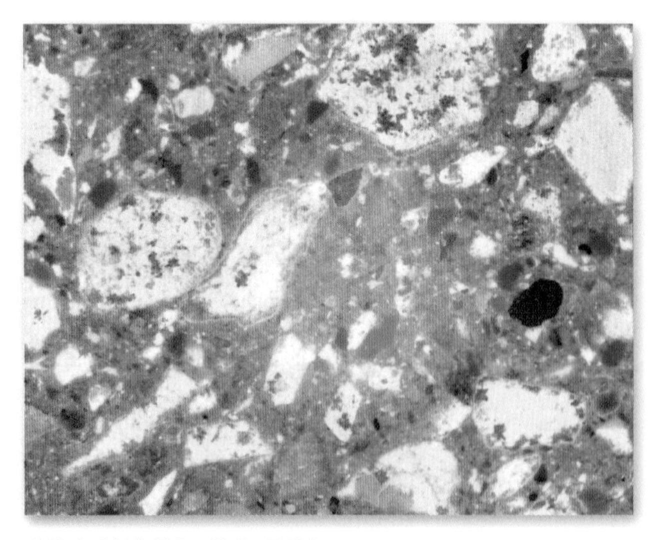

光片（反射光观察　放大 45 倍）

薄片（穿透光观察　60 倍）

沸石化熔结角砾岩

产地：浙江缙云

颜色：以浅色为主，多见灰色、浅灰色、青灰色。

成分：主要矿物成分为岩屑、晶屑、浆屑、玻屑、火山灰，次要矿物成分为沸石、陆源碎屑。

结构与构造：角砾结构、熔结凝灰结构，角砾状构造。

成因：是一种特殊的火山角砾岩，特点是大部分火山晶屑、岩屑、玻屑因温度和压力进行了塑变形变，明显区别于原生的自形碎屑形态；同时在地表和地下浅部发生脱硅和交代等热液蚀变作用，形成沸石。

手标本

局部放大

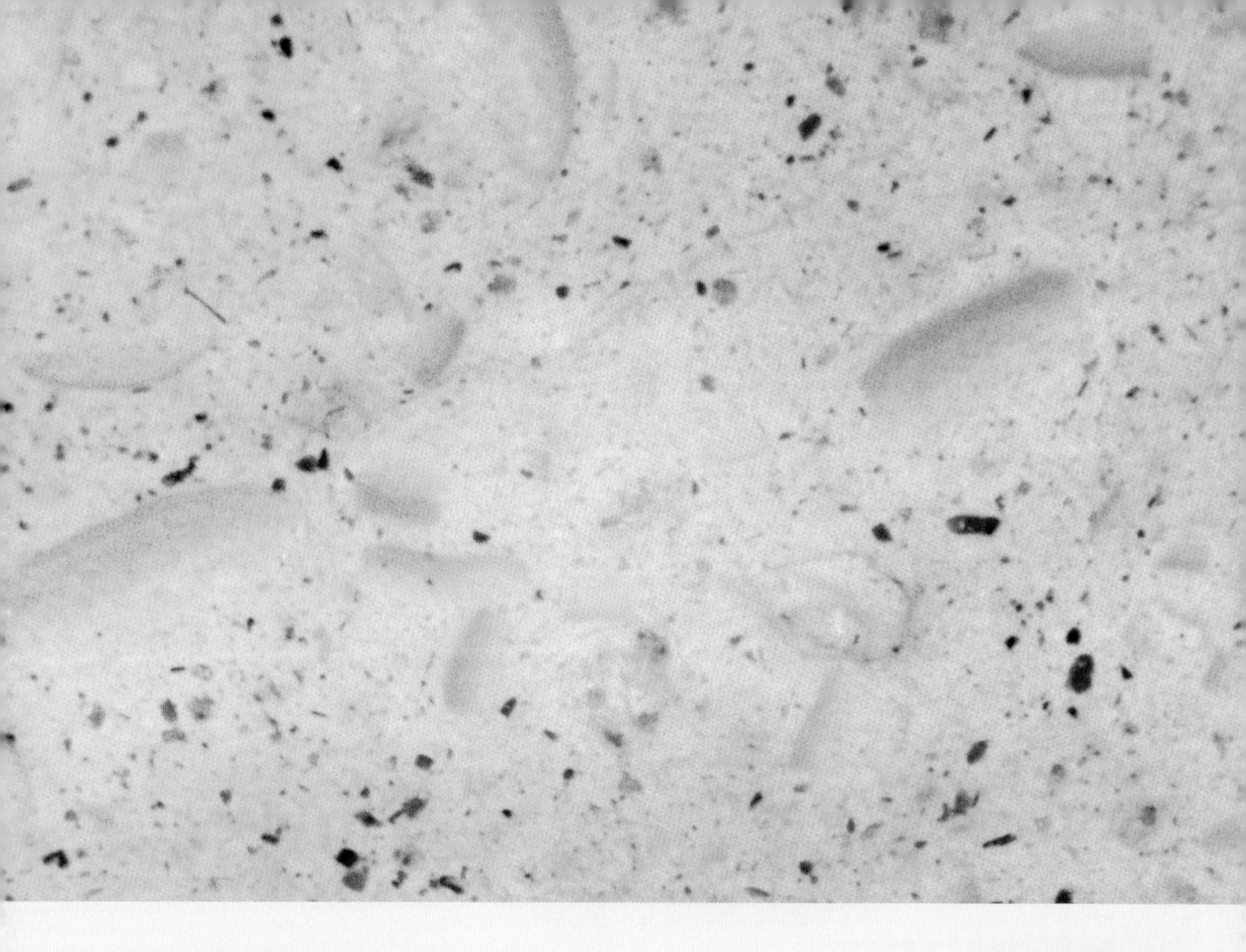

3. 火山集块岩

120 ~ 122

火山集块岩与火山角砾岩非常类似，是一种火山作用形成的致密状火山碎屑岩，其成分火山集块、火山弹、火山熔渣、火山灰等，碎块分选差且大小不一，棱角状构造突出。其中火山集块的粒径大于 64 毫米，同时块状的火山碎屑占比超过 50%。

火山集块岩与火山角砾岩区别有二：一是已发现的火山集块岩只分布在火山口附近或古老火山口内；二是火山集块岩的集块岩石不像火山角砾岩的角砾碎块岩性多为凝灰岩，而是各种岩浆岩岩性都有，常见中性岩和酸性岩。

火山集块岩

产地：江苏江宁

颜色：以浅色为主，多见浅红色、肉红色、浅灰色。

成分：主要矿物成分为火山碎屑物、火山集块，其中火山集块直径大于 64 毫米，含量超过 50%。

结构与构造：集块结构、不等粒结构，块状构造、层状构造。

成因：由大小不一、分选极差、多带棱角的火山喷发物沉积形成，多分布于火山口附近。

其他：该块标本为花岗岩块组成的安山质集块岩。

手标本

局部放大

火山泥球岩

产地：浙江嵊州

颜色：起伏较大，多见深绿色、灰黄色、深灰色、浅灰色。

成分：主要矿物成分为火山灰球、火山豆石、凝灰岩球、火山雹石等非单一矿物集合体、火山晶屑、岩屑、玻屑、火山灰。

结构与构造：玻屑凝灰结构、不等粒结构，火山泥球构造、块状构造、豆状体构造、同心圆构造。

成因：也称火山泥球凝灰岩，是火山喷发产物，形成于凝灰岩中。

其他：十分稀少，是重要的地质学科研材料。

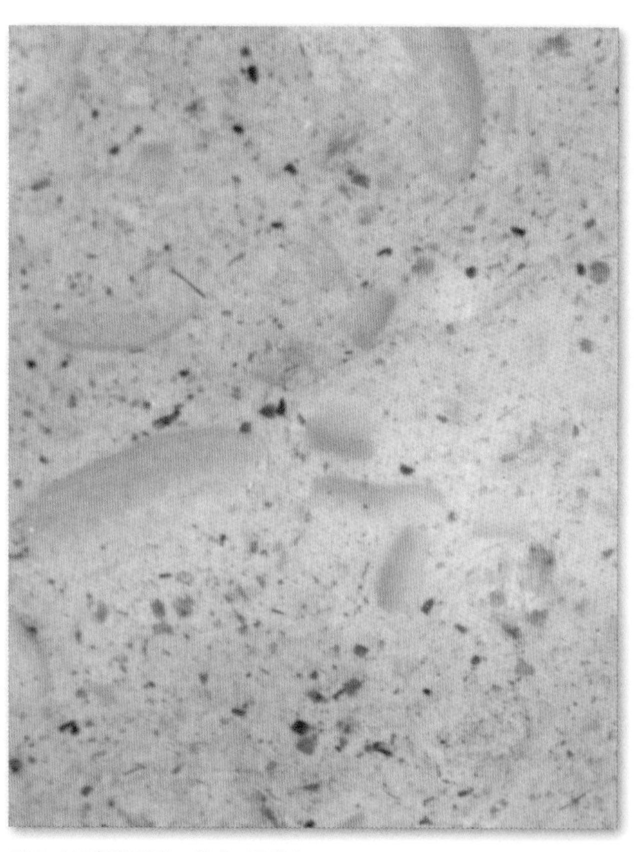

光片（反射光观察　放大 45 倍）

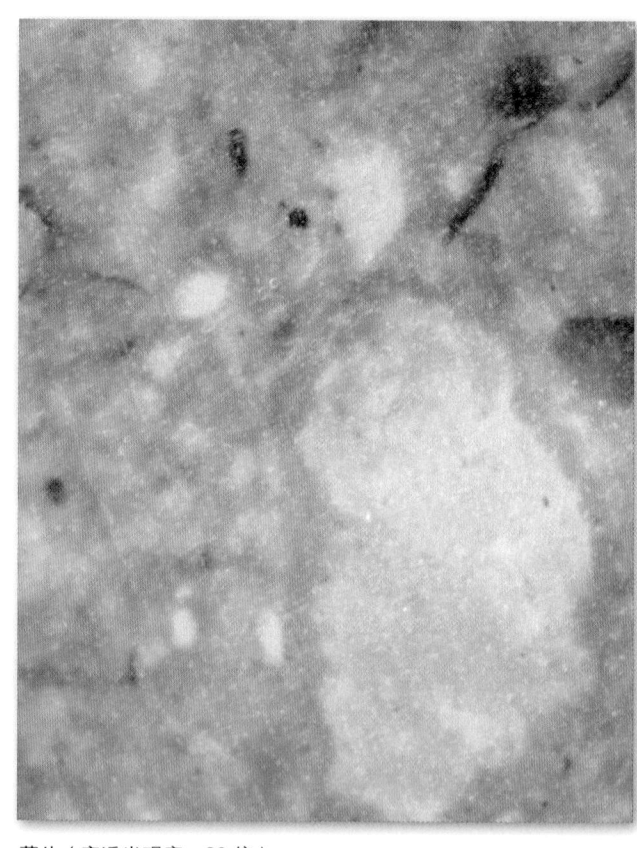

薄片（穿透光观察　60 倍）

三、

沉积岩类

沉积岩俗名叫“水成岩”，绝大多数沉积岩都是在水动力环境下发生沉积作用成岩的，只有极少数沉积岩是在缺水的风动力环境下沉积成岩，因此得名。沉积岩是在岩石圈发展过程中，在地表附近的常温常压下，已成岩的各类岩石遭受风化剥蚀作用破坏后，形成的蹦落物、风化物、碎屑物以及生物作用与火山作用的产物在经过水力的搬运、转移、沉积所形成的沉积层，最后被下沉压实成岩作用而成的岩石大类。

在岩石的分类体系下，沉积岩按照成岩作用的不同，分为碎屑岩、黏土岩和化学及生物沉积岩三类。

1. 碎屑岩

124 ~ 144

碎屑岩也叫碎屑沉积岩，该类岩石的颜色变化起伏很大，很多相同种类岩石的颜色变化较大，不能用颜色作为判断该类岩石名称和种类的依据。不同种类的碎屑岩密度起伏很大，和碎屑物的密度和性质有关。主要的造岩矿物有颗粒化石英、长石、岩屑、各类岩石砾石等，结构由颗粒、杂基、孔隙和胶结物共同作用而成。二氧化硅含量起伏较大，其中石英砂岩和石英砾岩的石英最多。该类岩石的分布广泛，占沉积岩总量的 30% 左右。

粗粒石英砂岩

产地：江苏南京

颜色：以浅色为主，多见浅灰色、浅红色、浅青色、淡黄色、浅绿色。

成分：主要矿物成分为石英，次要矿物成分为燧石、钾长石、陆源岩屑、钙质胶结成分。

结构与构造：粗粒砂状结构，沉积构造、斜层理构造、波痕构造。

成因：是一种特殊的石英砂岩，石英颗粒粒径大于常见的河流相成因的石英砂岩，搬运过程短、分选差、棱角状突出典型，是由石英含量极高的岩石经物理风化作用后，形成石英颗粒状沉积物，在经过沉积作用形成的典型陆源碎屑岩。

其他：是最为常见的碎屑沉积岩，可用于开采石英硅，也可作建筑材料和观赏石。

手标本

局部放大

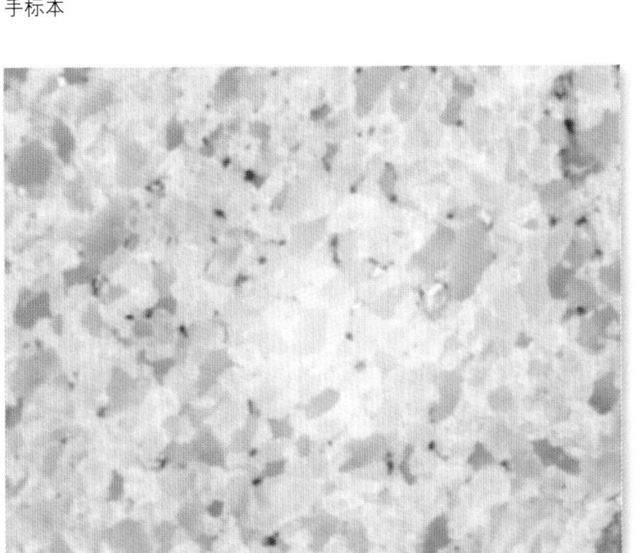

光片（反射光观察　放大 45 倍）

粗粒石英长石砂岩

产地：吉林通化

颜色：以浅色为主，多见浅红色、灰黄褐色。岩石易风化，风化面为浅灰黄色，容易混淆。

成分：主要矿物成分为石英、长石，次要矿物成分为岩屑、钙质。其中长石成分多为钾长石。

结构与构造：粗砂结构、粗粒含砾结构，韵律层理、水平层理构造、粒序层理构造、交错层理构造。

成因：多形成于河流湖泊相的沉积环境，且河流搬运地质作用的影响短于弱于石英砂岩，由花岗岩类、闪长岩类风化、碎裂化、颗粒化后沉积形成。

其他：一种建筑用材料和装饰材料。

手标本

局部放大

光片（反射光观察　放大 45 倍）

细粒石英砂岩

产地：河北宣化

颜色：以中－浅色为主，多见黄褐色、灰白色、浅红色、淡黄色、浅绿色。

成分：主要矿物成分为石英，次要矿物成分为燧石、长石、岩屑。

结构与构造：细粒砂状结构，斜层理构造、波痕构造。

成因：典型的河流沉积相控制的碎屑沉积岩，且河流的流域长、流水动能大，石英等矿物颗粒因此被物理搬运时间长，沉积颗粒小、矿物颗粒分选好、无棱角。

其他：在多种沉积岩组合中都有分布，与煤系地层、碳酸盐岩地层、砾岩地层都可以组合，在达到一定规模和纯度时也可以开采石英硅。

手标本

局部放大

光片（反射光观察　放大 45 倍）

石英岩状石英砂岩

产地：浙江余杭

颜色：起伏较大，多见灰白色、浅红色、淡黄色、浅绿色、深灰色、暗褐色。

成分：主要矿物成分为石英，次要矿物成分为长石、岩屑、褐铁矿、黏土、绿帘石、绿泥石，且石英颗粒直径大于其他造岩矿物。

结构与构造：砂状结构、块状石英结构、似镶嵌状结构，层理构造。

成因：是由矿物石英颗粒的石英再生扩大现象，形成更大的石英粒，甚至发育到块状石英。这样的石英与基质的界线模糊化，这是最大的特点。

其他：可作建筑材料和装饰材料。

手标本

局部放大

光片（反射光观察　放大 45 倍）

长石砂岩

产地：山西大同

颜色：以中—浅色为主，多见肉红色、灰色、浅褐色。

成分：主要矿物成分为石英、长石、岩屑，次要矿物成分为绿泥石、绿帘石、赤铁矿。

结构与构造：粗砂状结构、杂砂状结构，层理构造、斜层理构造。

成因：多由花岗岩类、花岗闪长岩类、片麻岩类岩石经机械物理风化破碎形成沉积碎屑，且短距离河流搬运，在山前或山间盆地堆积而成，保留了易风化的造岩矿物长石。

其他：长石砂岩的石英含量仍大于其他造岩矿物的总和，长石的总量约占四分之一；可作建筑材料和雕刻材料。

手标本

局部放大

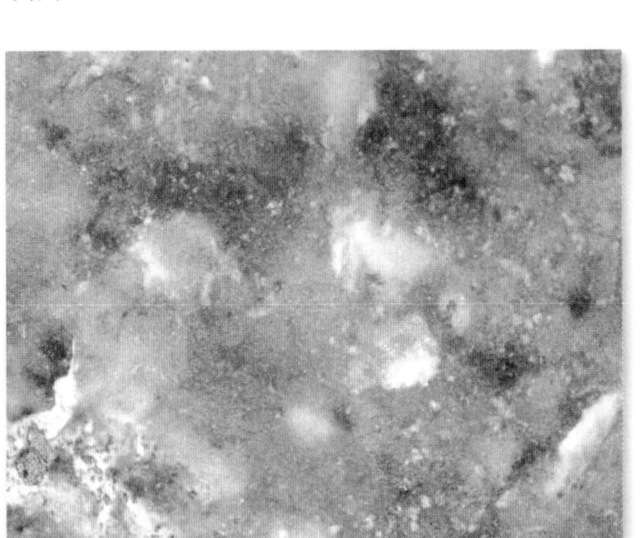

光片（反射光观察　放大 45 倍）

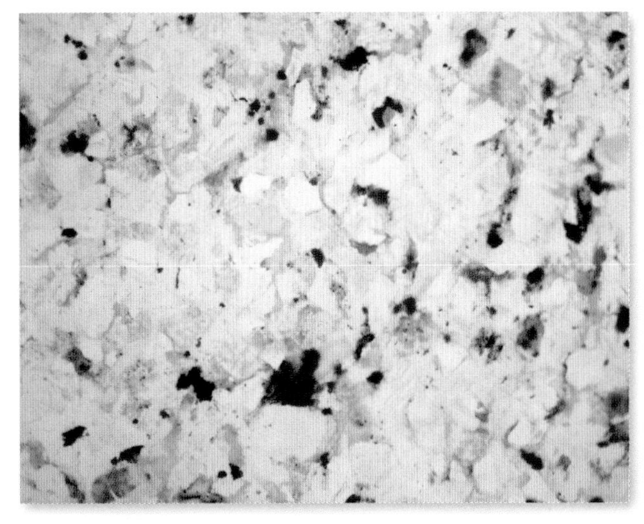

薄片（穿透光观察　60 倍）

细粒石英长石砂岩

产地：吉林通化

颜色：以浅色为主，多为浅灰色、浅红色。

成分：主要矿物成分为石英、长石、岩屑，次要矿物成分为方解石、赤铁矿、绿泥石等。当长石含量中钾长石较多时，呈浅红色；当斜长石较多时，呈浅灰色。

结构与构造：细粒砂状结构，层理构造。

成因：由河流湖泊沉积相控制的碎屑沉积岩，河流搬运作用强，长石颗粒呈磨圆状，分选好。

其他：多与泥岩类沉积岩组合分布，可用作建筑材料。

光片（反射光观察　放大 45 倍）

岩屑砂岩

产地：浙江永康

颜色：以暗－中色为主，多见深灰色、深褐色、灰绿色。

成分：主要矿物成分为石英、岩屑，次要矿物成分为长石、绿泥石、绿帘石、黏土。

结构与构造：砂状结构、层理构造。

成因：由各种岩石经过物理机械风化，短距离的搬运，快速在山前冲积扇、山间盆地及河流相沉积堆积形成的岩石。

其他：岩屑砂岩的造岩矿物中石英含量仍然是最高，岩屑含量低于石英含量。

手标本

局部放大

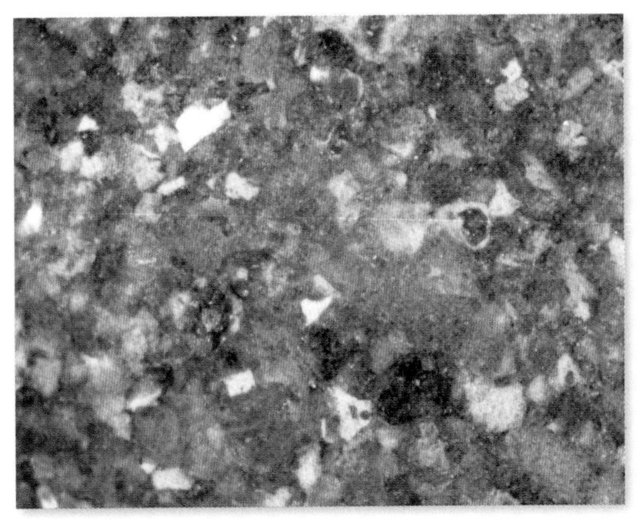

光片（反射光观察　放大 45 倍）

细砂岩

产地：江西乐平

颜色：颜色起伏较大，多见灰黑色、深灰色、灰白色、浅黄色、浅褐色。

成分：主要矿物成分为斜长石、钾长石、石英、黑云母，次要矿物成分为钙质、硅质、泥质胶结成分。

结构与构造：细粒砂状结构，层理构造、块状构造。

成因：一种特殊沉积岩岩石类型，是由河流沉积相沉积地质环境影响控制的沉积岩，且偶有岩石蚀变现象出现，偶尔在岩石可以看到细粒鳞片粒状变晶结构，片麻状构造。

其他：有别于常见的细粒石英砂岩，细砂岩中的石英含量比普通砂岩的含量低，长石类矿物含量比较高。其基质部分的胶结物含量也高，成岩期受压实时间长，质地致密，硬度大于一般的砂岩。

手标本

局部放大

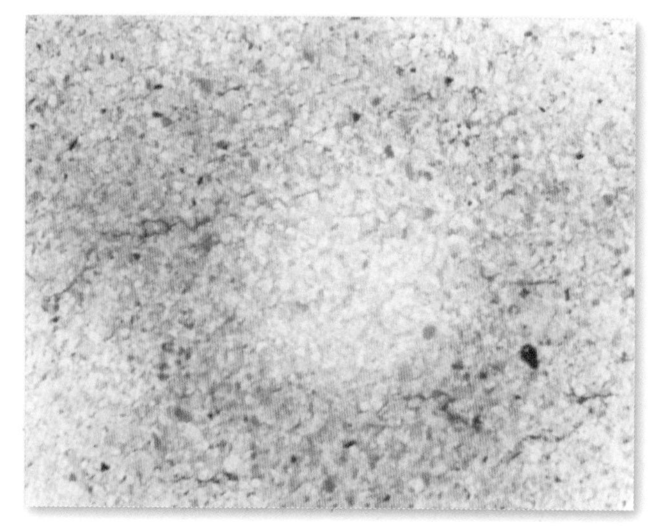

薄片（穿透光观察　60倍）

层纹状细砂岩

产地：江西乐平

颜色：颜色起伏较大，多见灰黑色、深灰色、灰白色、浅黄色、浅褐色。

成分：主要矿物成分为斜长石、钾长石、石英、黑云母，次要矿物成分为钙质、泥质胶结成分、褐铁矿。

结构与构造：砂状结构，层理构造、层纹构造。

成因：是一种特殊的细砂岩，多在河流湖泊相沉积形成。

其他：有别于一般细砂岩的块状构造，其层纹状构造与弱能水沉积环境相关，分布范围较窄。

手标本

局部放大

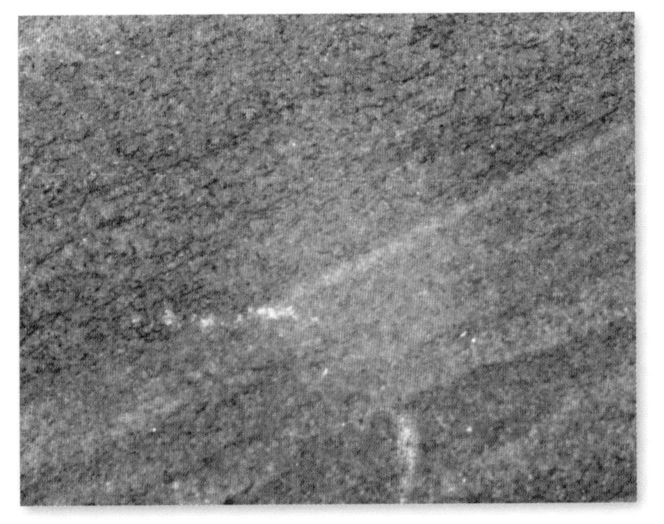

光片（反射光观察　放大 45 倍）

硅质细砂岩

产地：浙江临安

颜色：以浅色为主，多见白色、淡灰色、淡黄色、淡红色。

成分：主要矿物成分为石英、硅质胶结物，次要矿物成分为陆源岩屑。

结构与构造：砂石结构，块状构造。基质为接触式胶结。

成因：由富含硅质的岩浆岩经物理风化剥蚀后，经过一定距离搬运形成颗粒物沉积成岩，胶结物以硅质为主，偶有泥质。

其他：是一种建筑常用的材料，也可作玉石材料，纯白色极少见的岩石又称白玉石。

手标本

局部放大

光片（反射光观察　放大 45 倍）

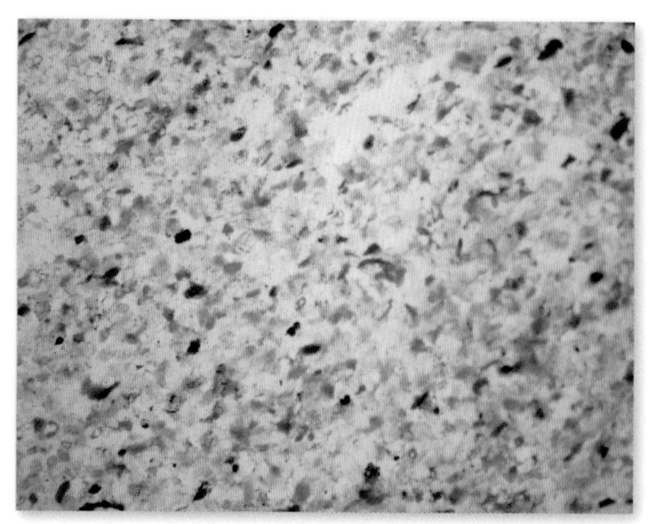

薄片（穿透光观察　60 倍）

泥质细砂岩

产地：浙江临安

颜色：颜色以中－浅色为主，多见浅黄色、浅灰褐色、泥黄色。

成分：主要矿物成分为石英、长石、泥质胶结物，次要矿物成分为岩屑。

结构与构造：泥状结构、砂状结构，块状构造、层理构造。

成因：是在岩石经风化形成石英、长石细颗粒后，与富含泥质、黏土质的水环境里混合成沉积物，急速搬运，后因动能减少逐步沉积成岩。

其他：是常见的细砂岩，其沉积环境极易形成。

手标本

局部放大

光片（反射光观察　放大 45 倍）

薄片（穿透光观察　60 倍）

钙质细砂岩

产地：浙江临安

颜色：以浅色为主，多见土黄色、灰黄色、青灰色。

成分：主要矿物成分为石英、钙质胶结物、云母，次要矿物成分为绿帘石、磁铁矿，其中钙质成分多为孔隙充填物。

结构与构造：砂质结构、他形细粒结构，块状构造、层理构造、波状—齿状缝合线构造。

成因：在富含碳酸钙、碳酸氢钙的沉积环境下，破碎、颗粒化、搬运、沉积成岩。

其他：是一种特殊的细砂岩，区别于一般砂岩的主要成分是石英、长石、岩屑颗粒，钙质细砂岩是方解石颗粒和文石颗粒。

手标本

局部放大

光片（反射光观察　放大 45 倍）

凝灰硅质细砂岩

产地：浙江建德

颜色：以浅色为主，多见灰绿色、浅灰色。

成分：主要矿物成分为长石碎屑、长石破碎晶粒、石英碎屑、石英破碎晶粒、凝灰质杂基。

结构与构造：细粒结构、砂状结构，块状构造、层理构造。

成因：由长石、石英类砂岩、凝灰质灰岩的风化碎屑经搬运、混合、沉积成岩。成岩中长石、石英保持了颗粒的自形形态形成砂粒部分，基质为常见的硅质成分。

其他：分布较少，通常指示强烈的地质风化带地质体。

手标本

局部放大

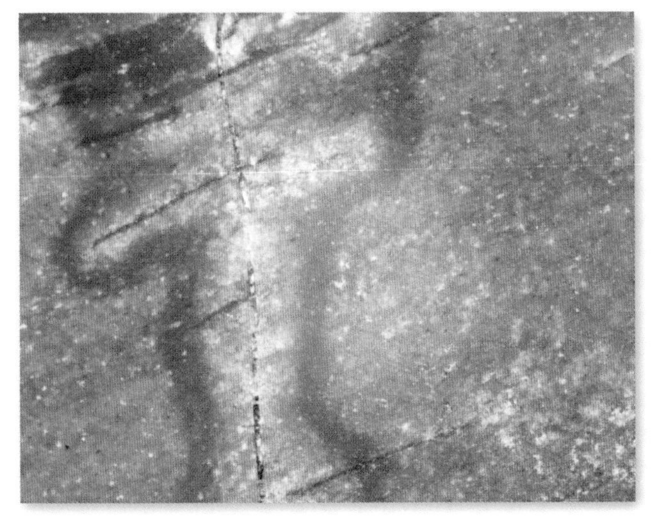

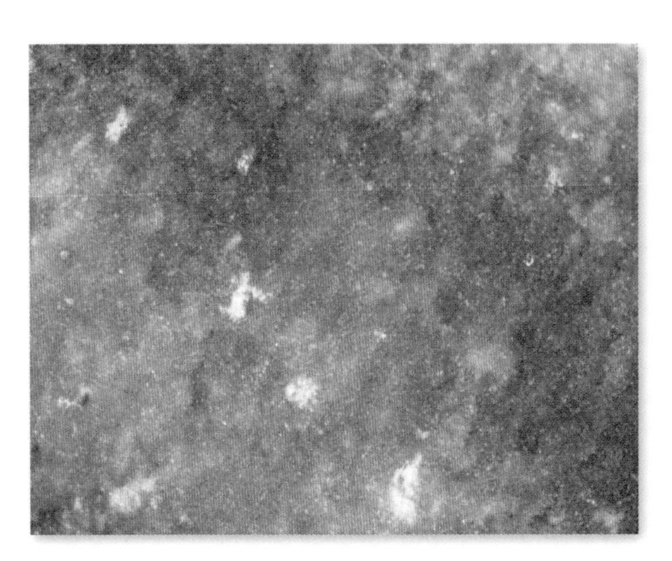

光片（反射光观察　放大 45 倍）

粗砂岩

产地：浙江绍兴

颜色：颜色起伏较大，多见浅棕色、浅绿色、灰黑色、肉红色。

成分：主要矿物成分为石英、长石、火山凝灰质碎屑，其中岩石颗粒的粒度在 0.5 ~ 2 毫米之间，手感为粗，且表面时有砂粒脱落。

结构与构造：粗粒砂状结构，块状构造、层状构造。

成因：由石英、长石碎屑形成的颗粒与火山凝灰质充填的基质经沉积作用形成的陆源碎屑岩。

其他：是常见的陆源碎屑沉积岩，形成于沉积作用快、搬运过程短、颗粒分选弱的地质环境，常见河流出峡谷口的冲积扇和洪积扇、河流入湖口的沉积体边缘等地质体上。

手标本

局部放大

光片（反射光观察　放大 45 倍）

粉砂岩

产地：浙江绍兴

颜色：以暗色为主，多见深绿色、褐色、灰黑色。

成分：主要矿物成分为石英，次要矿物成分为长石、岩屑，偶见绿帘石、绿泥石。

结构与构造：粉砂结构，块状构造、层理构造。

成因：由石英粗砂颗粒形成后，经长时间河流搬运，与泥质胶结物共同经高能流水环境转入低能湖泊环境沉积成岩。其中石英粗砂颗粒的粒度为 0.05 毫米左右。

其他：分布广泛，形成于湖、海盆地的底部等水流缓慢的地带，这样的地质环境下砂质成分与泥质成分混合充分，且相互过渡沉积成岩。

手标本

局部放大

光片（反射光观察　放大 45 倍）

硬质粉砂岩

产地：浙江绍兴

颜色：以浅色为主，多见浅灰色、浅褐色、浅黄色、浅绿色、浅红色。

成分：主要矿物成分为石英、钙泥质成分、铁泥质成分，次要矿物成分为长石、岩屑、黏土、绿泥石。

结构与构造：粉砂结构，层状构造。

成因：是一种特殊的粉砂岩，形成于湖、海盆地的底部等水流缓慢的地带。区别在硬质粉砂岩的沉积环境里大量存在钙泥质、铁泥质的水溶胶体，钙泥质、铁泥质成分充填进入硬质粉砂岩的基质部分并充分混合，在固结成岩过程中加强了岩石的整体硬度。其粉砂颗粒的粒度极为细小，肉眼不易观察。

其他：可作建筑石材，尤其是石阶和路阶。

手标本

局部放大

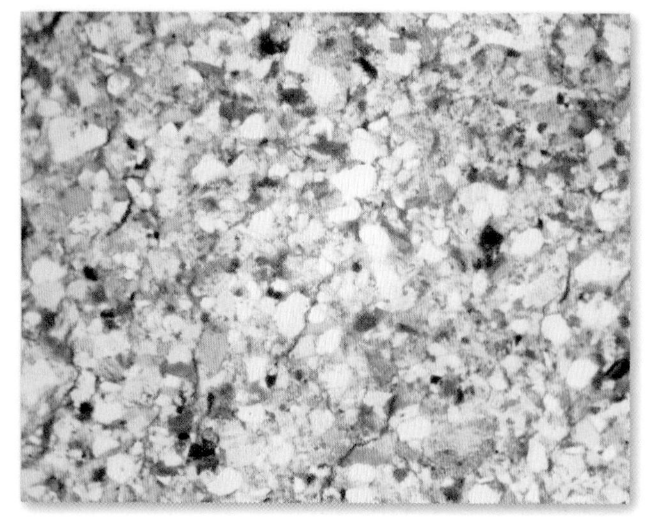

光片（反射光观察　放大 45 倍）

薄片（穿透光观察　60 倍）

层状硅质粉砂岩

产地：山东莱阳

颜色：以浅色为主，多见浅黄色、灰褐色、土黄色、浅灰色。

成分：主要矿物成分为石英、硅质胶结物，次要矿物成分为黏土物质、钙质胶结物、绿泥石。

结构与构造：粉砂状结构，层纹构造。

成因：是一种特殊的粉砂岩，在原岩经风化剥蚀形成石英粉砂粒级颗粒碎屑物后，由高能水动力环境逐步转向低能水动力环境的过程中，分选出较细的石英砂，最后在富含硅质胶结物的沉积环境下固结沉积成岩。

其他：分布较少，形成于远离河流峡口的平原地貌的湖、海盆地底部等水流缓慢的地质地带。

手标本

局部放大

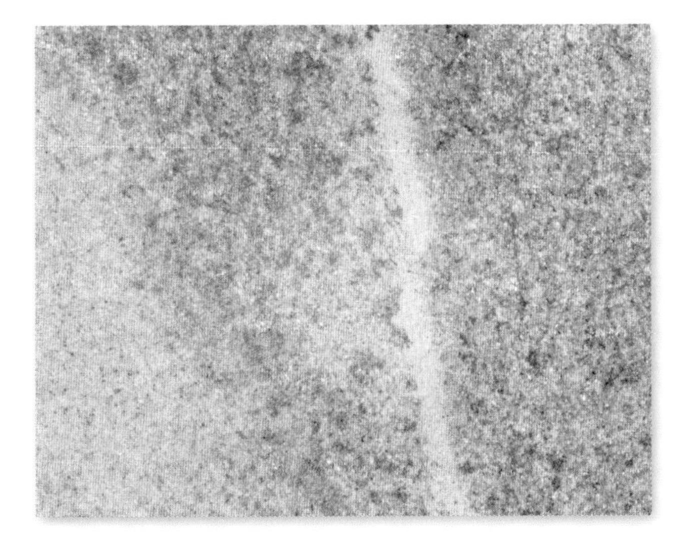

光片（反射光观察　放大 45 倍）

砾　岩

产地：浙江德清

颜色：以浅色为主，多见浅灰色、紫灰色、浅褐色。

成分：主要矿物成分为砾石、砂质、粉砂质、黏土物质、生物和化学沉积物。

结构与构造：砾状结构，块状构造、土状构造、砾状构造。

成因：一种陆源沉积岩，是由砾石和非砾石岩石构成。其中砾石是粒径大于 2 毫米的岩石碎块或集块，保留了原岩的岩性及结构和构造；非砾石部分是由陆源碎屑、基质胶结物形成的泥岩、砂岩类的基底。可理解为泥岩、砂岩在沉积成岩过程中，砾石混入碎屑、黏土，进而固结成岩。

其他：分布较广，根据基底和岩石形态的区别可以分为有很多分类，如底砾岩、角砾岩、冰川砾岩、鹅卵石砾岩等。砾岩中硬度较大的可作建筑材料，也可作观赏石。

手标本

局部放大

光片（反射光观察　放大 45 倍）

石英砾岩

产地：浙江杭州

颜色：以浅色为主，多见青灰色、粉青色、浅绿色，浅灰色。

成分：主要矿物成分为石英砾石、硅质胶结物、钙质胶结物，次要矿物成分为长石、岩屑、黏土。

结构与构造：砾状结构，块状构造。

成因：是一种特殊的砾岩，其砾石成分单一，都为石英，多为自形碎屑，且有别于其他砾岩，石英砾岩是由石英砾石起主要的造岩结构。可以认为石英砾岩是石英砂岩中混入了石英质砾石。

其他：在工业上可以用作工业硅的提取。是一种建筑装饰材料，也是一种观赏石。

手标本

局部放大

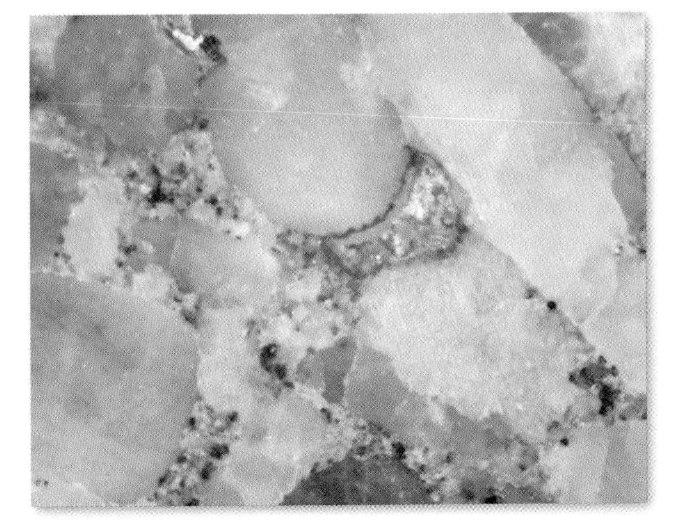

光片（反射光观察　放大 45 倍）

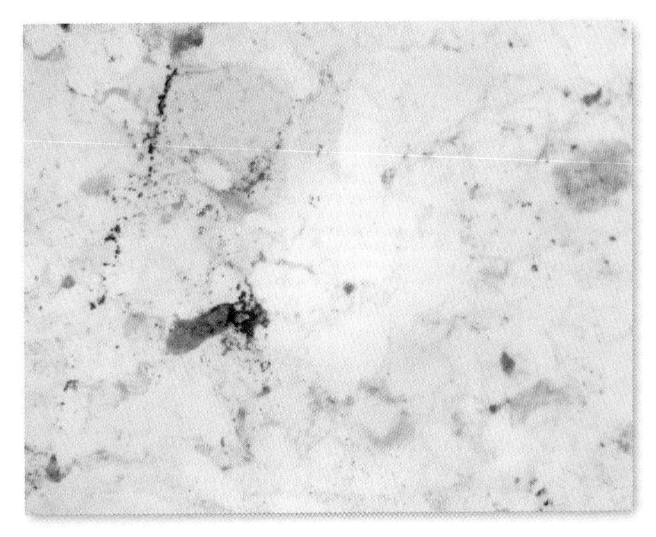

薄片（穿透光观察　60 倍）

燧石岩

产地：浙江杭州

颜色：以暗色为主，多见深灰色、暗灰色、紫灰色。

成分：主要矿物成分为燧石，次要矿物成分为石英。

结构与构造：微晶结构、隐晶质结构，块状构造、条带状构造。

成因：在自然界分布，是由含有燧石的火山喷发物直接沉积形成或岩浆岩中的燧石被风化作用分选出、搬运、与其他碎屑和黏土等沉积物质混合、固结沉积成岩。

其他：燧石就是古语的打火石，它是一种特殊材料，可作摩擦剂、涂料原料。

手标本

局部放大

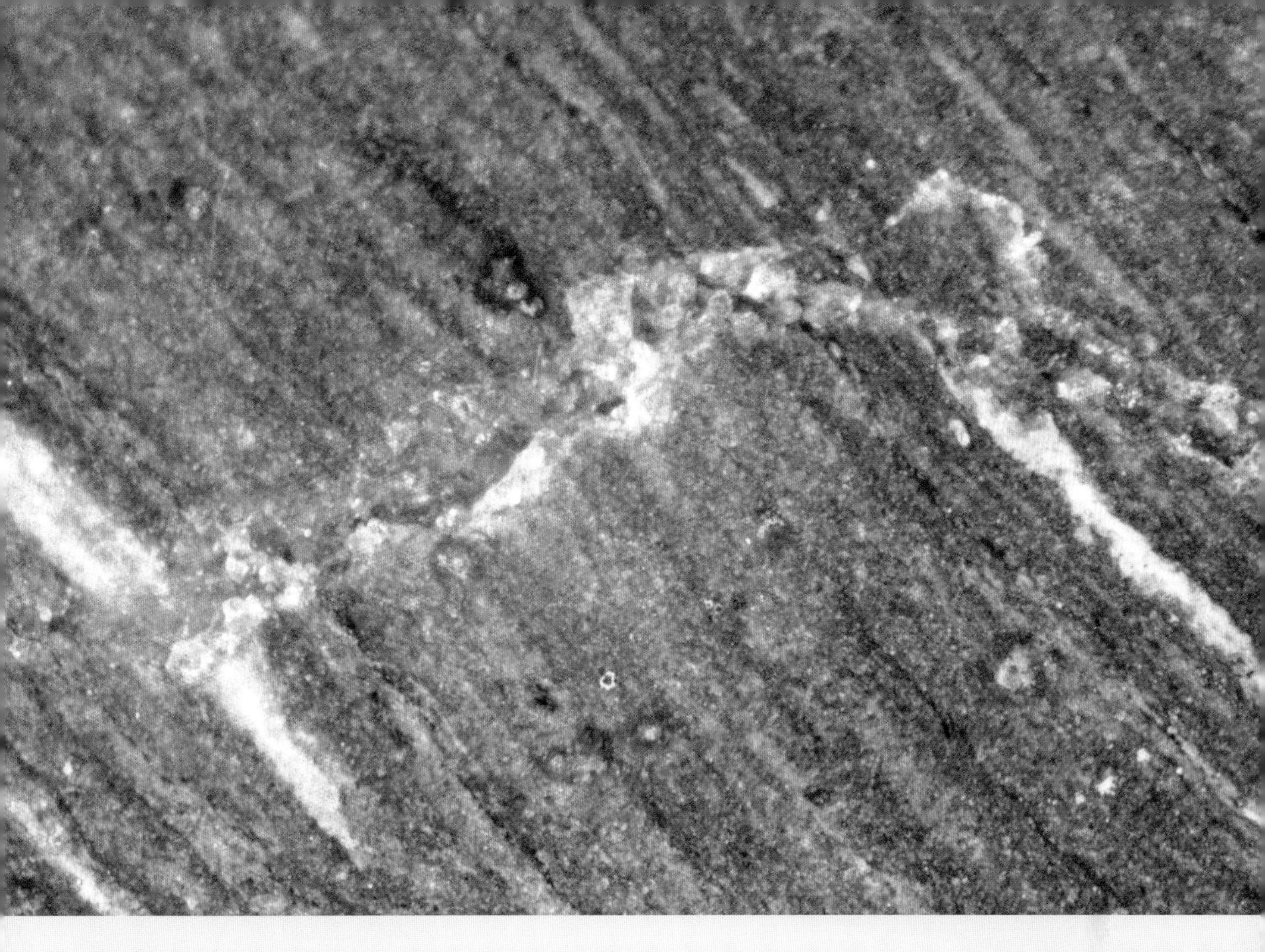

2. 黏土岩

145 ~ 162

该类岩石的颜色多以浅色为主，偶见深色，密度较小。主要的造岩矿物为高岭土、蒙脱石、绿泥石、褐铁矿以及其他硅铝酸盐的黏土状矿物。该类岩石是沉积岩中分布和占比最广泛的，占沉积岩总量的 60% 以上，其中包含了某些稀有岩石、矿产，比如高岭土、蒙脱石、硅藻土。

泥　岩

产地：浙江德清

颜色：以浅色为主，多见浅褐色、土黄色、灰黄色。

成分：主要矿物成分为水云母、高岭石、伊利石等黏土类矿物，次要矿物成分为褐铁矿、绿泥石、绿帘石。

结构与构造：泥质结构，微层状构造、块状构造、土状构造。

成因：经风化形成的黏土类矿物经过地质环境的挤压作用、脱水作用、重结晶作用和固结作用成岩。

其他：层理极不明显，膨胀性差，稳定性好，用途很多。值得一提的是，泥岩中埋藏有很多种类动物、植物化石。

手标本

局部放大

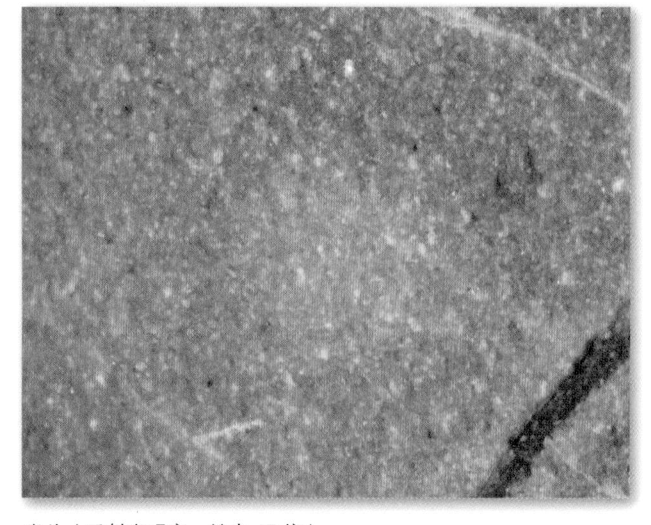

光片（反射光观察　放大 45 倍）

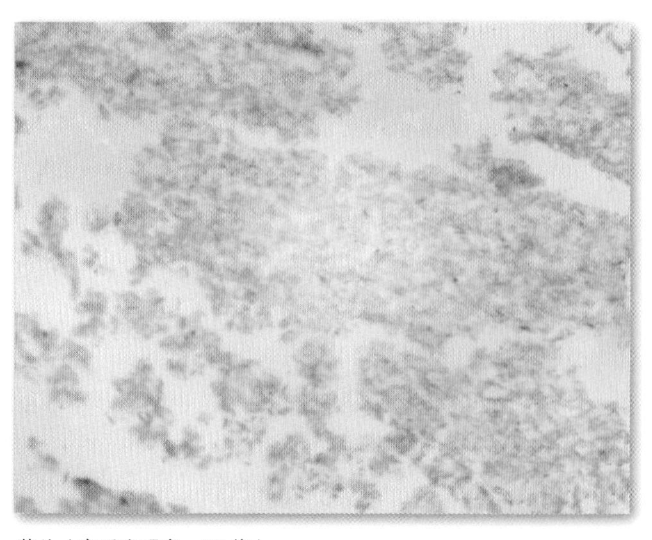

薄片（穿透光观察　60 倍）

泥质页岩

产地：湖南湘乡

颜色：以浅色为主，多见灰黄色、灰褐色、浅灰色。

成分：主要矿物成分为水云母、高岭土、蒙脱石、伊利石，次要矿物成分为绿泥石、褐铁矿、硅质胶结物。

结构与构造：泥质结构，层纹状构造、水平层理构造。

成因：由黏土类矿物先进行了弱固结作用，在相对稳定地质环境了进行了中等强度的后生压固脱水作用，进而固结为泥质页岩。

其他：通常形成在海陆接替的地质区域，分布极广，可作化工原料和建筑材料。

手标本

局部放大

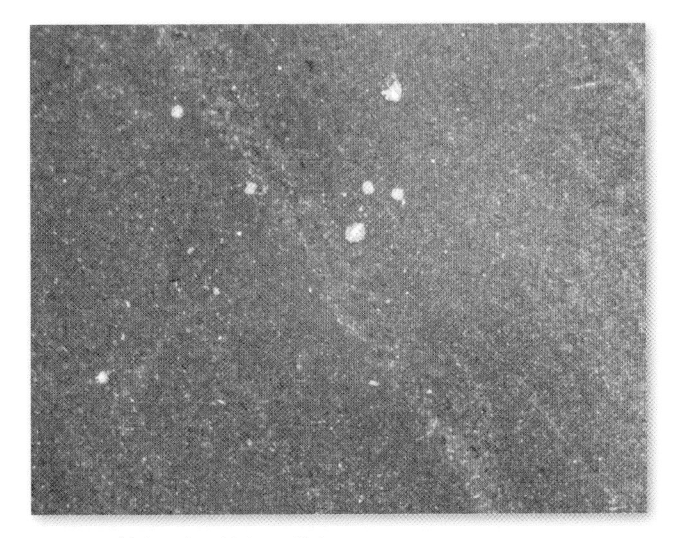

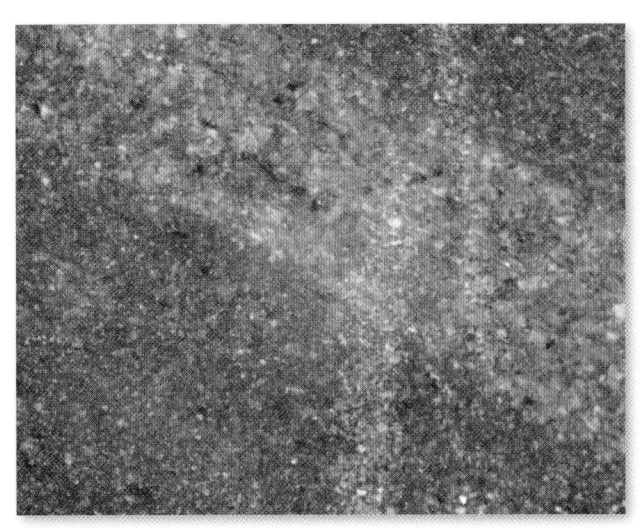

光片（反射光观察　放大 45 倍）

粉砂质页岩

产地：浙江德清

颜色：以暗色为主，多见深灰色、深紫色、灰黑色。岩石易风化，风化面多为浅黄色、土黄色，易混淆。

成分：主要矿物成分为高岭土、水云母、石英、长石、白云母，次要矿物成分为绿泥石、褐铁矿。

结构与构造：粉砂泥质结构，微层状构造、平行层理构造。

成因：由黏土类矿物和粉砂质颗粒混合后进行第一次弱固结，再经过压固脱水作用，形成强固结岩石。

其他：常与泥质粉砂岩共生，分布较广，是一种常见的岩石。

手标本

局部放大

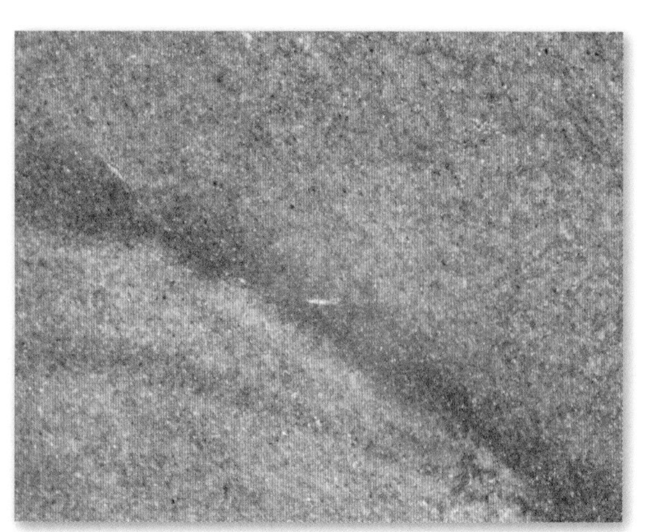

光片（反射光观察　放大 45 倍）

薄片（穿透光观察　60 倍）

粉砂泥质页岩

产地：浙江临安

颜色：以浅色为主，多见浅灰黄色、浅灰色、灰白色。

成分：主要矿物成分为石英、白云母、长石、高岭土、水云母，次要矿物成分为绿泥石、褐铁矿、伊利石。

结构与构造：粉砂泥质结构，微层状构造。

成因：是一种处在含粉砂泥岩与含粉砂页岩之间的过渡型岩石，且向页岩方向发展，在固结成岩中经多次吸水、压固、脱水后胶结形成。

其他：极为常见，多在河流—湖泊相的复杂地质沉积环境里由多种沉积物共同作用形成。

手标本

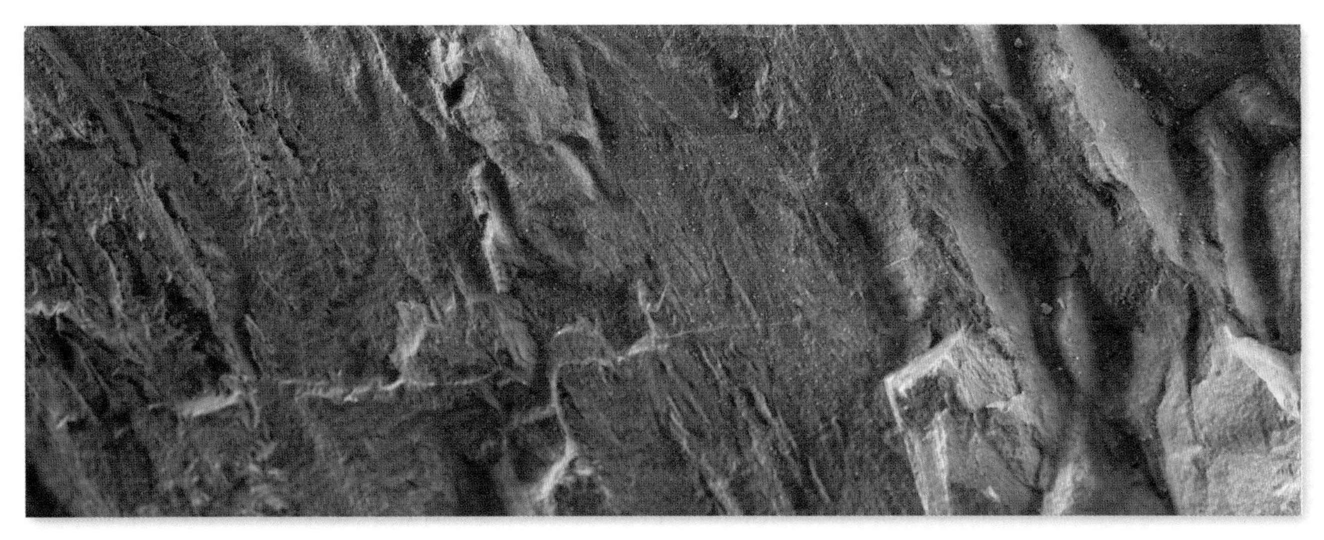

局部放大

炭质页岩

产地：江西萍乡

颜色：以暗色为主，多见深灰色、灰黑色、深紫色。

成分：主要矿物成分为高岭土、伊利石、蒙脱石、石炭，次要矿物成分为绿泥石，偶见黄铁矿。

结构与构造：粉砂泥质结构，层纹状构造、平行层理构造。

成因：是一种特殊的泥质岩，矿物成分与一般页岩不同，但结构和构造是一致的。岩石在沉积期混入大量的有机物，这些有机物成分在成岩过程中经脱水、煤碳化等，使岩石整体变黑，触摸易污手。

其他：含有植物化石，与煤系地层共生，是重要的煤炭资源和油页岩勘探标志物。但炭质页岩本身的可燃烧性不高，且不稳定。

手标本

局部放大

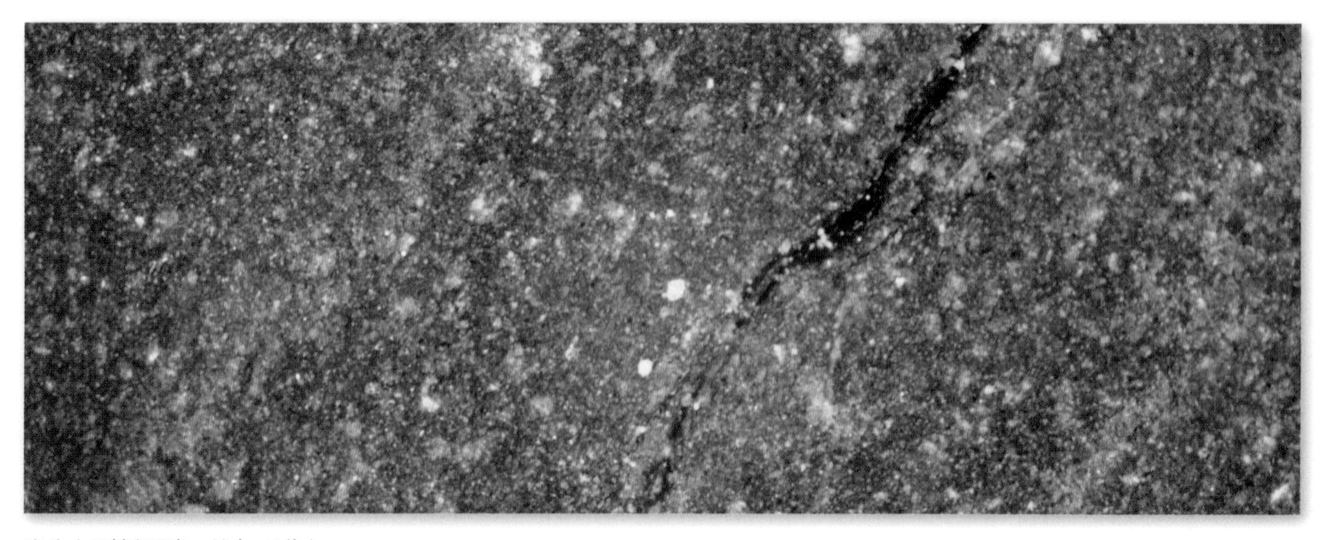

光片（反射光观察　放大 45 倍）

硅质页岩

产地：山东莱阳

颜色：以浅色为主，多见浅黄灰色、浅灰褐色、土黄色、青灰色。

成分：主要矿物成分为硅质成分、高岭土、水云母。

结构与构造：粉砂泥质结构，显微层状构造、水平层理构造、纹层状构造。

成因：是一种特殊的页岩，硅质成分一般在 80% 左右，其他页岩的二氧化硅含量远低于硅质页岩。主要造岩成分硅质主要来自陆源二氧化硅胶体水溶液，也有科学证明是来自海底火山喷发或生物成因形成的二氧化硅胶体水溶液。

其他：硅质页岩是页岩与硅质岩的过渡岩石种类，会逐步提高硅质成分形成硅质岩。硅质页岩比其他页岩硬度大，与铁质岩类、锰质岩类、磷质岩类、燧石等伴生分布，可作路基骨料。

手标本

局部放大

光片（反射光观察　放大 45 倍）

薄片（穿透光观察　60 倍）

粉砂硅质页岩

产地：重庆北碚（手标本）、山东莱阳（薄片）

颜色：以浅色为主，多见浅灰褐色、浅黄褐色、浅灰色。

成分：主要矿物成分为石英、长石、硅质成分、云母，次要矿物成分为绿泥石、伊利石等黏土类矿物。

结构与构造：粉砂泥质结构，显微层状构造、水平层理构造、纹层状构造。

成因：是一种特殊的硅质页岩，成岩机理与硅质页岩一致，沉积物沉淀阶段混入了河流沉积的石英细砂颗粒、长石细砂颗粒等陆源碎屑物。

其他：可作轨道交通路基混合材料和建筑装饰材料。

手标本

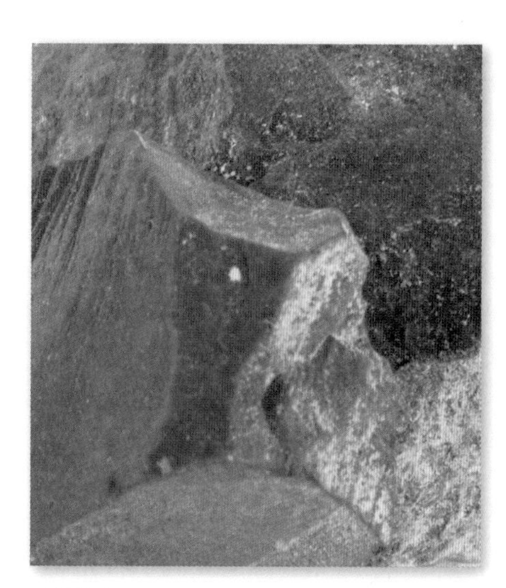

局部放大

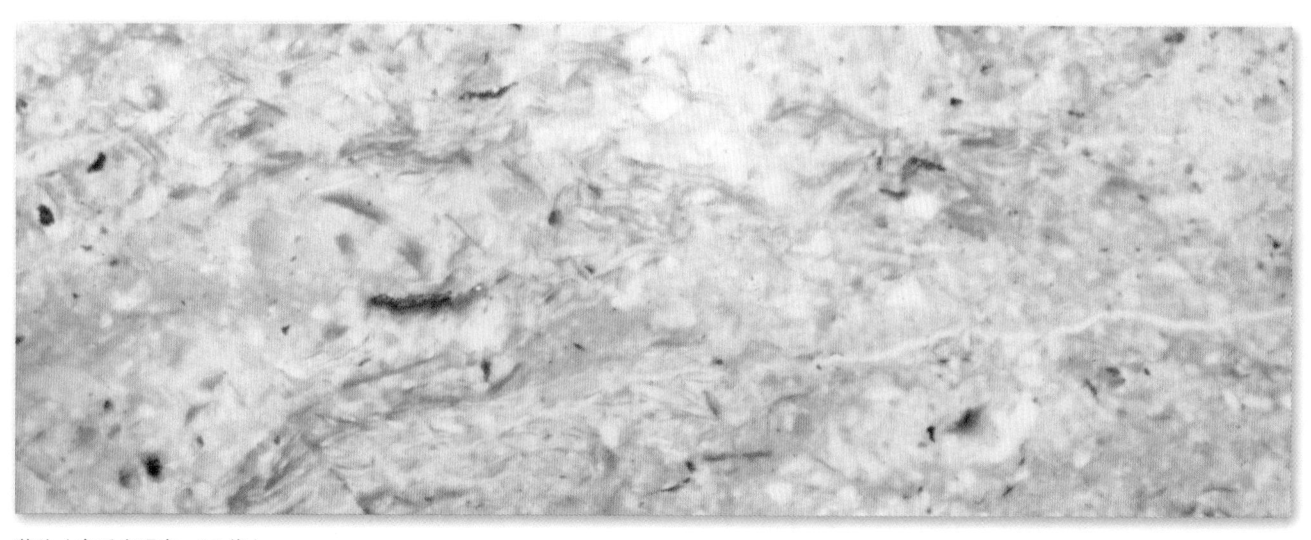

薄片（穿透光观察　60 倍）

白云质页岩

产地：重庆合川（手标本）、浙江绍兴（光片）

颜色：以暗色为主，多见紫色、浅紫黄色、浅褐色。

成分：主要矿物成分为白云石、高岭土，次要矿物成分为钙质胶结物、水云母。

结构与构造：粉砂泥质结构，显微层状构造。

成因：形成于大陆白云岩分布区的深水湖泊相或滨海相沉积区域，由黏土矿物和碳酸盐矿物分异混合后先弱固结，再强压、脱水、强固结成岩。

其他：可作建筑材料。

手标本

局部放大

光片（反射光观察　放大 45 倍）

钙质页岩

产地：浙江江山

颜色：以浅色为主，多见浅灰色、青灰色、浅紫色。

成分：主要矿物成分为钙质胶结物、碳酸钙、高岭土、水云母，次要矿物成分为白云石、绿泥石、白云母。

结构与构造：泥质结构，微层状构造、水平层理构造。

成因：与白云质页岩的成岩机理一致，区别在于钙质页岩的成岩环境水分充足。

其他：是一种常见的沉积岩，与灰岩、泥灰岩相伴互层分布。

手标本

局部放大

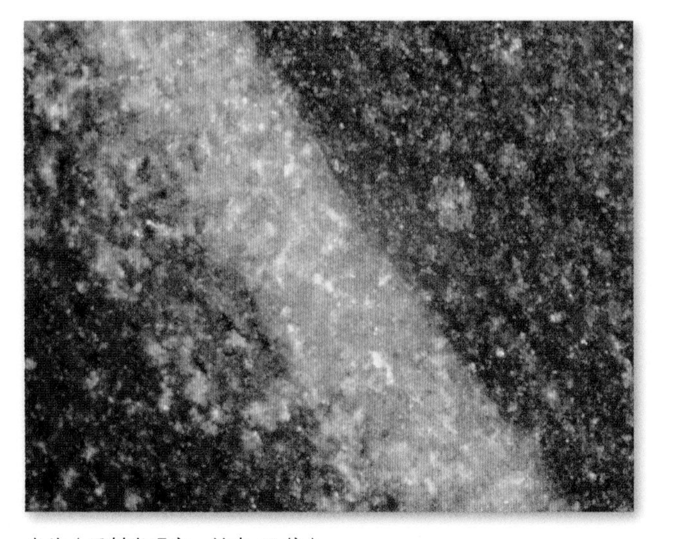

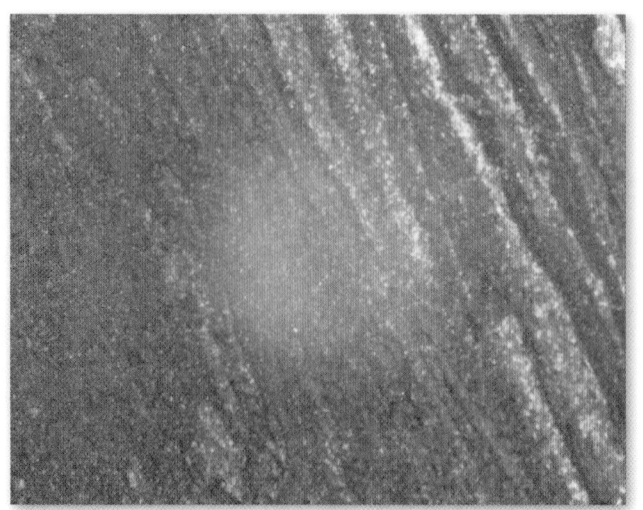

光片（反射光观察　放大 45 倍）

沥青质钙质页岩

产地：湖南湘乡

颜色：以暗色为主，多见墨绿色、灰黑色、深灰色、深褐色。

成分：主要矿物成分为碳酸钙、沥青质、高岭土，次要矿物成分为蒙脱石、白云石。

结构与构造：泥质结构，微层状构造、水平层理构造。

成因：是一种特殊的页岩，成岩机理与钙质页岩一致，区别在于成岩区域有石油天然气地层伴生互层形成、岩层与石油天然气有机化石燃料同时期沉积成岩或岩层本身就是油气储层；或者石油天然气的储集层发生遗漏、渗漏，溢出的物质成为沥青质钙质页岩沥青质、碳质、钙质的来源，混入页岩的成岩过程。

其他：是重要的石油勘探指示物。

手标本

局部放大

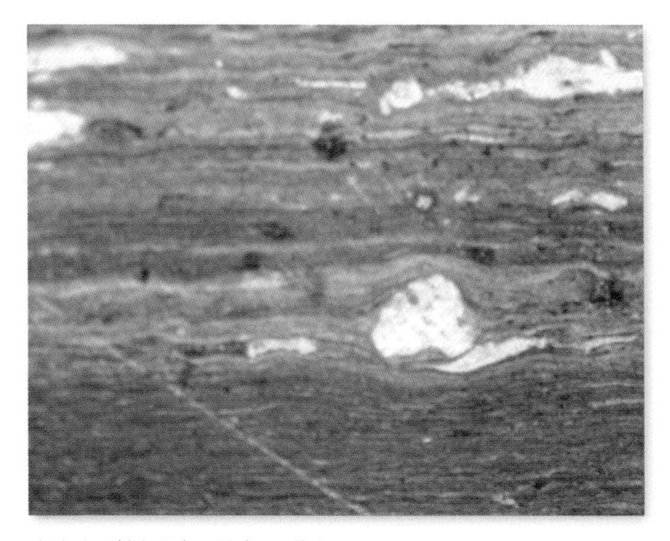

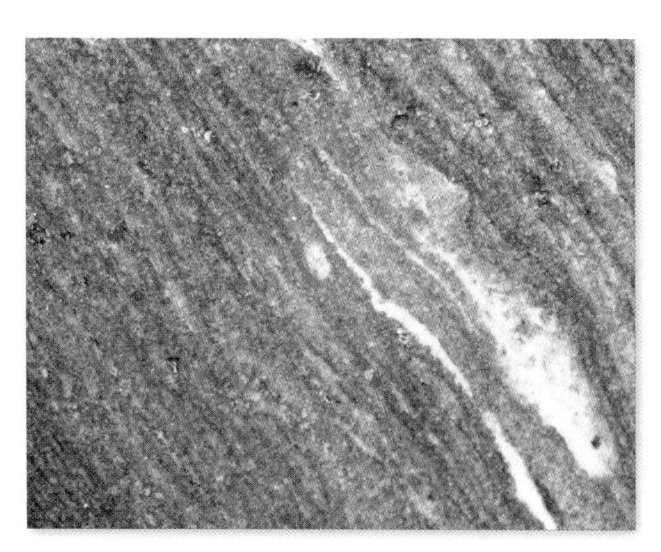

光片（反射光观察　放大 45 倍）

千枚状页岩

产地：浙江余杭

颜色：以浅色为主，多见浅灰色、淡青色、灰色。岩石易风化，风化面呈土黄色、浅黄色，易混淆。

成分：主要矿物成分为高岭土、水云母、伊利石，次要成分为硅质胶结。

结构与构造：泥质结构、微层理结构，千枚状构造、层纹状构造。

成因：开始受区域变质作用影响和控制的沉积岩，受到了较弱程度的区域变质作用出现千枚岩化。发育在区域变质作用较弱区域或初期阶段。

其他：具有一定的变质岩结构和构造，有绢丝光泽，不常见。

手标本

局部放大

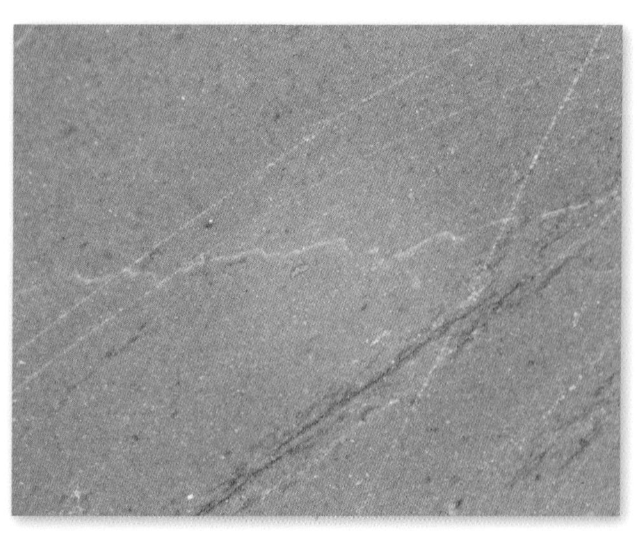

光片（反射光观察　放大 45 倍）

黏土页岩

产地：浙江江山

颜色：以浅色为主，多见浅灰色、灰黄色、灰白色。

成分：主要矿物成分为高岭石、水云母、伊利石、蒙脱石等黏土矿物，次要矿物成分为褐铁矿、硅质胶结物、钙质胶结物。

结构与构造：泥质结构，书页状构造、薄片层状构造。

成因：与泥岩一致，区别在于页岩的沉积物为多次间断性的，且每个沉积间断的时间很短，沉积物量很少且连续性强，这样的机制下形成了极薄的沉积构造。

其他：可开采黏土类矿产，具有较好的经济收益。

手标本

局部放大

光片（反射光观察　放大 45 倍）

薄片（穿透光观察　60 倍）

蒙脱石黏土岩

产地：浙江缙云

颜色：以浅色为主，多见浅灰色、灰白色、浅褐色、浅紫色。

成分：主要矿物成分为蒙脱石、水云母，次要矿物成分为高岭土、泥质胶结物、褐铁矿等。

结构与构造：细粒结构、土状结构，块状构造。

成因：是一种特殊的黏土岩，以蒙脱石为主的细粒黏土岩，蒙脱石含量极高，是由火山喷发后，火山碎屑物飘落—沉积—成岩形成钠蒙脱石，再后期逐步由压力和温度的作用逐步脱钠，形成蒙脱石黏土岩。这样的机理下，沉积物未经过长距离搬运、破碎、分选，蒙脱石黏土岩含有矿物颗粒晶型完好、大小不一。

其他：可用作蒙脱石开采，可作涂料、摩擦剂、隔断剂等。

手标本

局部放大

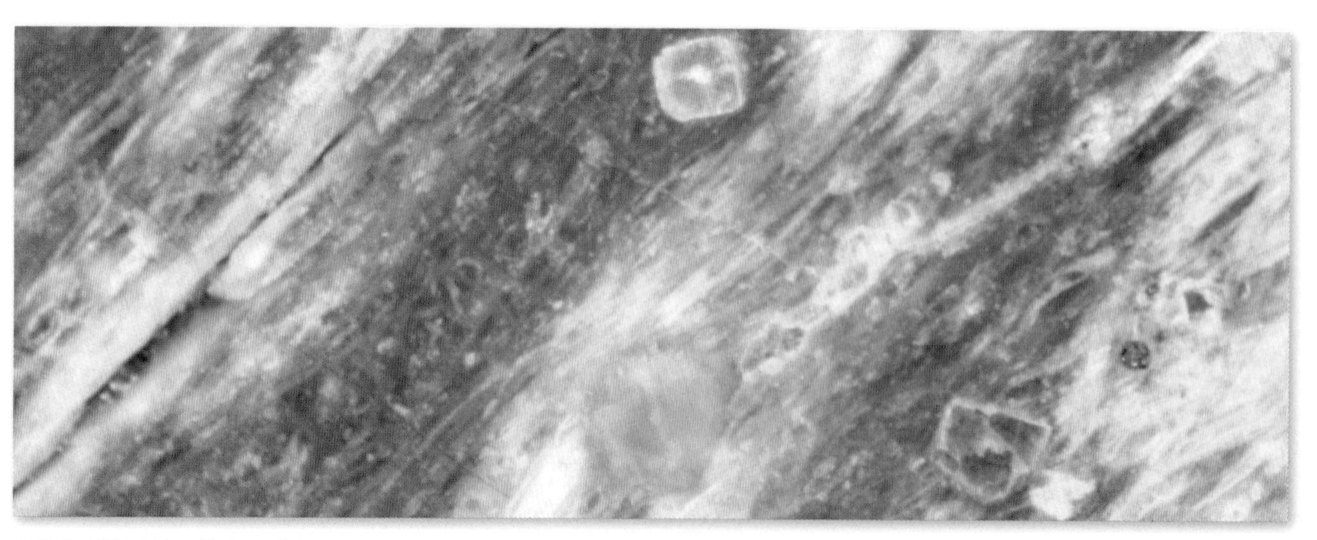

光片（反射光观察　放大 45 倍）

高岭石黏土岩

产地：江苏苏州

颜色：以浅色为主，多见灰白色、灰乳白色、浅灰色。

成分：主要矿物成分为高岭石，次要矿物成分为蒙脱石、伊利石、长石碎屑。

结构与构造：泥质结构，块状构造。

成因：高岭石含量极高，主要是长石类矿物和其他硅酸盐矿物天然蚀变的产物的黏土类沉积物经沉积作用形成，矿物间还有结构型的水分子成分，极易受外界的环境变化影响出现脱水形成水滴或水痕，容易被误以为该类岩石具有高吸水性。

其他：可用于高岭土矿产开采，是重要的硅酸盐工业生产原料，也是中国瓷器的原料。

手标本

局部放大

伊利石黏土岩

产地：浙江泰顺

颜色：以浅色为主，多见浅灰色、紫灰色、浅紫色、青灰色、浅黄色。

成分：主要矿物成分为伊利石、高岭土、水云母，次要矿物成分为蒙脱石、绿泥石等黏土类矿物，偶见褐铁矿化条带。

结构与构造：泥质结构、假角砾结构，块状构造、土状构造。

成因：由中酸性岩浆岩的主要造岩矿物钾长石、白云母风化形成的伊利石矿物受沉积作用控制，逐步富集、沉积固结成岩。

其他：是典型的大陆岩石，可用作黏土矿产开采，也可作涂料材料和建筑材料。

手标本

局部放大

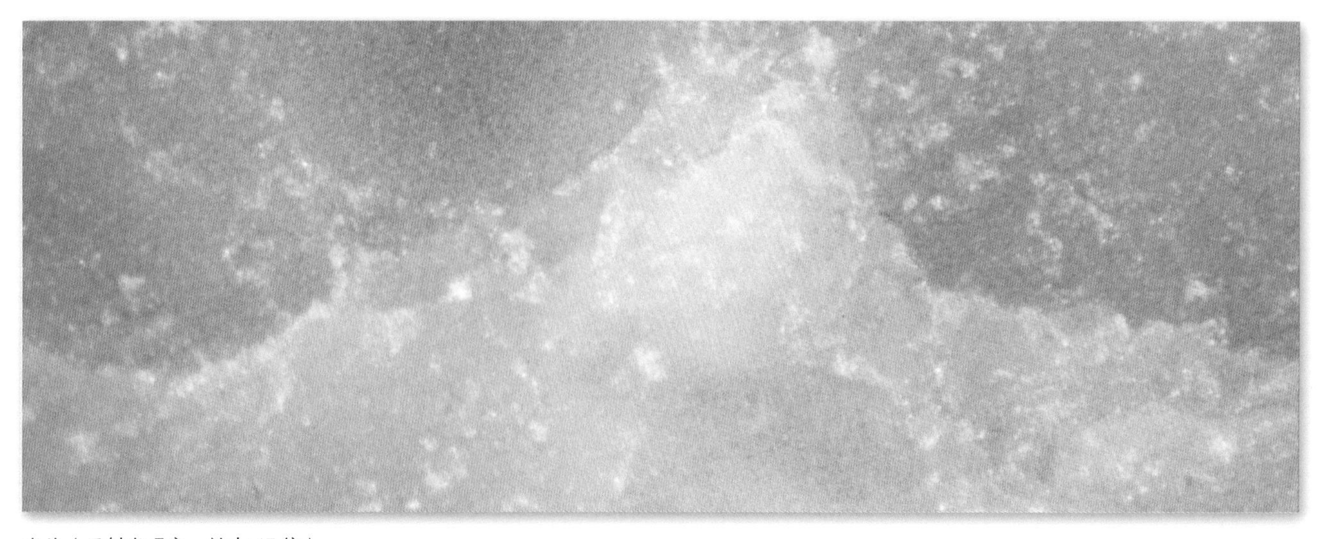

光片（反射光观察　放大 45 倍）

凹凸棒石黏土岩

产地：江苏圩眙

颜色：以浅色为主，多见白色、灰白色、浅灰色。

成分：主要矿物成分为凹凸棒石（也称坡缕石），次要矿物成分为蒙脱石。

结构与构造：泥质结构、层链状结构，块状构造、土状构造。

成因：主要造岩矿物凹凸棒石含量极高，是一种结晶水合镁铝硅酸盐矿物，是由岩浆岩中的钠长石、歪长石、蛇纹石、橄榄石等矿物经复杂的蚀变作用、风化作用后，富集沉积成岩。

其他：可用于坡缕石矿产开采，坡缕石广泛应用于工业领域，可作涂料材料、磨擦剂，是重要的化工原料、污水处理材料。

手标本

局部放大

硅藻岩

产地：浙江嵊山

颜色：以浅色为主，多见白色、灰白色、浅黄色、浅棕色、土黄色。

成分：主要矿物成分为硅藻土，次要矿物成分为蒙脱石、绿泥石。

结构与构造：泥质结构，块状构造、土状构造。

成因：生物化学成因的硅质岩，属于内源沉积岩，其造岩矿物硅藻土含量极高，是硅藻生物的遗体和遗迹富集后经较弱的初步成岩作用，形成质地较软的岩石。

其他：可用于硅藻土矿产开采，广泛应用于工业领域，可作涂料材料、防火隔热材料，化工原料。

手标本

局部放大

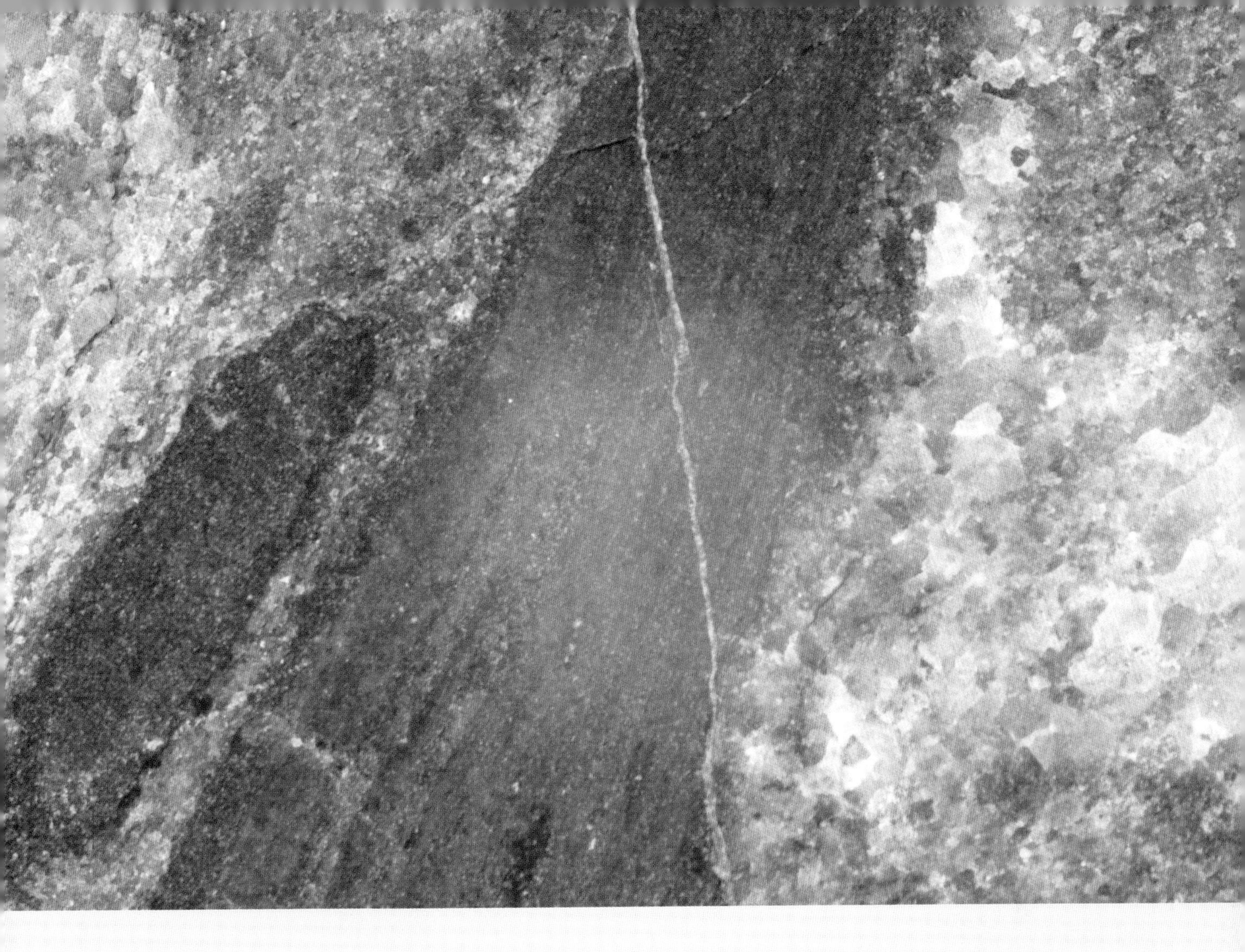

3. 化学及生物沉积岩

163 ~ 196

该类岩石的颜色以青色、灰色、浅棕色为主，密度小于黏土岩。主要矿物为方解石、文石、白云石，极少有石英出现，沉积物质来源于各类岩石或土壤风化，遇水形成溶液或胶体溶液搬运移动到盆地区域内，或者沉积物本身就来自盆地内部，通过物理化学和生物化学作用沉积下来并经成岩作用转化为岩石。该类岩石分布广泛。

化学及生物沉积岩的主要化学成分为碳酸钙、碳酸镁钙，化学和与生物作用下缓慢沉积成岩。岩石中经常有溶蚀孔洞或溶蚀条带，也常有次生的方解石不完全充填进溶蚀区域。

灰　岩

产地：江苏宜兴

颜色：以浅色为主，多见青灰色、浅灰色、灰色、灰黄色。

成分：主要矿物成分为方解石，次要矿物成分为黏土矿物、岩屑。

结构与构造：碎屑结构、晶粒结构、隐晶质结构，层状构造、块状构造。

成因：是在湖泊相、浅海相的地质环境下形成的，按成因可划分为粒屑石灰岩（陆相型）、生物骨架石灰岩和化学沉积岩（生物碎屑型）、生物化学石灰岩（化学型）。灰岩是最常见的化学沉积岩。

其他：是重要的建筑用材料，是烧制石灰和水泥的主要原料，也可用作炼铁和炼钢的熔剂。

手标本

局部放大

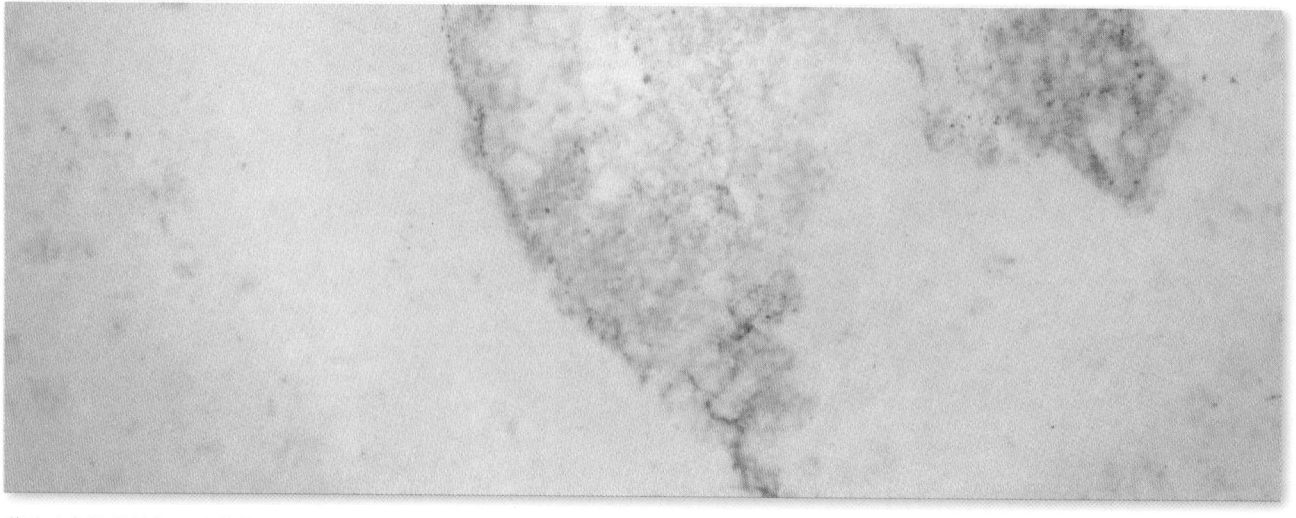

薄片（穿透光观察　60 倍）

泥灰岩

产地：浙江余杭

颜色：以浅色为主，多见灰色、黄色、绿色，偶见深灰色。

成分：主要矿物成分为方解石、白云石、高岭土，次要矿物成分为文石、绿泥石，偶见菱铁矿。

结构与构造：微粒结构、泥状结构，块状构造、层理构造。

成因：是常见的化学沉积岩，一种介于碳酸盐岩与黏土岩之间的过渡岩石种类，物理化学性质倾向于碳酸盐岩方向。

其他：可用作水泥原料和建筑石料。

手标本

局部放大

光片（反射光观察　放大 45 倍）

薄片（穿透光观察　60 倍）

鲕状灰岩

产地：江苏徐州

颜色：以浅色为主，多见灰黄色、土黄色、青灰色、浅灰色。

成分：主要矿物成分为方解石，次要矿物成分为燧石、磷酸盐、白云石、赤铁矿。

结构与构造：鲕状结构、结晶胶结结构，层理构造、块状构造。

成因：是一种特殊的灰岩，成岩机理较为特殊，特殊在于鲕粒结构。鲕粒是由泥砂质、沥青质、纯度高的碳酸质成分为核心和围绕该核心的碳酸盐成分形成的均匀、光滑的类球形或椭圆形颗粒，颗粒层状部分的化学成分（除核心外部分）和岩石基质成分一致，但在结构和颜色上可以明显区别。这样的鲕粒结构多由生物作用、化学沉淀作用、物理作用共同作用形成。

其他：鲕状灰岩按鲕粒内部的结构特征，可分为正常鲕灰岩、薄皮鲕灰岩、假鲕灰岩、变鲕灰岩、复鲕灰岩。可作水泥原料，也是沉积地质学研究的重要材料。

手标本

局部放大

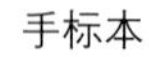

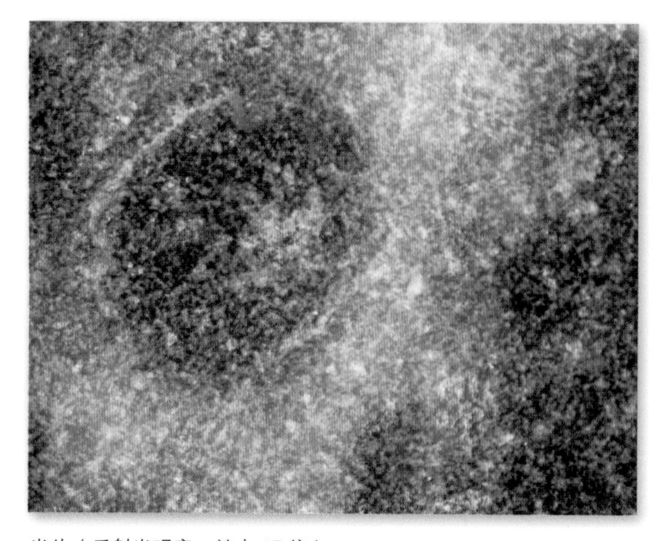

光片（反射光观察　放大 45 倍）

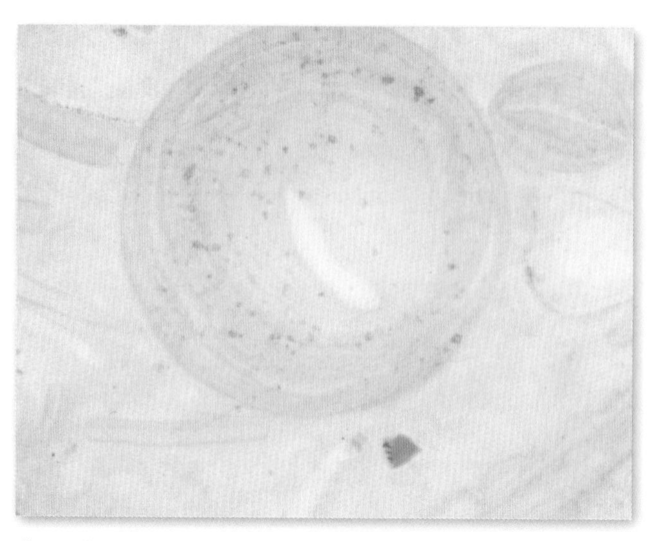

薄片（穿透光观察　60 倍）

豹皮状灰岩

产地：山东长清

颜色：差异较大，多见深灰黑色、浅灰色、肉红色、米黄色。

成分：主要矿物成分为方解石、白云石，次要矿物成分为燧石、陆源岩屑。

结构与构造：隐晶结构、细粒结构、微晶结构，豹皮状构造、块状构造。其中岩石的基质为深色方解石，豹皮斑纹为肉红色、米黄色白云石和浅色方解石与黏土质、泥质的混合体。

成因：是灰岩在成岩后期因地质成岩环境的变化，岩层在固结成岩时脱水的程度不一致，形成规则的、形似花豹皮毛图案的裂纹，裂纹在后期由泥质成分、白云石充填，所以裂纹的颜色不同于灰岩的其它部分。

其他：豹皮方解石也称龟裂纹灰岩，较为少见，常与白云岩、泥灰岩伴生。

手标本

局部放大

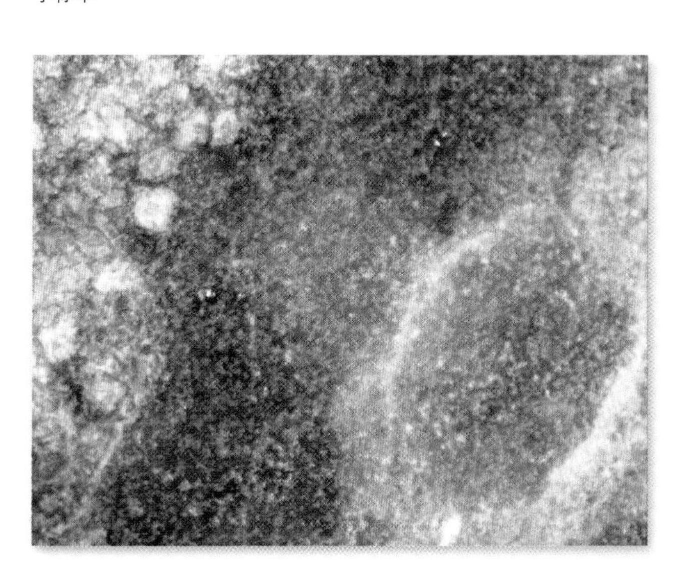

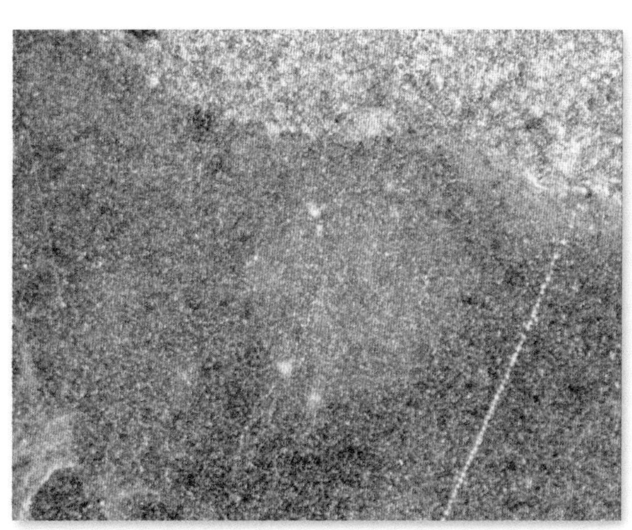

光片（反射光观察　放大 45 倍）

海绿石灰岩

产地：山东邹城

颜色：以暗色为主，多见暗绿色、墨绿色、深绿色。

成分：主要矿物成分为方解石、海绿石，次要矿物成分为黏土、白云石、各种碎屑。

结构与构造：粒屑结构、隐晶质结构，层理构造。

成因：是一种浅海相常见的灰岩，含有特殊造岩矿物海绿石，由海相沉积环境控制，有大量的海绿石混入沉积物，进而成岩。

其他：是重要的地质研究标志物，在岩相古地理的研究中具有重要的指示意义。

手标本

局部放大

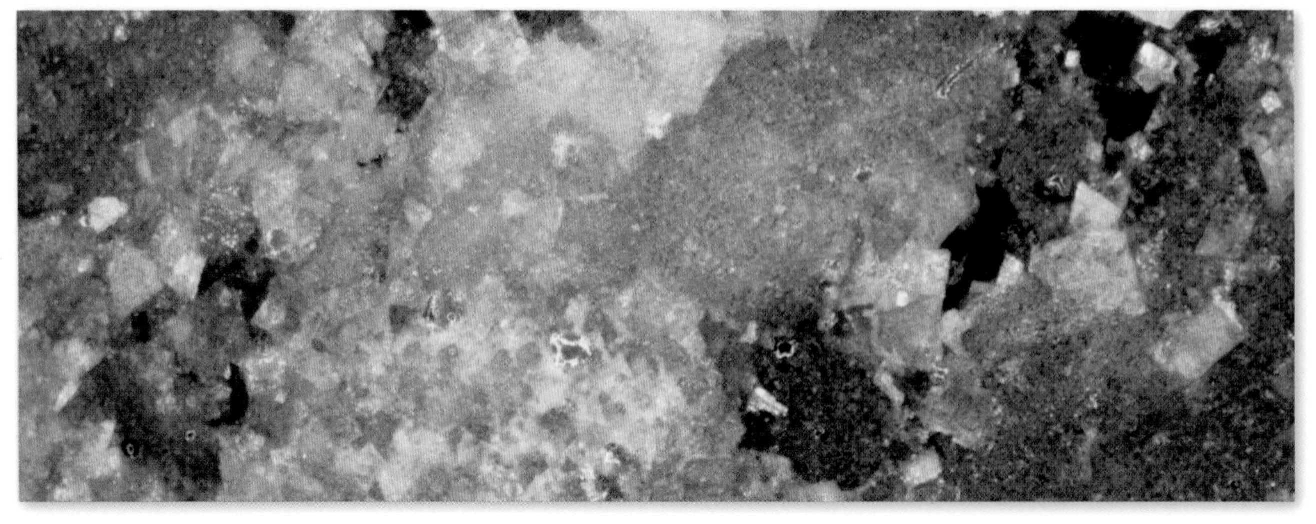

光片（反射光观察　放大 45 倍）

砂质灰岩

产地：浙江常山

颜色：差异较大，多见灰色、竭灰色、深青灰色。

成分：主要矿物成分方解石、石英、泥质，次要矿物成分为燧石、海绿石。

结构与构造：瘤状结构、泥晶结构，块状构造、层状构造、条纹状构造。其中瘤状部分几乎全部由方解石构成，基质部分为结晶方解石、石英颗粒、泥质胶结物的混合体，瘤状部分和基质部分的矿物组分不一致。

成因：是一种特殊的灰岩，是在高动能的河流—浅海相地质区域形成，在成岩中前期混入大量的陆源碎屑、风化物后，再沉积成岩。

其他：在岩相古地理的研究上有重要的指示意义，是寻找古河流入海口的标志物。

手标本

局部放大

光片（反射光观察　放大 45 倍）

疙瘩状灰岩

产地：浙江长兴

颜色：差异较大，多见灰色、竭灰色、深青灰色。

成分：主要矿物成分方解石、石英、泥质，次要矿物成分为燧石、海绿石。

结构与构造：瘤状结构、细晶结构，块状构造、层状构造、条纹状构造。其中瘤状部分结晶为方解石、石英颗粒、泥质胶结物的混合体，基质部分为方解石小晶体、石英颗粒、黏土泥质成分，其瘤状部分和基质的矿物成分极为相似，甚至一致。

成因：是一种特殊的灰岩，外形与瘤状灰岩相似，形成机理一致，但疙瘩状灰岩的矿物结构与瘤状灰岩差异巨大。

其他：在岩相古地理的研究上有重要的指示意义，是寻找古湖泊的标志物。

手标本

局部放大

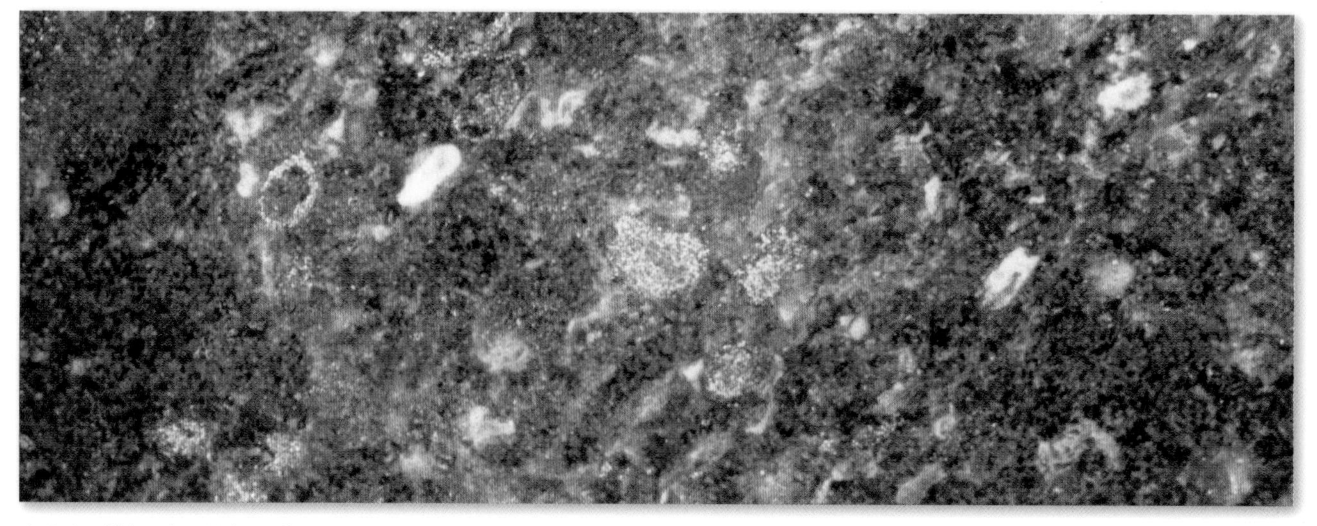

光片（反射光观察　放大 45 倍）

缝合线灰岩

产地：浙江长兴

颜色：差异较大，从浅灰色到灰黑色都有表现。

成分：主要矿物成分为方解石，次要矿物成分为文石、白云石、岩屑。

结构与构造：不等粒粒状结构、隐晶质结构，缝合线构造、叠锥构造、层理构造、块状构造。

成因：次生地质作用影响较大的一种灰岩，岩石内部形成了很多次生小构造，进而说明岩石在成岩后期或成岩后受构造地质作用影响。分布在接近海底造山带、地震带影响的灰岩、页岩区域。

其他：十分少见，可作制造水泥的主要原料。

手标本

局部放大

光片（反射光观察　放大 45 倍）

隐晶质灰岩

产地：江苏宜兴

颜色：差异较大，从浅灰色到灰黑色都有出现。

成分：主要矿物成分为方解石，偶见燧石。

结构与构造：隐晶质结构，层状构造。

成因：几乎完全是由方解石构成，是在地质环境稳定的浅海相缓慢形成的。可在显微镜下观察到方解石的晶粒。

其他：是常见的灰岩，是制造水泥的主要原材料，也可加工作为路基骨料。

手标本

局部放大

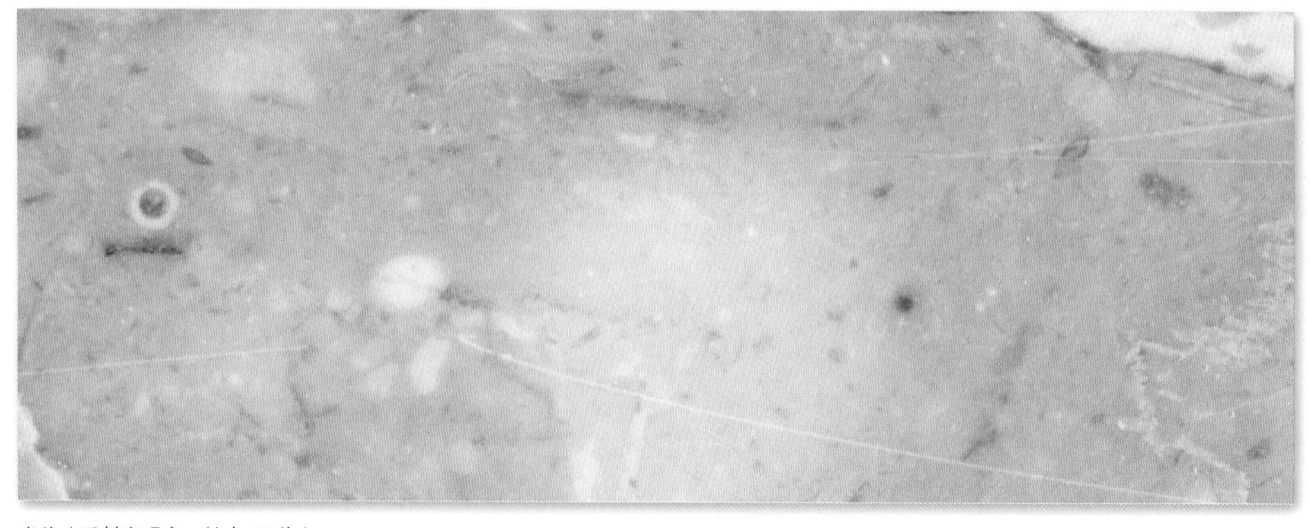

光片（反射光观察　放大 45 倍）

砂屑灰岩

产地：山东邹城

颜色：以暗色为主，多见深灰色、灰褐色、黄褐色。

成分：主要矿物成分为方解石、石英、岩屑，次要矿物成分为白云石、泥质成分。

结构与构造：粒屑结构、泥晶结构，块状构造、层理构造、交错层理构造。

成因：是灰岩在沉积期受陆源或内源地质作用的影响混入砂屑碎屑颗粒（多以石英、岩屑颗粒为主），砂屑与碳酸质成分同时经历沉积成岩。不同的是砂屑颗粒基本没有发生物理化学变化，而碳酸质成分发生了巨大的化学反应。该类岩石是由方解石为主的基质支撑，不是颗粒支撑，砂屑颗粒含量少于25%。

其他：可作路基骨料和建筑原料。

手标本

局部放大

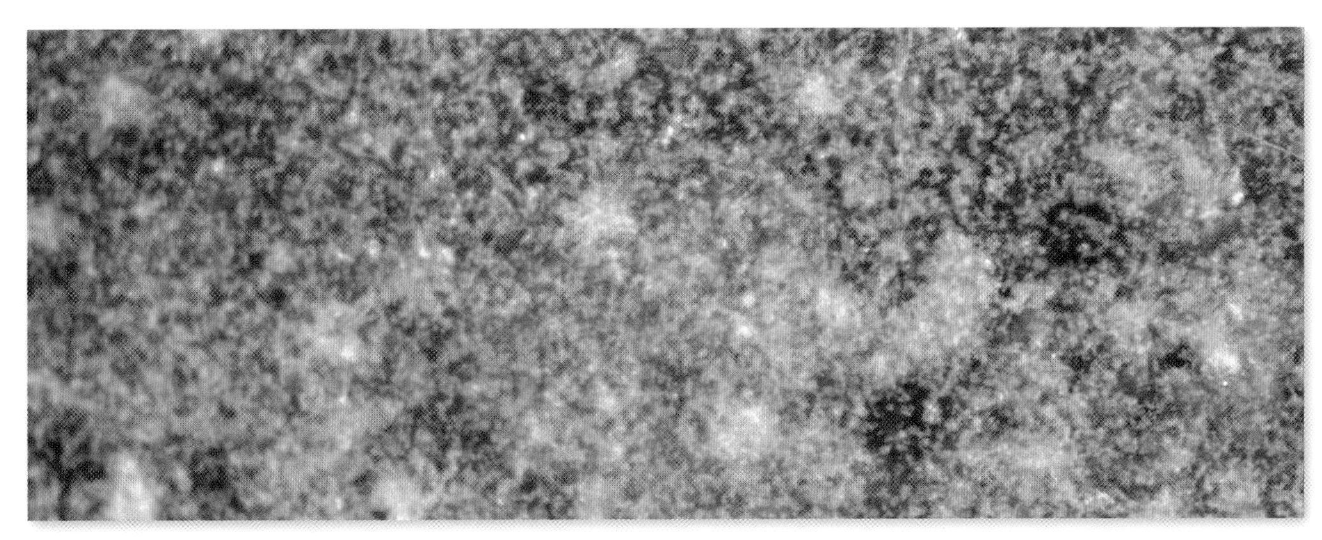

光片（反射光观察　放大45倍）

硅质灰岩

产地：浙江绍兴

颜色：以浅色为主，多见浅灰色、灰白色。岩石表面极易被褐铁矿、锰酸盐侵染，使表面呈现深灰色、土黄色，易混淆。

成分：主要矿物成分为方解石、硅质成分，次要矿物成分为砂屑。

结构与构造：隐晶质结构，微层状构造。

成因：是一种特殊的灰岩，是内源的化学沉积岩，其二氧化硅含量占 15% ~ 25%，且均来源于地壳，成岩地质环境为地底—湖泊相。硅质灰岩是介于石灰岩与硅质岩之间的过渡岩石类型。

其他：抗风化性极强，在差异风化作用下，岩石岩层容易形成地形陡峭的山体。

手标本

局部放大

光片（反射光观察　放大 45 倍）

硅质砂粒灰岩

产地：浙江余杭

颜色：以浅色为主，多见青灰色、浅灰色、灰色。

成分：主要矿物成分为方解石、石英、硅质成分，次要矿物成分为燧石、泥质、白云石。

结构与构造：隐晶质结构、砂粒结构，块状构造、层状构造、条带状构造。

成因：是一种特殊的硅质灰岩，形成机理与硅质灰岩一致，区别在于硅质砂粒灰岩是先形成砂粒灰岩的沉积环境，再由富含硅质的地下水侵入、混合，胶结成岩。

其他：可作建筑材料。

手标本

局部放大

光片（反射光观察　放大 45 倍）

条带状硅质灰岩

产地：浙江绍兴

颜色：以浅色为主，多见灰石、灰青色。

成分：主要矿物成分为方解石、硅质成分。

结构与构造：隐晶结构、微层结构，条带状构造。

成因：是一种特殊的硅质灰岩，是在浅海环境的深部位置下由生物化学沉积作用沉积成岩。

其他：与磷矿伴生，是重要的磷矿勘探指示物。

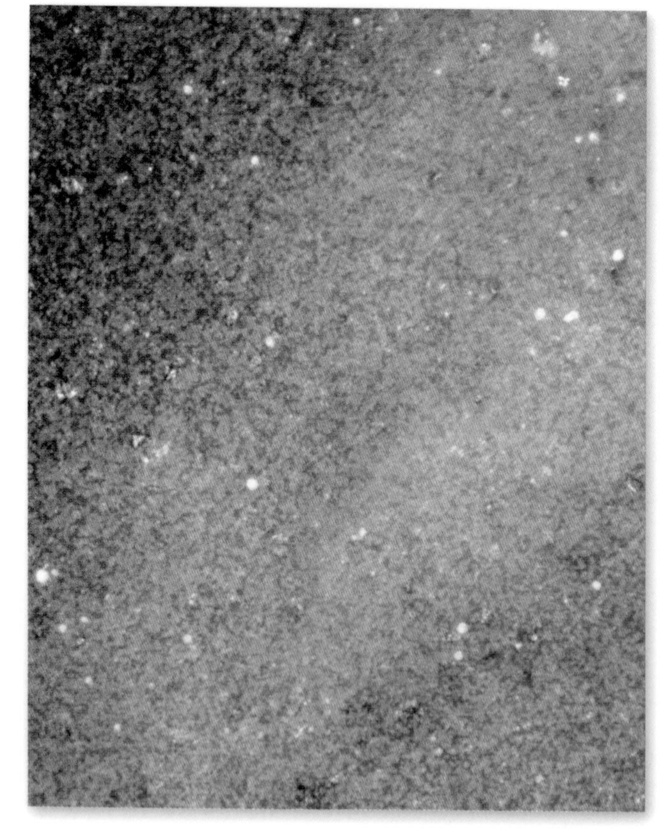

光片（反射光观察　放大 45 倍）

涡卷状灰岩

产地：山东莱阳

颜色：以浅色为主，多见浅灰色、黄灰色、灰白色。

成分：主要矿物成分为方解石，次要矿物成分为泥质成分、白云石。

结构与构造：粗粒结构、泥晶结构，涡卷状构造、层状构造、条纹状构造。

成因：在高能浅海相地质环境下形成，成岩后期有高盐度海水环境的影响，逐步沉积成岩。

其他：形态特别，可作观赏石。

手标本

局部放大

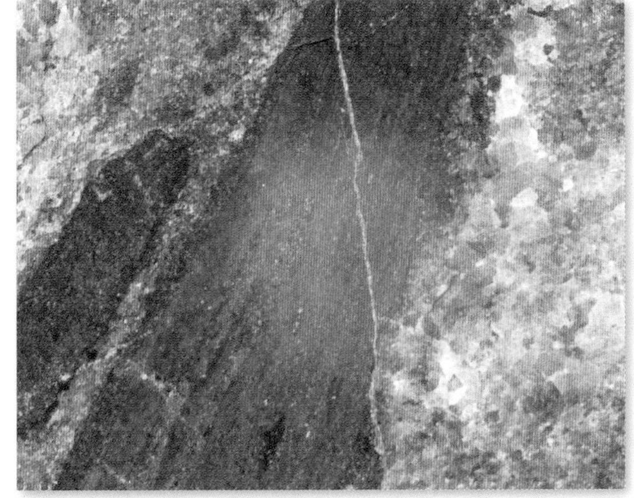

光片（反射光观察　放大 45 倍）

砚瓦石灰岩

产地：浙江江山

颜色：深色为主，多见青灰色、青绿色、灰墨色。

成分：主要矿物成分为方解石、泥质成分。

结构与构造：隐晶泥质结构，块状构造、层状构造、千枚状构造。

成因：是一种特殊的灰岩，由低能浅水环境下缓慢形成。

其他：极为少见，外形形似砚台和黑瓦片，由此得名，可作观赏石和装饰用石材。

手标本

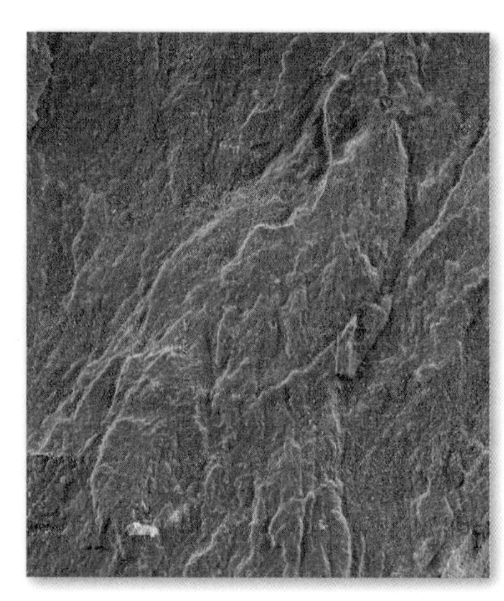

局部放大

光片（反射光观察　放大 45 倍）

薄片（穿透光观察　60 倍）

板状灰岩

产地：：浙江富阳

颜色：差异较大，多见灰色、灰白色、灰黑色、黄色、浅红色、褐红色。

成分：主要矿物成分为方解石，次要矿物成分为白云石、燧石。

结构与构造：隐晶质结构，薄板状构造、层纹状构造。与隐晶石灰岩一致，区别在于板状灰岩具有薄板状构造，层理清晰。

成因：是在地质环境稳定的低能—微能水动力浅海相形成的。

其他：可作制造水泥的主要原料。

手标本

局部放大

光片（反射光观察　放大 45 倍）

竹叶状灰岩

产地：山东长清

颜色：以浅色为主，多见浅灰色、青灰色、浅黄色。

成分：主要矿物成分为方解石、白云石。

结构与构造：砾屑结构，竹叶状构造、块状构造。

成因：是一种特殊的、含有砾屑结构的灰岩。砾屑结构是一种特殊的砾石结构，砾石的粒径较小且呈鱼骨状、细叶状，形成机理和岩砾岩相似，由较老的碳酸盐岩经风化形成橄榄状、扁状小岩块与碳酸质成分混合沉积，并在低能的水动力环境中，经过长时间的溶蚀，小岩块逐渐变成扁状、薄状的砾石，再被泥晶、微晶方解石充填、胶结、固结成岩，成岩后经过流水冲刷使岩石表面逐步光滑，小岩块砾屑结构极易观察，砾石多以竹叶的形态出现，故此得名。

其他：竹叶状灰岩和竹类植物化石没有关系，可作观赏石。

手标本

局部放大

光片（反射光观察　放大 45 倍）

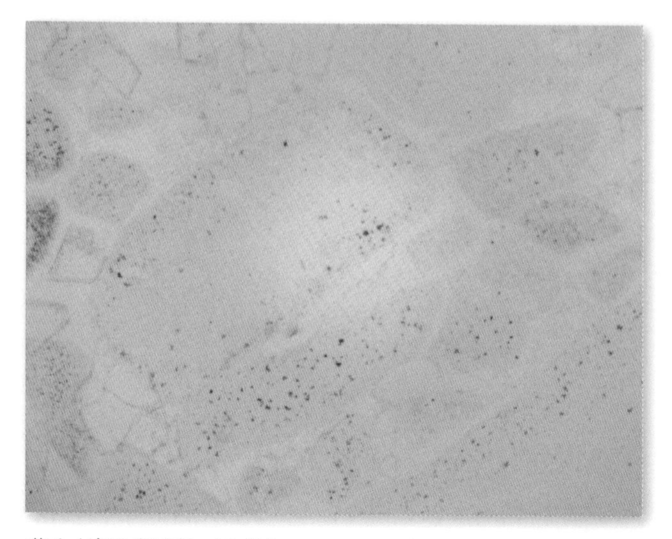

薄片（穿透光观察　60 倍）

生物碎屑灰岩

产地：浙江长兴

颜色：以暗色为主，多见灰黑色、深灰色、深青色、灰褐色。

成分：主要矿物成分为生物碎屑、方解石，次要矿物成分为燧石、泥质成分、海绿石、绢云母。

结构与构造：生物碎屑结构、微晶结构，块状构造、层状构造、条带状构造。

成因：是一种常见的灰岩，主要由双壳类动物、头足类、珊瑚类、节支类动物等在死亡后，其蛋白质外壳经破碎、短途搬运或就地沉积掩埋、交代作用，强压、脱水，固结成岩，常常形成分布在河流入海或波浪作用强烈的海相区域及生物礁近大陆方向。

其他：通常形成发育在浅海—滨海相，富含碳酸盐和无脊椎生物活动区；可作水泥原料和观赏石。

手标本

局部放大

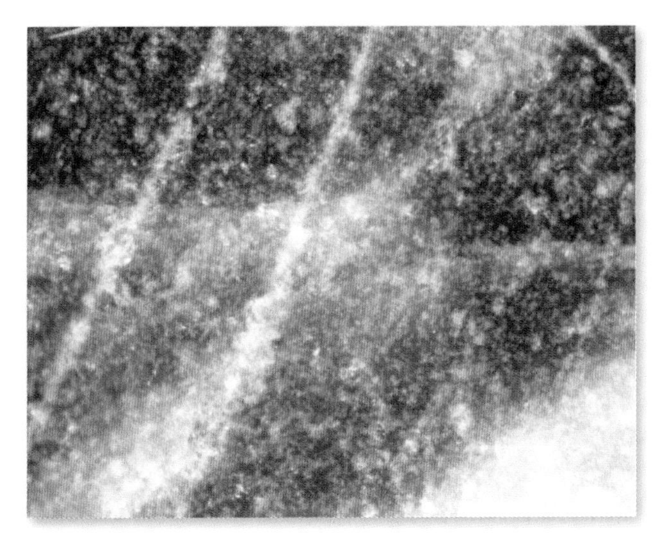

光片（反射光观察　放大 45 倍）

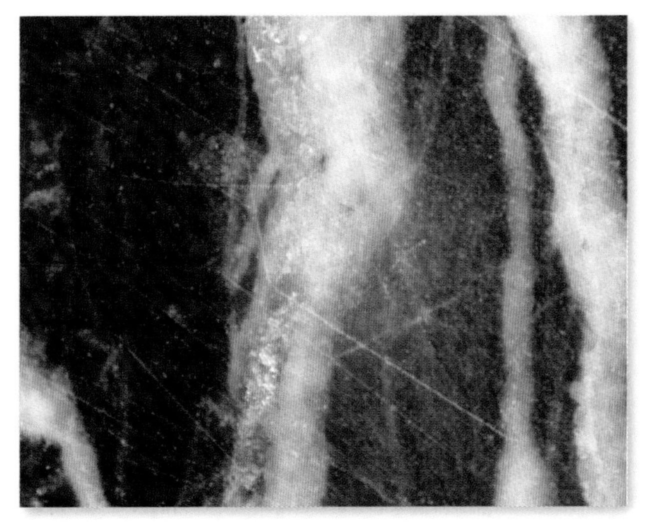

光片（反射光观察　放大 45 倍）

介壳灰岩

产地：: 江西玉山

颜色：以暗色为主，多见黑灰色、深灰色、墨绿色。

成分：主要矿物成分为方解石、文石、腕足类动物化石残骸，次要矿物成分为白云石、燧石、泥质。

结构与构造：隐晶泥质结构、生物格架结构、生物碎屑结构，块状构造、带状构造。

成因：由生物贝壳为基础支撑，后期被钙质交代和泥晶方解石固结而成。

其他：分布较广，可作观赏石。

手标本

局部放大

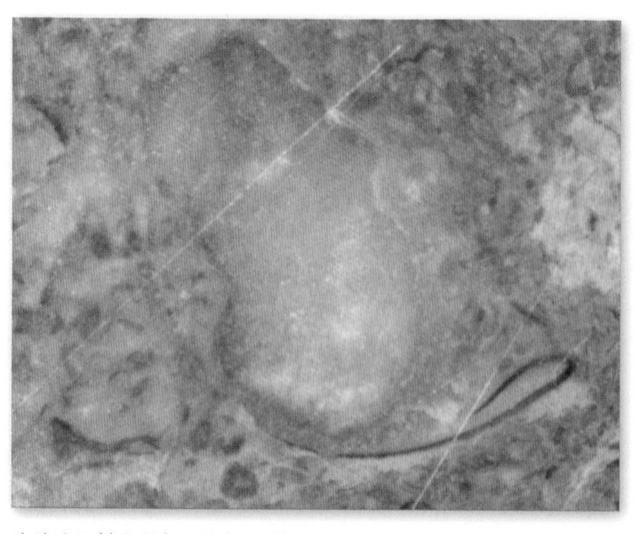

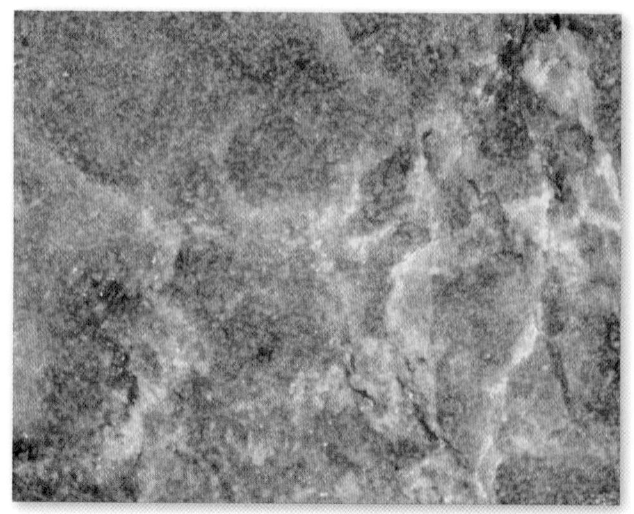

光片（反射光观察　放大 45 倍）

有孔虫灰岩

产地：浙江杭州

颜色：以暗色为主，多见深灰色、青灰色。

成分：主要矿物成分为文石、方解石，次要矿物成分为岩屑、泥质、白云石、燧石。

结构与构造：生物格架结构，层状构造。

成因：是一种特殊的灰岩，在灰岩成岩期，大量的有孔虫在灰岩的沉积物、沉淀物上打洞筑巢、繁衍生息，形成了有孔虫的活动遗迹，同时固结成岩时保留了这些有孔虫遗迹。有孔虫灰岩是一种遗迹化石沉积岩，包含极少量的孔虫化石。

其他：与石炭系上统黄龙组的“黄龙石灰岩”为同类岩石，但晚于黄龙石灰岩的命名时间。根据先命名为准的原则，故在科研和生产领域废弃这个名称。但“有孔虫灰岩”这个名称平常使用中有很普遍的认可度和个性化特色，可以更形象地说明该类岩石的特征，故在科普教学中保留了这个名称。

手标本

局部放大

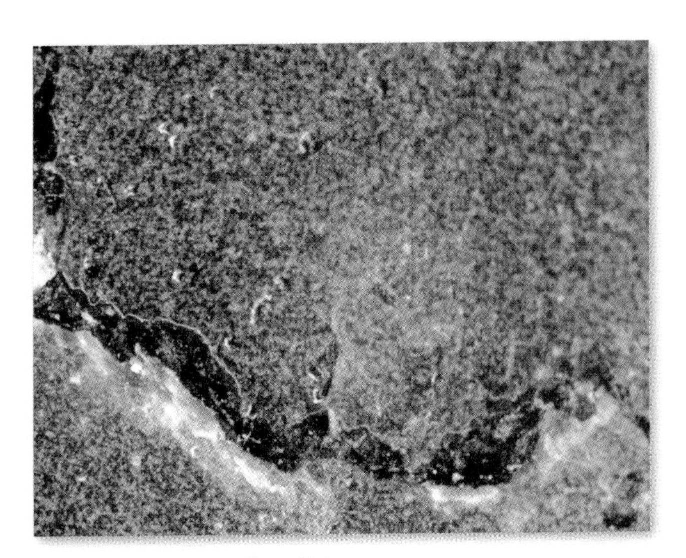

光片（反射光观察　放大 45 倍）

薄片（穿透光观察　60 倍）

藻类灰岩

产地：湖北宜昌

颜色：差异较大，多见墨绿色、青灰色、深灰色。

成分：主要矿物成分为方解石、文石、藻类化石碎屑。

结构与构造：生物骨架结构、粒屑结构，层状构造、块状构造。

成因：是由绿藻、红藻、轮藻等化石碎屑、骨骼残骸为主要颗粒成分形成的粒屑灰岩，因此，又称藻灰岩。

其他：藻类灰岩通常是油气储层的盖层，也是油气勘探的重要指示物。

手标本

局部放大

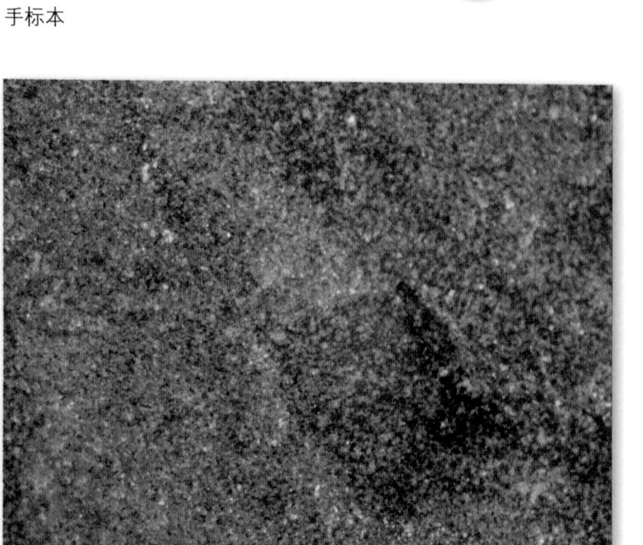

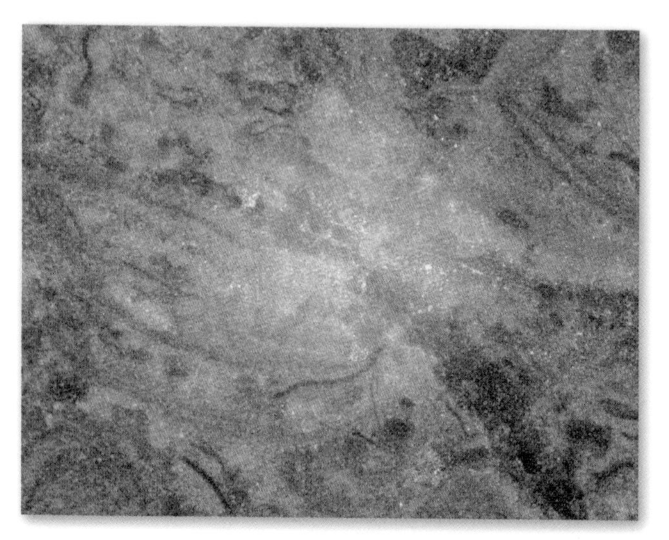

光片（反射光观察　放大 45 倍）

球藻灰岩

产地：浙江杭州

颜色：差异较大，多见深青色、青灰色、棕灰色。

成分：主要矿物成分为方解石、文石，次要矿物成分为泥质成分。

结构与构造：隐晶结构，球藻构造。

成因：由钙藻在生命周期活动下堆积而成的灰岩。钙藻在生长过程中分泌粘液，包裹、吸附、捕获泥质、钙质成分，形成泥晶文石球粒和量晶文石球粒，球粒沉淀物在沉积后碳酸钙成分被胶结、固结成岩。多形成于湖或潮上带低能地质环境。

其他：本身并不含有球藻化石，可看作球藻作为制造者参与制造了岩石的原料。

手标本

局部放大

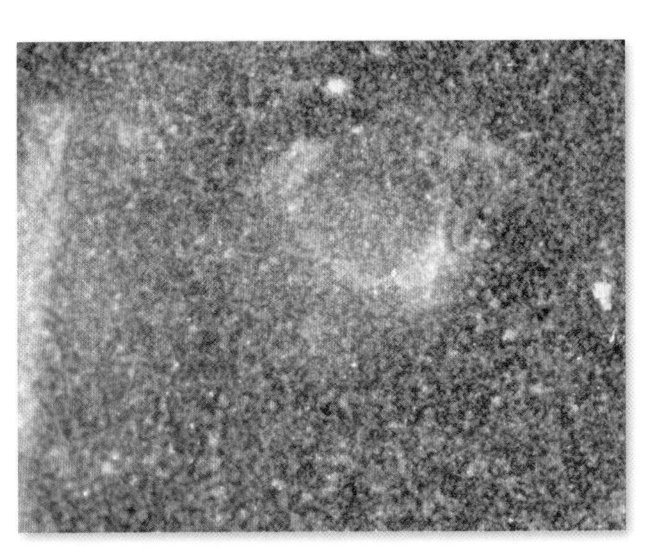

光片（反射光观察　放大 45 倍）

珊瑚灰岩

产地：湖北宜昌

颜色：以浅色为主，多见灰白色、浅棕灰色。

成分：主要矿物成分为块状珊瑚化石、珊瑚化石碎屑、方解石、文石，次要矿物成分为泥质成分、燧石。

结构与构造：生物格架结构，生物礁构造。

成因：又称珊瑚礁灰岩，是由珊瑚化石作为支撑，然后被海相生物成因的碳酸盐交代原有的有机物成分，且保留了化石的原有姿态，再进一步与文石、方解石胶结成岩。

其他：是珊瑚化石的重要载体，广泛用于古生物研究。

光片（反射光观察　放大 45 倍）

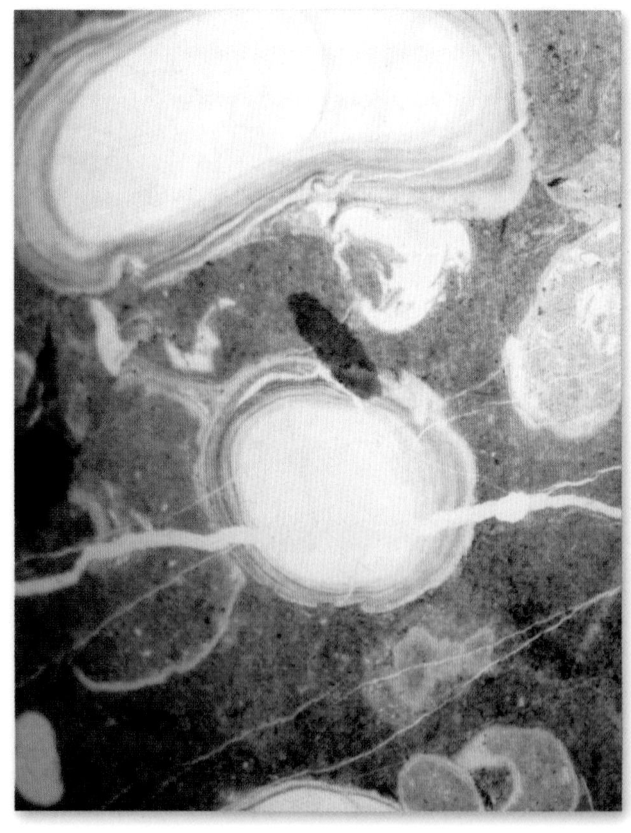

薄片（穿透光观察　60 倍）

古杯灰岩

产地：湖北宜昌

颜色：以深色为主，多见深灰色、青灰色。

成分：主要矿物成分为方解石、文石、古杯动物化石碎屑，次要矿物成分为泥质成分、燧石，白云石。

结构与构造：隐晶结构、生物格架结构，块状构造、层状构造、条带状构造。

成因：由古杯动物的残骸、骨架为支撑基础，方解石和文石胶结、交代、固结成岩，且保留了古杯动物骨架残骸的原始形态。古杯动物是一类绝灭了的底栖海洋动物，外形呈杯状，故称“古杯”

其他：与早寒武世沧浪铺晚期天河板组的“天河板石灰岩”是同类岩石，但在时间上晚于天河板石灰岩的命名。根据先命名为准的原则，在科研和生产领域废弃了这个名称。但“古杯灰岩”这个名称在平常使用中有很普遍的认可度和个性化特色，可以形象地说明这类岩石的特征。它也是研究早期古杯动物的重要载体。

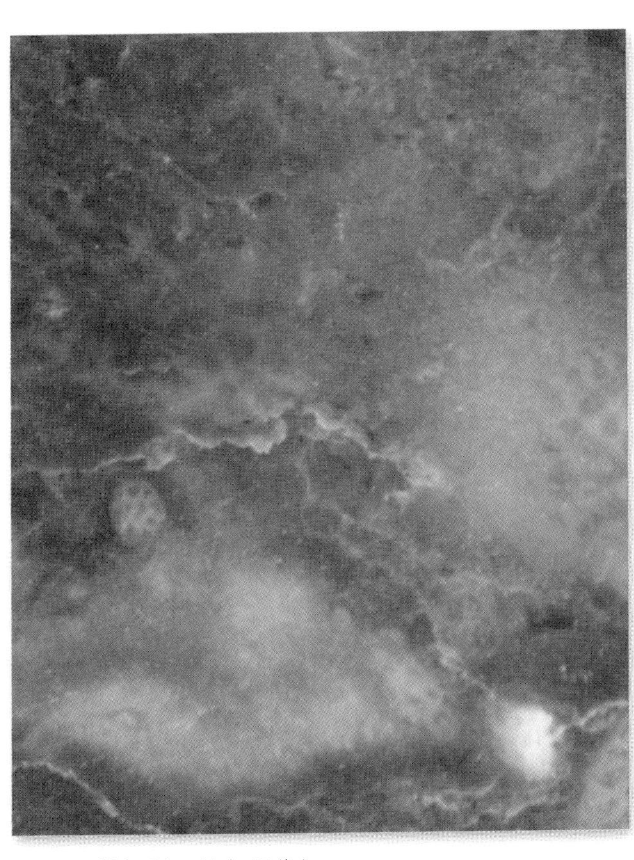

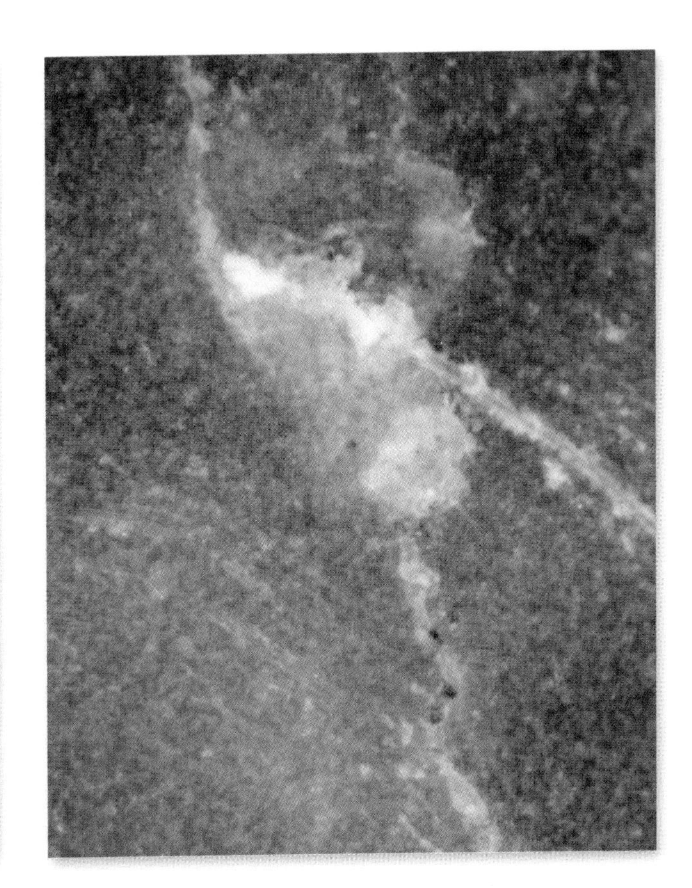

光片（反射光观察　放大 45 倍）

叠层石灰岩

产地：吉林通化

颜色：以浅色为主，多见灰红色、灰白色、灰黄色。

成分：主要矿物成分为方解石、文石，次要矿物成为为白云石、玉髓、海绿石。

结构与构造：隐晶结构，叠层状构造。

成因：由蓝绿藻丝状体在生命过程中持续分泌出胶状粘液，吸附、捕获各种水环境的灰泥球粒，以此形成富含粒屑纹层，同时不断地重复该过程，其中富含粒屑纹层为亮层，富含藻类纹层为暗层，亮与暗交错成为叠层构造。

其他：是研究早期海洋环境生命的重要载体。

手标本

局部放大

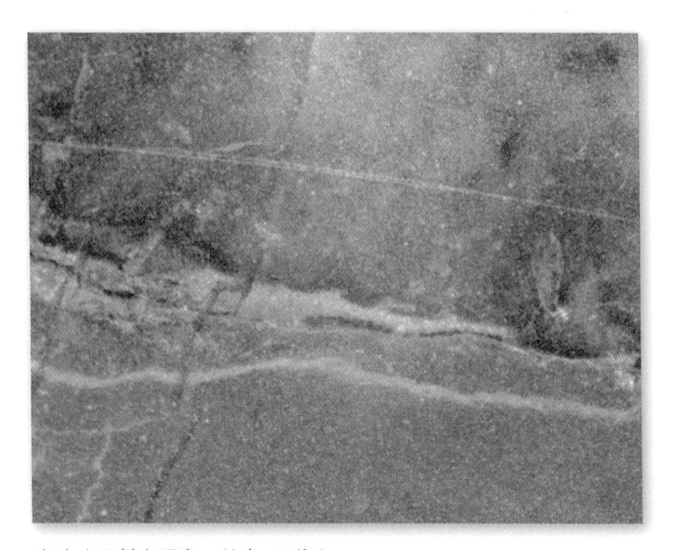

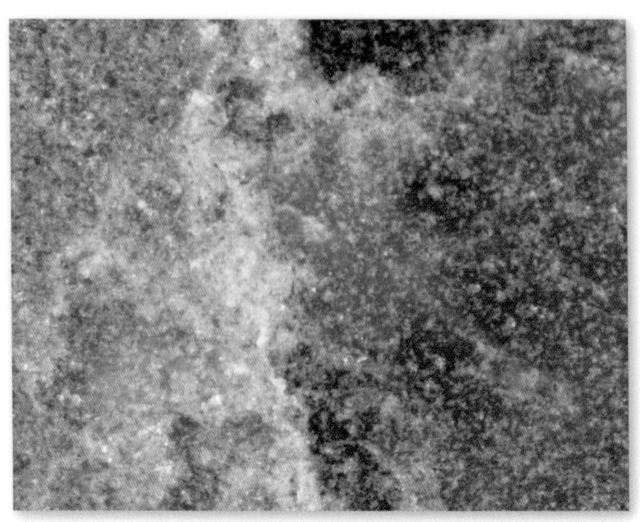

光片（反射光观察　放大 45 倍）

巨晶臭灰岩

产地：山东莒南

颜色：以暗色为主，多见黑色、灰黑色、深灰色、深褐色。

成分：主要矿物成分为方解石、沥青质，次要矿物成分为文石、白云石。

结构与构造：亮晶结构，层状构造。

成因：具有巨型方解石晶体和沥青质集块体，其直径可达 2cm，同时在成岩期混入石油沥青质，并在胶结固结的过程中脱去了大部分有机质后再固结成岩。

其他：不同于普通的岩石，有一定的异味，其中的“臭”来源于沥青质，是浅海—滨海石油天然气勘探的重要标志物。

手标本

局部放大

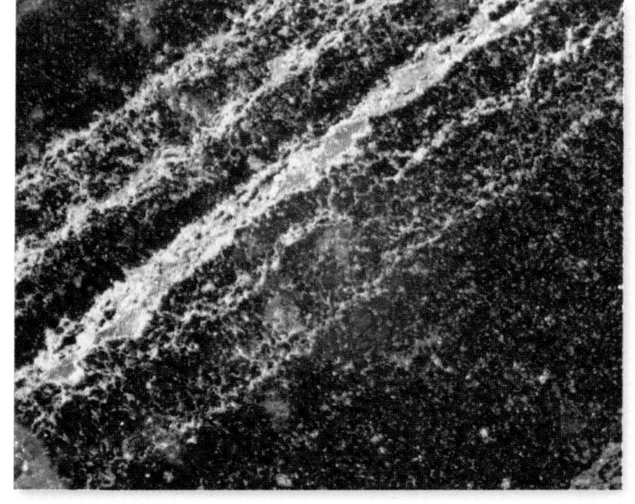

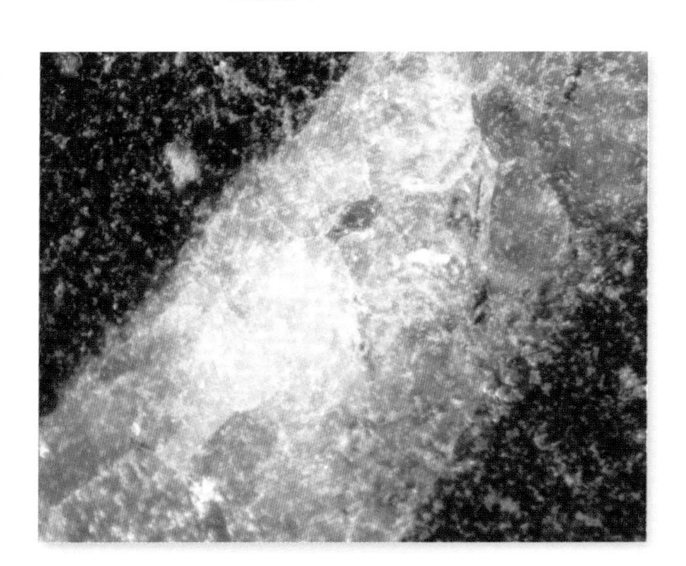

光片（反射光观察　放大 45 倍）

白云质灰岩

产地：浙江余杭

颜色：以浅色为主，多见浅灰色、灰白色、浅棕色。

成分：主要矿物成分为方解石、白云石，次要矿物成分为泥质。

结构与构造：细晶结构、微晶结构、隐晶质结构，微层状构造。

成因：介于灰岩和白云岩之间的过渡岩石，且向白云岩发展。白云质灰岩的成岩机理前中期与灰岩一致，中后期与倾向于白云岩，即灰岩成岩后期因地质环境的变化处在泻湖和咸湖地质环境下，促进了岩石中白云石的形成。

其他：可作建筑原料、路基原料。

手标本

局部放大

光片（反射光观察　放大 45 倍）

白云岩

产地：浙江绍兴

颜色：以浅色为主，多见白色、灰白色。

成分：主要矿物成分为白云石，次要矿物成分为方解石、黏土、岩屑。

结构与构造：隐晶质结构、微晶结构，层状结构、块状构造。

成因：在高含盐度的海湾或泻湖环境下直接在海水里沉淀而成。

其他：白云岩的造岩矿物白云石是实验室无法合成的矿物，现今仍无法科学地解释其成岩机理。白云岩可用作开采白云石矿产，在工业上可以用作防火材料、摩擦剂。

手标本

局部放大

光片（反射光观察　放大 45 倍）

薄片（穿透光观察　60 倍）

板状白云岩

产地：浙江余杭

颜色：差异较大，多见灰色、灰白色、灰黑色、黄色、浅红色、褐红色。

成分：主要矿物成分为白云石，次要矿物成分为方解石、泥质、岩屑。

结构与构造：隐晶质结构，板状构造、薄板状构造。

成因：板状白云岩成岩机理较为复杂，是一种介于白云岩和板岩之间的过渡岩石类型，由白云岩的成岩后期或成岩后受区域变质作用影响形成的板状、薄板状构造。

其他：分布较少，可作防火材料填料、摩擦剂辅料等。

手标本

局部放大

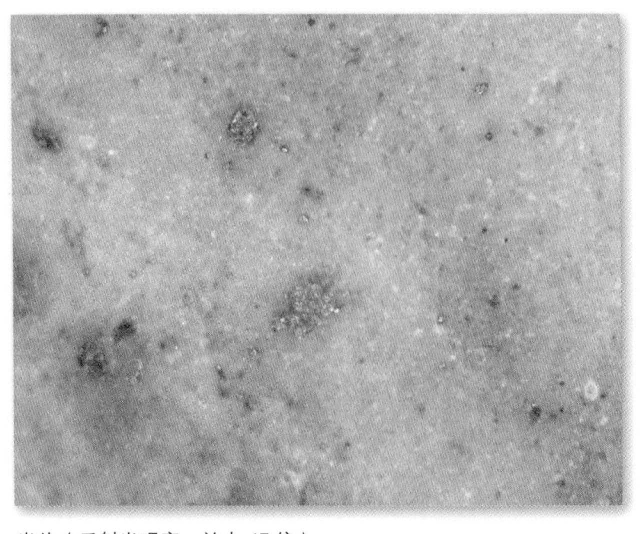

光片（反射光观察　放大 45 倍）

条带状鲕粒白云岩

产地：浙江余杭

颜色：以浅色为主，多见浅青色、浅灰色、浅绿色、灰白色。

成分：主要矿物成分为白云石，次要矿物成分为方解石、泥质。

结构与构造：隐晶结构、鲕粒结构，条带构造、层状构造。

成因：由碳酸盐矿物质沉积物在沉积期形成泥质小颗粒，在弱动能的水环境里先形成以小颗粒为核心的鲕粒结构，在成岩期因地质作用异化出条带状构造，这样的条带化学成分以方解石为主。

其他：条带状鲕粒白云岩是地质学研究的重要标的物。

手标本

局部放大

条带状石灰质白云岩

产地：浙江余杭

颜色：以浅色为主，多见灰色、浅灰色、青灰色。

成分：主要矿物成分为白云石、方解石，次要矿物成分为燧石、泥质。

结构与构造：细晶结构、微晶结构、隐晶质结构，层状构造、条带状构造。

成因：是介于灰岩和白云岩之间的过渡岩石类型，也是一种特殊的白云岩。岩石内部的方解石晶体或燧石成分因沉积作用不充分，导致分布不均匀、不规则，形成颜色不同于岩石基质的浅色或深色“条带”。

其他：可作防火材料原料。

手标本

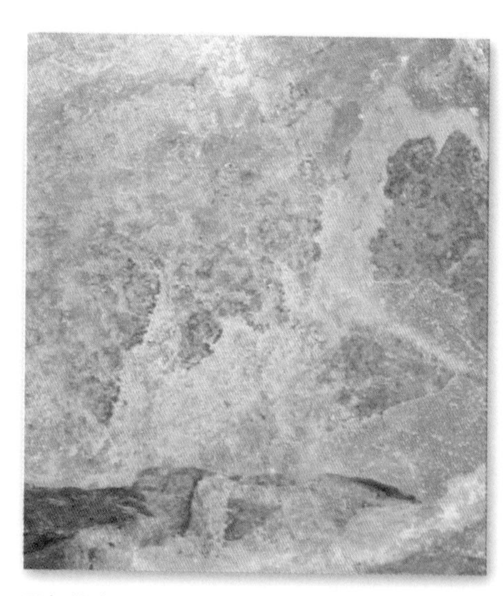

局部放大

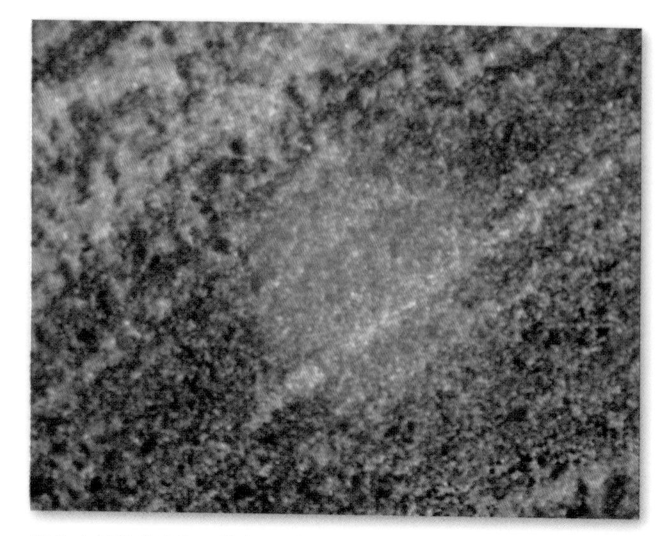

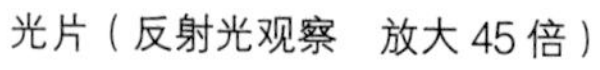

光片（反射光观察　放大 45 倍）

硅质岩

产地：浙江江山

颜色：差异较大，从灰白色到黑色均有表现，多见黄白色、青黑色。

成分：主要矿物成分为石英、蛋白石、玉髓、碧玉、燧石等硅化物、硅酸盐，次要矿物成分为泥质、钙质、岩屑。

结构与构造：非晶质结构、隐晶质结构、土状结构、鲕粒结构、碎屑结构、生物结构、隐藻结构、交代结构，团块状构造、结核状构造、块状构造。硅质岩的成因很复杂，其结构和构造具有多样性。

成因：是特殊的岩石类型，是硅化物、硅酸盐在不同地质条件、不同矿物含量组成的一大类岩石，其化学物理性质变化较大，与一般岩石的矿物成分稳定、结构清晰不一样，共同点是硅元素含量较高。

其他：硅质岩这个名称在不同行业领域里的应用变化较大，在非地质学科及生产领域应用极广。如在考古行业中，旧石器的岩石材料岩性判断和描述时，因为从业人员的岩石学知识不足，经常将石英岩、云英岩、石英砂岩、燧石岩，甚至玄武岩等岩石认作硅质岩，虽然不够严谨，但硅质岩的名气由此被越来越多的大众知晓。

手标本

局部放大

锰质岩

产地：湖南湘潭

颜色：以暗色为主，多见黑色、泥黑色、灰黑色、深灰色。

成分：主要矿物成分为锰的氧化物、锰的氢氧化物、锰酸盐、锰的硫化物等含有锰的矿物，次要矿物成分为泥质、钙质、褐铁矿、岩屑等。

结构与构造：隐晶胶状结构，假鲕构造。假鲕是一种外形形似鲕粒，但内部无鲕粒构造，由泥晶方解石形成的细小球状或椭球状颗粒。

成因：不是一种特定的岩石类型，而是锰矿物按各种比例组合的岩石种类，虽然造岩矿物不确定，但成岩作用是完整的，也可成为富含锰矿物的化学沉积岩。

其他：通常与软锰矿、硬锰矿相关分布发育，是锰矿类矿产勘查的重要指示物。锰质岩通常与白云岩、灰岩伴生，且锰质岩中的含锰矿物极易水解，进而形成侵蚀、侵染相近发育的岩石、岩层。在白云岩、灰岩层间就有形似古植物化石图案发育，其机理就是富含锰质的自然水体侵染白云岩、灰岩地层层间后形成的，误导性极大。

手标本

局部放大

四、

变质岩类

变质岩的颜色变化很大，和很多岩浆岩和沉积岩的颜色一致，这与变质岩的原岩有关。原岩为岩浆岩的是正变质岩，颜色倾向于对应的岩浆岩且较深；原岩为沉积岩和变质岩（变质岩仍可继续进行变质作用）的是副变质岩，颜色倾向于对应的岩石且较浅。变质岩造岩矿物几乎涵盖所有的矿物。该类岩石分布较广，但是总量较小，占岩石圈总量不足 5%。

变质岩是一种特殊的地质变质作用产生的，且变质作用的范围、影响程度均远弱于岩浆岩作用和沉积成岩作用，分布范围十分广泛。根据变质岩的变质作用类型分为接触变质岩、接触交代变质岩、气成热液变质岩、动力变质岩、区域变质岩、混合变质岩六个子类。

1. 接触变质岩

198 ~ 211

该类岩石颜色斑驳复杂，颜色起伏较大。原因为岩石的造岩矿物受分异变质作用影响，造岩矿物的自色、他色、光折射发生变化。该类岩石内部的矿物从混合态转为分异富集态，分异后的不同矿物各自富集并结出晶体，各种原有岩石的矿物质重新组合、富集后成岩，除一般大理石的白色外，其余岩石的颜色不具备一致性。二氧化硅含量较小，主要的造岩矿物为大理石、红柱石、石英、蛇纹石、透闪石、磁铁矿、堇青石等。该类岩石分布较广，主要成因是由岩浆涌出的侵入作用和热力作用造成的岩石变质。

接触变质岩的分布范围广泛，是最常见的变质岩类，以大理岩最为普遍。按照岩石学的科学分类，接触变质岩是变质岩类的一个分类，与接触交代变质岩类有较大的区别。

大理岩

产地：浙江诸暨

颜色：以红色为主，多见浅红色、深红色、米红色、白色。

成分：主要矿物成分为方解石，且方解石含量极高，次要矿物成分为白云石，偶见硅灰石、滑石、透闪石、透辉石、斜长石、石英、方镁石。

结构与构造：粒状变晶结构，块状构造、厚层状构造。

成因：是由灰岩、白云岩等碳酸盐岩受热变质后，方解石发生重结晶作用和矿物分异作用，使颗粒变粗，混入铁、镁等元素形成大理岩。

其他：也称普通大理岩，是一种常见的大理石，可作建筑装饰材料和观赏石。

手标本

局部放大

光片（反射光观察　放大 45 倍）

薄片（穿透光观察　60 倍）

白色大理岩

产地：浙江诸暨

颜色：白色，也是大理岩最常见的颜色。

成分：主要矿物成分为方解石和白云石。

结构与构造：具粒状变晶结构，块状构造、条带状构造。

成因：是典型的接触变质岩，是由纯度较高的灰岩经持续、单一的接触变质作用形成的相对简单的大理岩，几乎未受到其他地质作用和矿物的影响。

其他：是一种特殊的大理石，也称为“汉白玉”，是我国特有的建筑用材料和观赏石，因产于中国云南大理而得名。

手标本

局部放大

光片（反射光观察　放大 45 倍）

细晶大理岩

产地：浙江长兴

颜色：起伏较大，多见白色、灰色、黄灰色、青灰色。

成分：主要矿物成分为方解石，次要矿物成分为白云石、黏土类矿物。

结构与构造：细晶结构、泥晶结构、等粒变晶结构，块状构造、层理构造。

成因：是一种常见的大理岩，形成机理与红色大理岩一致。

其他：形似和田玉，在我国有大量的细晶大理岩仿和田玉工艺品。

手标本

局部放大

光片（反射光观察　放大 45 倍）

蛇纹石化大理岩

产地：浙江诸暨

颜色：以浅色为主，多见浅灰色、灰白色、青灰色。

成分：主要矿物成分为方解石、蛇纹石，次要矿物成分为白云石。

结构与构造：不等粒变晶结构，块状构造、条带状构造。

成因：由镁橄榄大理岩在热液作用下，发生重结晶作用和蚀变作用形成，其中蚀变作用的影响较大。

手标本

局部放大

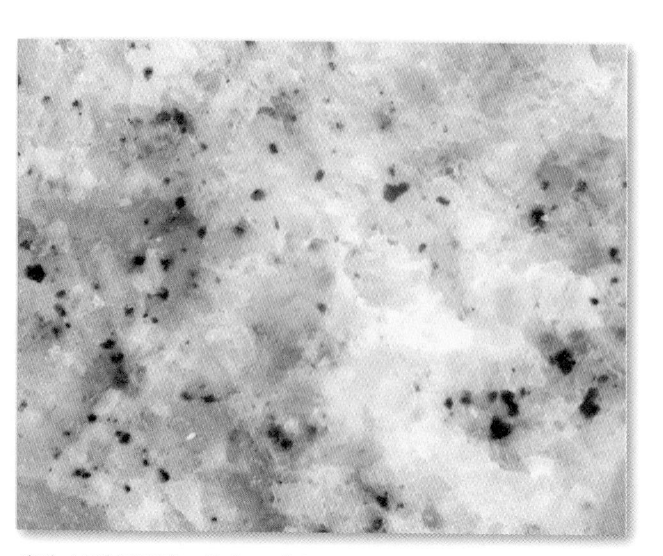

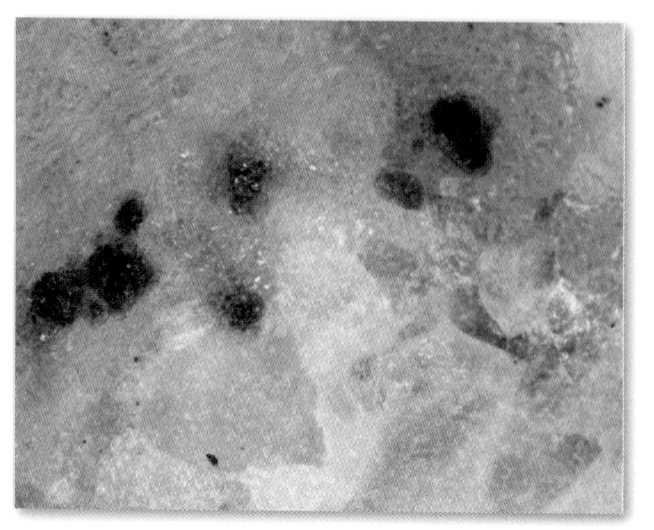

光片（反射光观察　放大 45 倍）

透闪石大理岩

产地：浙江长兴

颜色：以浅色为主，多见灰白色、浅灰色。

成分：主要矿物成分为方解石、透闪石、白云石，次要矿物成分为石英、黏土类矿物。

结构与构造：变晶结构，块状构造。

成因：由泥质灰岩或泥灰岩受高温作用，矿物混合变质形成透闪石大理岩。

其他：已经开始玉石化，石质的润度好，可以广泛开展玉石加工。

手标本

局部放大

光片（反射光观察　放大 45 倍）

石英岩

产地：浙江杭州

颜色：以浅色为主，多见白色、灰色。

成分：主要矿物成分为石英，次要矿物成分为云母，偶见赤铁矿、针铁矿、绢云母。

结构与构造：隐晶质结构、中细粒变晶结构，块状构造、瘤状构造。

成因：一种主要由石英组成的变质岩，由石英砂岩或硅质岩经接触变质作用重结晶形成。

其他：是常见的建筑装饰材料和观赏石。

手标本

局部放大

光片（反射光观察　放大 45 倍）

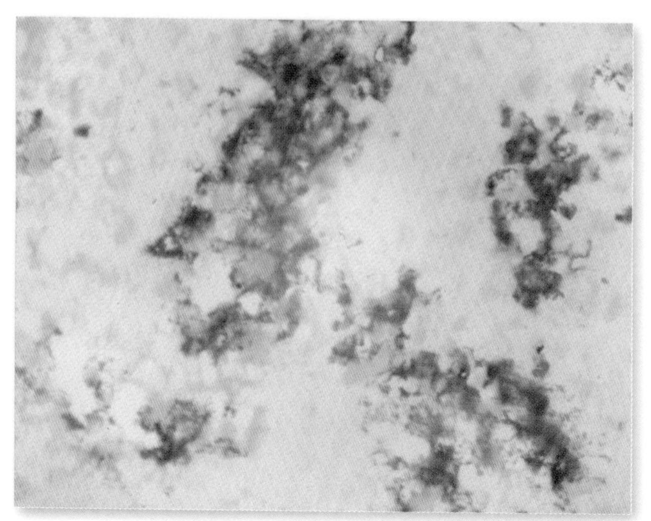

薄片（穿透光观察　60 倍）

层状磁铁石英岩

产地：辽宁辽阳

颜色：以暗色为主，多见深灰色。

成分：主要矿物成分为石英、磁铁矿，次要矿物成分为绿泥石、黑云母。

结构与构造：粒状变晶结构，纹层状构造、层状构造。

成因：一种特殊的石英岩，是石英岩在重结晶成岩过程中同时与围岩中矿物弱交换冷却形成。

其他：通常与化学沉积矿产伴生，可以作为相关矿产的指示物。

手标本

局部放大

光片（反射光观察　放大 45 倍）

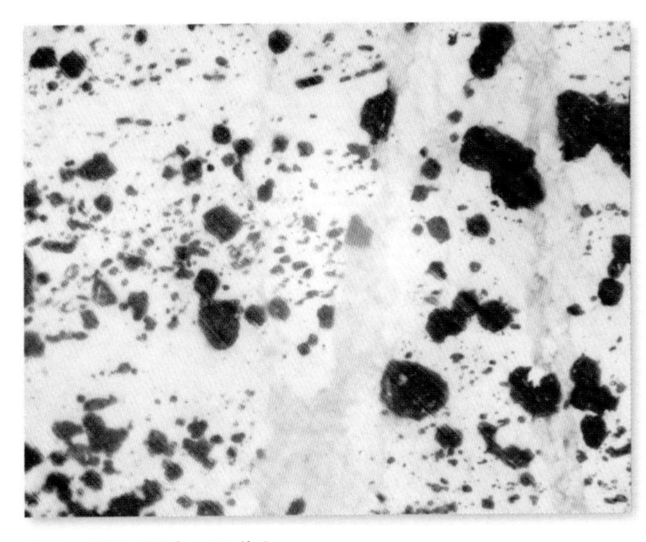

薄片（穿透光观察　60 倍）

千枚状磁铁石英岩

产地：辽宁辽阳

颜色：铁黑色、灰黑色。

成分：主要矿物成分为磁铁矿、石英、贫铁矿石，次要矿物成分为云母、黏土类矿物。

结构与构造：细粒结构、粒状变晶结构，条带状构造、千枚状构造。

成因：一种特殊的磁铁石英岩，是磁铁石英岩形成后或成岩后期由于区域变质作用影响，石英的粒状构造向千枚状构造发展。

其他：十分少见，是研究地质学变质作用的重要材料。

手标本

局部放大

光片（反射光观察　放大 45 倍）

薄片（穿透光观察　60 倍）

变余粉砂岩

产地：浙江建德

颜色：暗色为主，多见灰黑色。

成分：主要矿物成分为石英碎屑、长石碎屑，次要矿物成分为绿泥石。

结构与构造：变余粉砂结构、砂岩残留结构，条带状构造、层状构造。

成因：粉砂岩经过变质重结晶作用后成岩，但变质重结晶作用不彻底，保留了部分原岩的结构特征。变余粉砂岩的原岩为泥质粉砂岩。

其他：是常见的接触变质岩，可作观赏石。

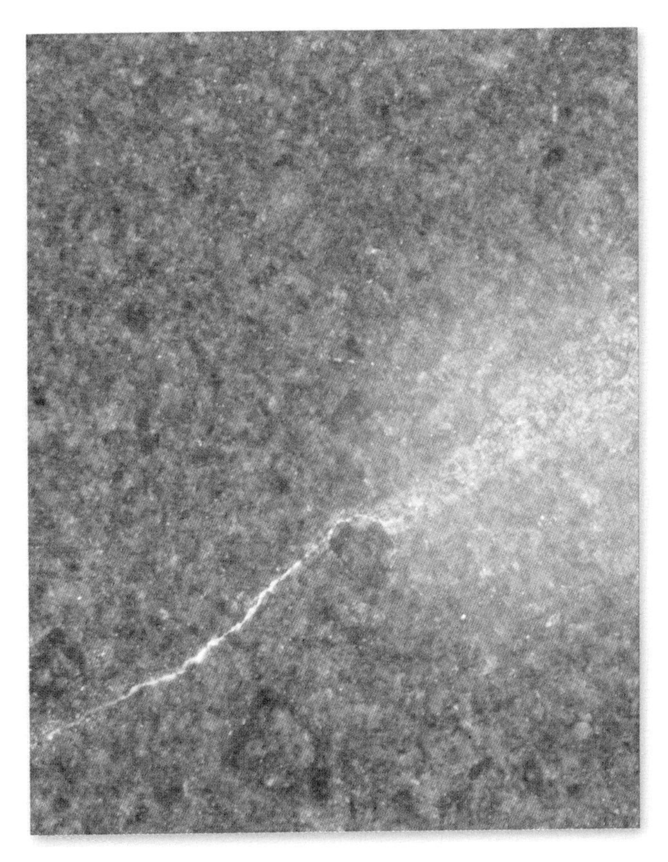

光片（反射光观察　放大 45 倍）

硅质角岩

产地：浙江绍兴

颜色：多见灰白色相间。

成分：主要矿物成分为长石、石英、云母。

结构与构造：细粒粒状变晶结构，块状构造、角岩构造。

成因：又称角页岩，是由砂质页岩、页岩经过接触变质而形成，受到高温度的熔融，使原岩的矿物组分发生了重组合与重结晶，原岩特征已消失。

其他：一种特殊的变质岩，表示了强烈的变质作用。

手标本

局部放大

方柱石角岩

产地：江苏江宁

颜色：以浅色为主，且起伏较大，多见灰色、灰黄色、灰绿色、浅黄绿色，偶见玫瑰紫色、淡紫色、粉紫色、海蓝色。

成分：主要矿物成分为方柱石，次要矿物成分为磁铁矿。

结构与构造：角岩结构、斑状变晶结构，块状构造、角砾构造。

成因：由泥质类岩石受接触变质作用影响，重结晶形成方柱石角岩。

其他：是方柱石的原岩，方柱石可做宝石。

手标本

局部放大

红柱石角岩

产地：北京昌平

颜色：以暗色为主，多见黑色、紫黑色、深灰色。

成分：主要矿物成分为碳质矿物混合物、红柱石。

结构与构造：斑状变晶结构、基质角岩结构，块状构造、放射状构造。其中斑晶部分为红柱石，基质部分为碳质矿物混合物。

成因：由含高岭石较多的泥质岩石受热变质后，重结晶形成红柱石角岩，且会继续向红柱石板岩变化发展。

其他：可用于开采红柱石，红柱石可用于宝石加工。

手标本

局部放大

光片（反射光观察　放大 45 倍）

堇青石角岩

产地：河北宣化

颜色：以暗色为主，多见灰色、深灰色、深灰红色。

成分：主要矿物成分为堇青石，次要矿物成分为黏土类矿物。

结构与构造：短柱状结构、他形粒状结构、角岩结构，块状构造。

成因：由土岩或粉砂岩在高温热接触过程中原岩成分基本上重新结晶，特点是结构致密坚硬。

其他：可作观赏石。

手标本

局部放大

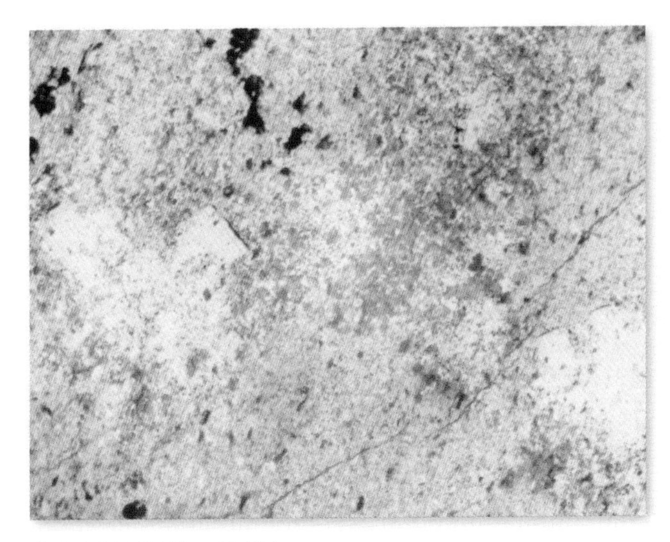

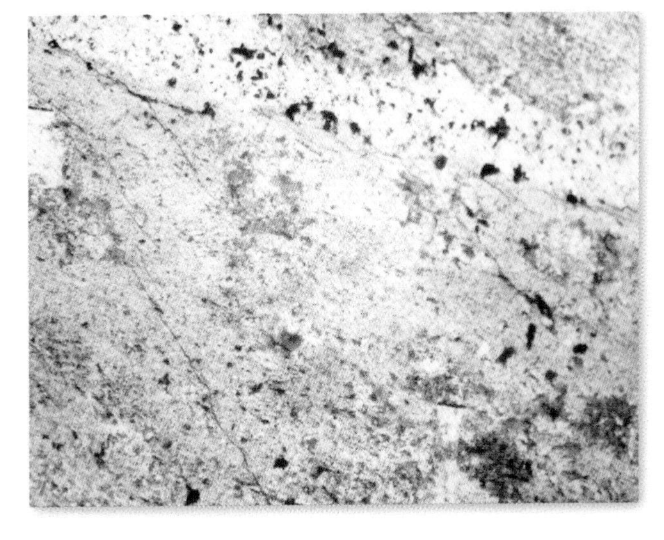

薄片（穿透光观察　60 倍）

2. 接触交代变质岩

212 ~ 219

该类岩石的颜色以暗色为主，密度较大。主要的造岩矿物是石榴子石、透辉石、硅灰石、绿帘石、电气石、阳起石、绿泥石、石英等，偶有黄铁矿、方铅矿、闪锌矿等。二氧化硅含量较少，以石英和其他硅酸盐的矿物形态为主，几乎不见长石类矿物。该类岩石分布范围窄，占变质岩总量不高，许多常见的玉石、宝石都是在接触交代变质岩带中形成发育。

接触交代变质岩与接触变质岩都是地下热力作用形成的变质岩。在传统岩石学分类中，接触交代变质与接触变质岩成因相似，区别在于接触交代变质作用是由物质交换。本节以便于读者快速识别为出发点，对接触交代变质岩的特点单独描述。

石榴子石矽卡岩

产地：安徽繁昌

颜色：以浅色为主，多见浅红棕色、浅棕色、浅灰色。

成分：主要矿物成分为石榴子石、绿帘石，次要矿物成分为石英、长石。

结构与构造：斑状变晶结构、粒状结构，块状构造、双晶及环带构造。

成因：由中酸性侵入体侵入灰岩、白云岩发生接触交代作用形成的岩石种类，多为地质时期的印支中期基性火山—沉积成矿—喷流热水沉积成岩以及燕山晚期花岗岩侵入交代成岩。

其他：通常和多种有色金属矿产伴生分布，比如铜、镍、钼、钒等，是相关金属矿产的重要指示物。

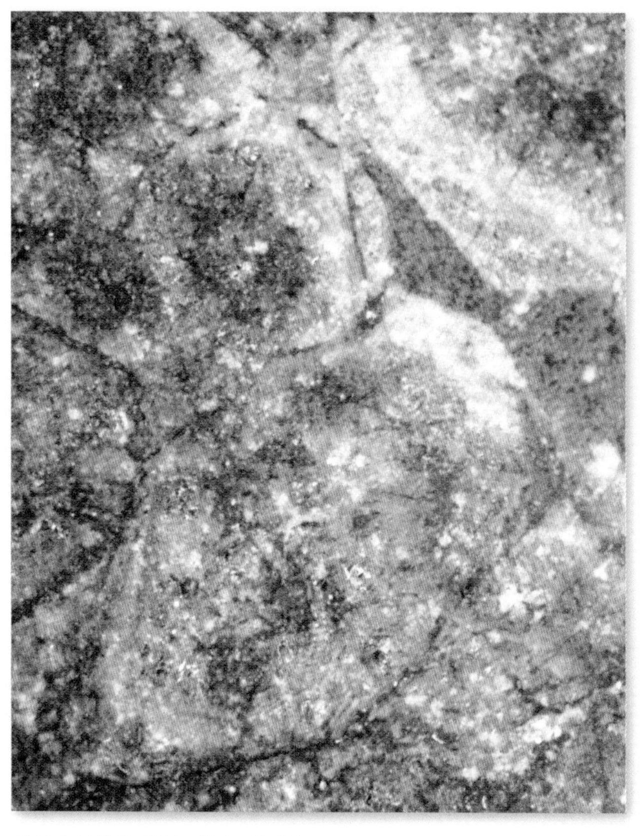

光片（反射光观察　放大45倍）

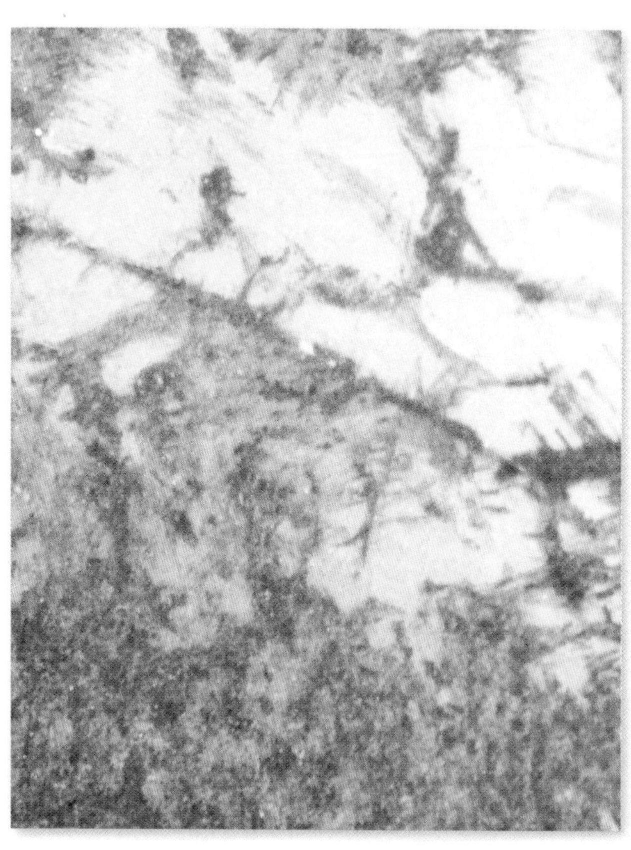

薄片（穿透光观察　60倍）

透辉石榴子石矽卡岩

产地：浙江余杭

颜色：以暗色为主，多见灰褐色、棕灰色。

成分：主要矿物成分为石榴石、透辉石、绿帘石，次要矿物成分为石英、长石。

结构与构造：变晶结构、粒状结构，条带状构造、块状构造。

成因：由中酸性侵入体与碳酸盐岩发生接触交代作用形成的岩石。

其他：本件标本的地质年代久远的岩石，富含铝元素。

光片（反射光观察　放大 45 倍）

符山石矽卡岩

产地：湖南临武

颜色：以浅色为主，多见浅绿色、浅紫色。

成分：主要矿物成分为符山石、方解石榴子石，次要矿物成分为绿帘石、磁铁矿。

结构与构造：不等粒变晶结构、纤状变晶结构、斑状变晶结构，条纹状构造、放射状构造。

成因：由中性侵入体与碳酸盐岩发生接触交代作用形成的岩石。

其他：较为稀少，可作观赏石和符山石矿产的指示物。

手标本

局部放大

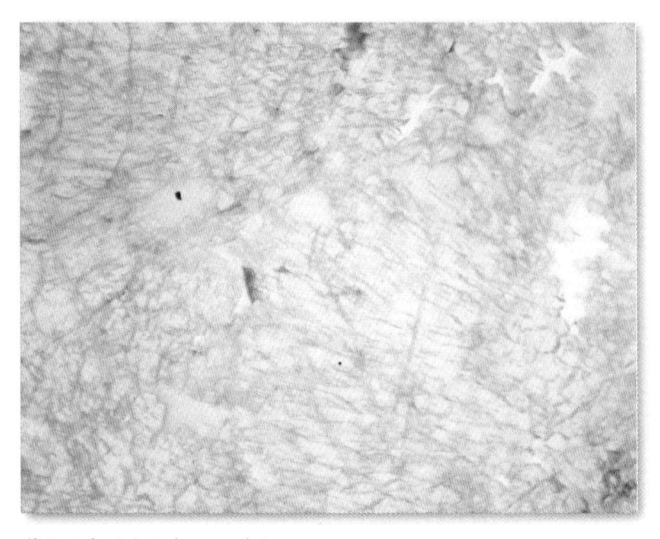

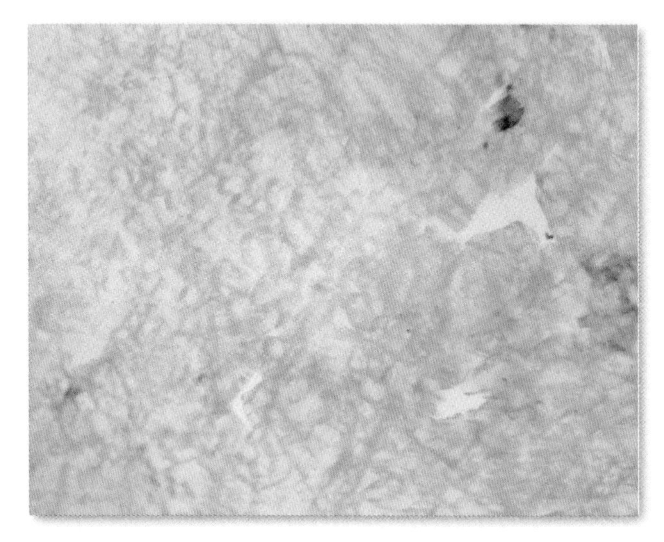

薄片（穿透光观察　60 倍）

磁铁矽卡岩

产地：辽宁辽阳

颜色：以暗色为主，多见深绿色、暗绿色、灰黑色。

成分：主要矿物成分为石榴子石、绿泥石、辉石、磁铁矿、绿帘石，次要矿物成分为方解石、石英。

结构与构造：不等粒变晶结构、鳞片变晶结构，条带状构造、斑杂状构造、块状构造。

成因：由中酸性侵入体与富含白云质围岩发生接触交代作用形成的岩石，富含镁质和铁质。

其他：是寻找磁铁矿及镁矿的指示物。

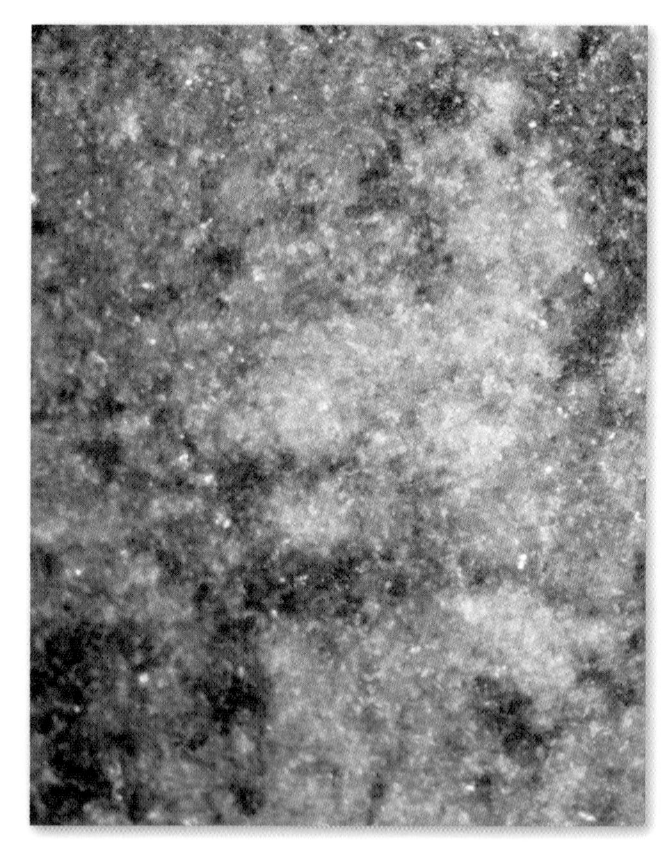

光片（反射光观察　放大 45 倍）

绿帘岩

产地：浙江诸暨

颜色：以浅色为主，多见草绿色、深绿色、绿褐色、黄绿色、灰色、黄色。

成分：主要矿物成分为绿帘石，次要矿物成分为黝帘石、蛇纹石。

结构与构造：粒状镶嵌变晶结构，条带构造、柱状构造。

成因：由岩浆侵入后经热液蚀变作用形成。

其他：与铜、铅、锌、铁等金属矿床相伴生，是重要的标志物。

手标本

局部放大

光片（反射光观察　放大 45 倍）

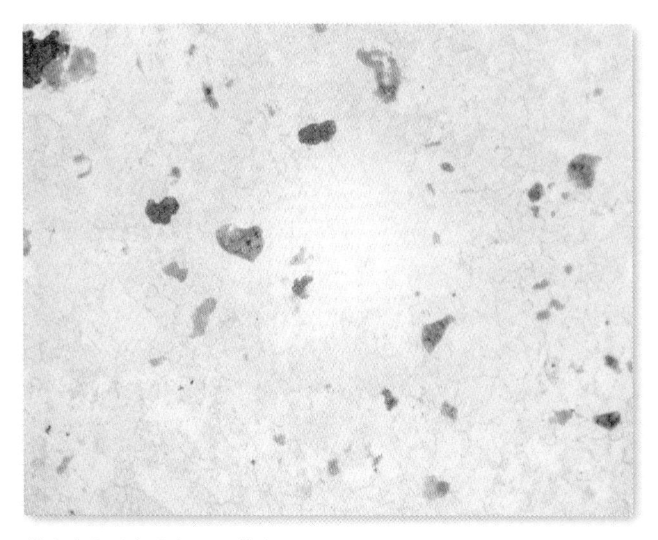

薄片（穿透光观察　60 倍）

绿泥岩

产地：浙江诸暨

颜色：以暗色为主，多见灰绿色、嫩绿色、深绿色、黑色。

成分：主要矿物成分为绿泥石，次要矿物成分为辉石、角闪石、黑云母。

结构与构造：细鳞片状结构、粒状变晶结构，板状构造、块状构造。

成因：由基性岩后期蚀变形成，是由辉石、角闪石、黑云母蚀变为绿泥石，因蚀变前的矿物成分差异会形成富铁绿泥石、镁绿泥石、铬绿泥石。

其他：与铜、铅、锌、铁的金属矿产伴生，是重要的指示物，也可用作工艺品和装饰物。绿泥岩的硬度较小，可以徒手掰断，易于识别。绿泥岩也极易进一步风化，形成土壤。

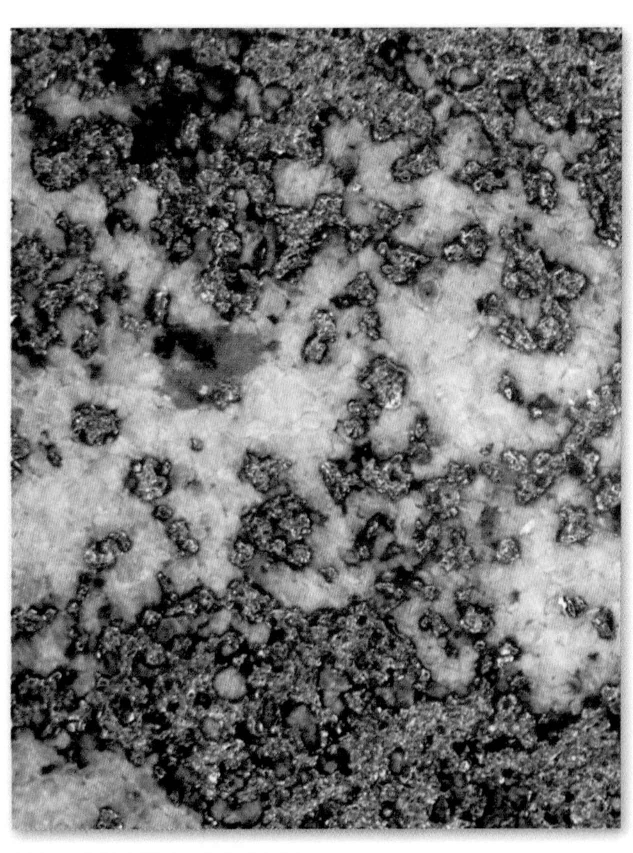

光片（反射光观察　放大 45 倍）

薄片（穿透光观察　60 倍）

蚀变闪长玢岩

产地：浙江绍兴

颜色：以暗色为主，多见灰黑色、深灰色、暗绿色。

成分：主要矿物成分为长石、石英、角闪石，次要矿物成分为绢云母、绿泥石。

结构与构造：斑状结构，块状构造、条带状构造。其中斑晶部分为斜长石、角闪石；基质部分为斜长石、长英质、角闪石。

成因：由浅层中酸性侵入岩在成岩后期经地质蚀变作用形成，原岩为闪长玢岩或花岗闪长玢岩，也是闪长玢岩与片麻岩的过渡岩石。

其他：与铜、铅、锌、铁等金属矿床相伴生，是重要的指示物。

手标本

局部放大

3. 气成热液变质岩

220 ~ 226

气成热液变质岩，也称气液变质岩。该类岩石颜色变化较大，与矿物的组成相关。主要的造岩矿物是石英、云母、绿泥石、电气石、蛇纹石、滑石、菱镁矿等，二氧化硅含量起伏较大。该类岩石分布范围较窄。

气成热液变质岩的特殊性是成岩中的矿物蚀变，如绿泥石化、电气石化、方柱石化、蛇纹石化等。这样的矿物变质化是逐步形成的，会有原来矿物的物质和结构残余，结合这些特点可以进行识别和鉴定。

云英岩

产地：浙江临安

颜色：以浅色为主，多见灰色、乳灰色、浅黄色、青灰色、灰绿色、粉红色。

成分：主要矿物成分为白云母、石英，次要矿物成分为黄玉、电气石、萤石、锡石、黑钨矿。

结构与构造：鳞片粒状变晶结构，块状构造。

成因：由黑云母花岗岩为主的酸性侵入岩，在成岩后受高温湿气成热液变质作用的影响，使原岩中矿物转变成白云母和石英的云英岩化作用。

其他：和多种非金属矿产伴生，是其重要的指示物。

手标本

局部放大

光片（反射光观察　放大 45 倍）

薄片（穿透光观察　60 倍）

次生石英岩

产地：浙江绍兴

颜色：起伏较大，多见灰白色、浅灰色、暗灰色、褐红色。

成分：主要矿物成分为石英，次要矿物成分为绢云母、明矾石、高岭石、红柱石、水铝石、叶蜡石，偶然可见刚玉、黄玉、电气石、蓝线石、氯黄晶。

结构与构造：细粒到显微鳞片粒状变晶结构、变余斑状结构、变余火山碎屑结构，块状构造、斑块状构造、斑杂状构造、孔洞状构造、层纹状构造。

成因：也称次生石芙岩，是由中酸性的潜火山岩在地表的浅处，被火山喷出的含硫蒸气、热液影响，产生交代蚀变让原岩中矿物转化为石英，也简称为次生石英岩化。

其他：通常与明矾石、高岭石、叶蜡石、水铝石、刚玉、红柱石等非金属矿床伴生分布，是这些矿床的重要指示物。

手标本

局部放大

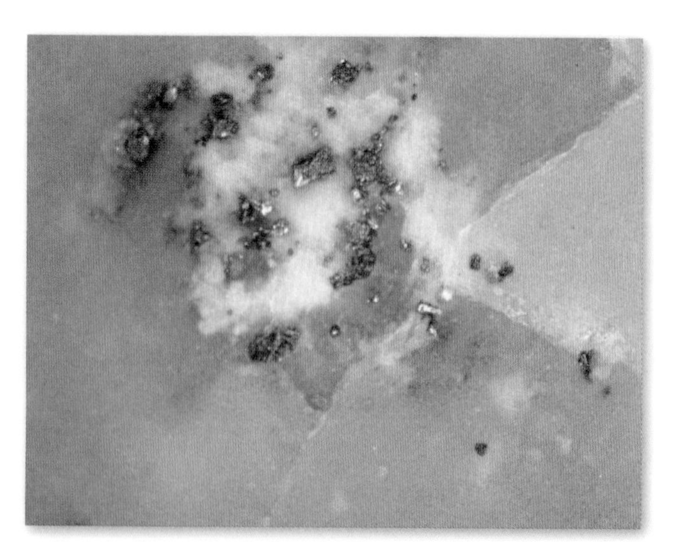

光片（反射光观察　放大 45 倍）

黄铁细晶岩

产地：浙江绍兴

颜色：以浅色为主，多见灰白色、浅灰色。

成分：主要矿物成分为白云母、石英、黄铁矿，次要矿物成分为绢云母。

结构与构造：显微粒状鳞片变晶结构，块状构造。

成因：由中酸性脉岩受中低温热液交代作用，原岩矿物转变成石英、绢云母、黄铁矿等后成岩，这个过程也称黄铁细晶岩化。

其他：一种分布较少的岩石，可作观赏石。

手标本

局部放大

光片（反射光观察　放大 45 倍）

青磐岩

产地：浙江绍兴

颜色：以暗色为主，多见黄绿色、暗绿色、深绿色、暗青色。

成分：主要矿物成分为阳起石、绿帘石、绿泥石、钠长石、大理石，次要矿物成分为冰长石、沸石、葡萄石、明矾石、黄铁矿、黄铜矿、闪锌矿、方铅矿。

结构与构造：隐晶结构、变余斑状结构、变余火山碎屑结构，块状构造、斑块状构造、角砾状构造。

成因：又称变安山岩，是由中基性火山岩在气水溶液的作用下，使原岩中的矿物产生交代蚀变，即青磐岩化，最终转变成绿色块状岩石。

其他：是很多矿物矿床的母岩，也是很多宝玉石矿产的母岩，是重要的矿产开发标志物。

手标本

局部放大

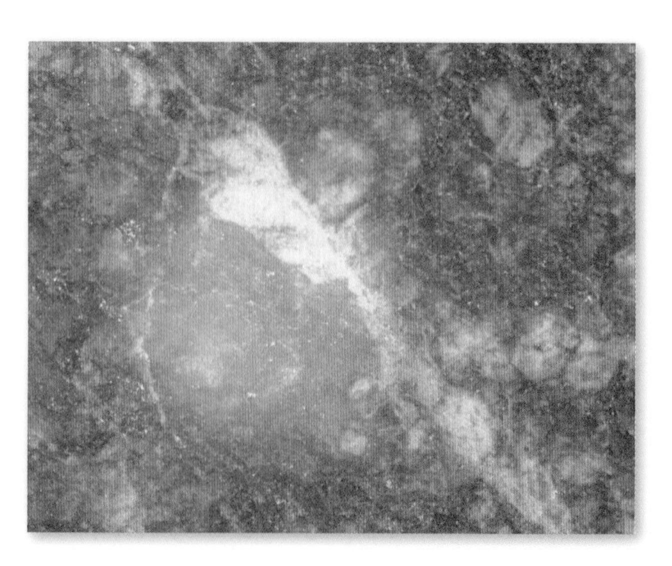

光片（反射光观察　放大 45 倍）

蛇纹岩

产地：江西弋阳

颜色：以中－浅色为主，多见绿色、暗绿色、灰绿色、黄绿色。

成分：主要矿物成分为蛇纹石、纤维蛇纹石，次要矿物含量极少，偶见石棉、滑石、菱镁矿。

结构与构造：显微鳞片纤维变晶结构，块状构造、带状构造、交代角砾状构造。

成因：由超基性火成岩经热液蚀变作用，其中的橄榄石和部分辉石转变为蛇纹石，即蛇纹化作用。且由于原岩的成分差别，蛇纹石分为蛇纹石、叶蛇纹石、纤蛇纹石，三种矿物按不同的比例混合形成不同种类的蛇纹岩。

其他：分布极为广泛，应用也很广泛，主要由三大应用：一是用作建筑装饰材料和玉石材料，常见的岫玉、阿富汗青玉就是蛇纹岩；二是用作耐火材料；三是用作化工，常用于肥料、涂料、熔剂。

手标本

局部放大

光片（反射光观察　放大 45 倍）

薄片（穿透光观察　60 倍）

滑石菱镁岩

产地：辽宁海城

颜色：以浅色为主，多见灰白色、浅绿色、粉红色。

成分：主要矿物成分为滑石、菱镁矿、方解石、白云石、石英，次要矿物成分为蛇纹石、透闪石、磁铁矿、尖晶石、铬云母、黄铁矿。

结构与构造：中细粒鳞片粒状变晶结构、片状结构，块状构造。

成因：由超基性岩或蛇纹岩在富含二氧化碳的热液作用下形成的岩石，分布较少。

其他：是滑石和菱镁矿矿产的母岩，是重要的指示物。

光片（反射光观察　放大 45 倍）

薄片（穿透光观察　60 倍）

4. 动力变质岩

227 ~ 232

该类岩石的颜色以斑杂暗色为主，密度小于一般岩浆岩。动力变质岩的特点是特殊的结构和构造，分别是碎裂结构和糜棱结构，对应两个子类碎裂岩和糜棱岩。该类岩石在地质构造区域发育分布极广，占变质岩总量也不小。

千糜岩

产地：浙江绍兴

颜色：以暗色为主，多见暗绿色、褐灰绿色、棕褐色、紫褐色。

成分：主要矿物成分为石英、钾长石、绢云母、绿泥石，次要矿物成分为绿帘石、钠长石。

结构与构造：变晶千糜结构、糜棱结构、细粒结构，皱纹状构造、千枚状特征。

成因：千糜岩是原岩在强烈挤压、揉皱、碎裂应力作用下形成新的矿物组合，重新成岩。

其他：受动力变质作用影响非常彻底，已完全改变了原岩的绝大部分地质特征，通常在构造强烈的韧性剪切带中分布，整体呈大型条带状分布。

手标本

局部放大

光片（反射光观察　放大 45 倍）

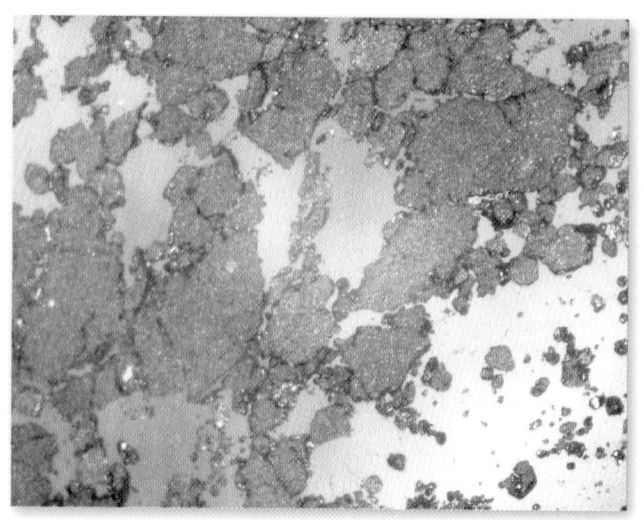

薄片（穿透光观察　60 倍）

糜棱岩

产地：浙江诸暨

颜色：以暗色、斑驳色为主，多见暗红色、深棕色、灰褐色、红褐斑驳色、灰褐斑驳色。

成分：十分复杂，由多种矿物组成，成分含量变化也大，主要有绿泥石、绢云母、多硅白云母、绿帘石、滑石、蛇纹石等。

结构与构造：糜棱结构、旋转碎斑结构、细粒至隐晶质结构，条带状构造。

成因：由原岩经过强烈地质破碎变质作用形成的岩石，多形成在碎裂带两侧，互相研磨而成。

其他：几乎没有应用，岩石风化后形成的土壤非常肥沃，适合多种农作物种植。

光片（反射光观察　放大 45 倍）

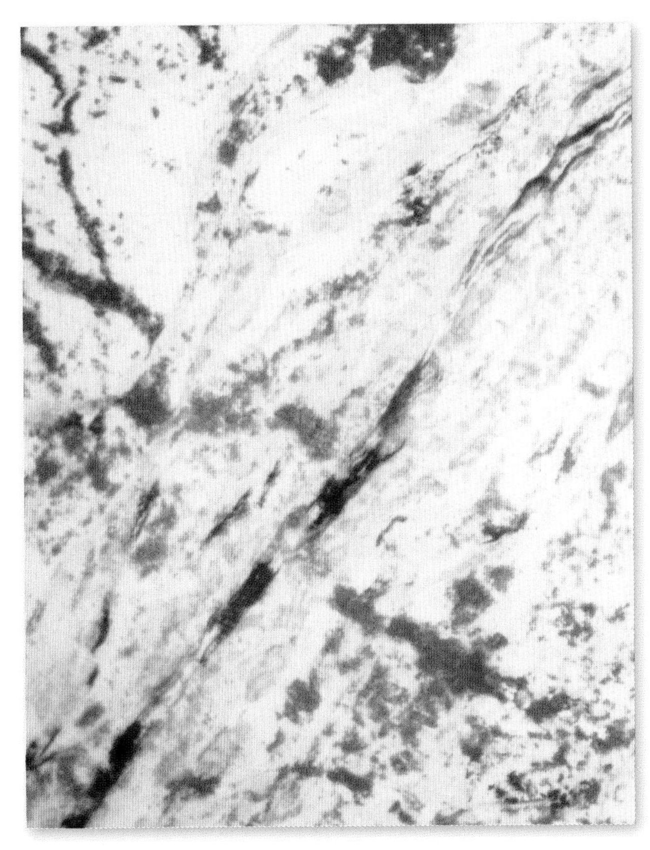

薄片（穿透光观察　60 倍）

花岗碎裂岩

产地：浙江诸暨

颜色：以浅色为主，多见浅黄色、浅褐色。

成分：主要矿物成分为石英、长石、黑云母，次要矿物成分为绿帘石、绿泥石。

结构与构造：花岗碎裂结构、糜棱结构，块状构造、条带状构造。

成因：是普通花岗岩或花岗闪长岩受强烈压碎，且碎裂程度极高。

其他：是最常见的动力变质岩，分布较广，可作观赏石。

手标本

局部放大

薄片（穿透光观察　60 倍）

黑云母花岗碎裂岩

产地：浙江诸暨

颜色：以浅色为主，多见肉红色、浅褐色、浅紫灰色、浅黄色等。

成分：主要矿物成分为石英、钾长石、斜长石、黑云母，次要矿物成分为绿帘石、绿泥石。

结构与构造：花岗碎裂结构、粗粒结构、糜棱结构，块状构造、条带状构造。

成因：黑云母花岗岩受强烈压碎，形成的破碎结构超过构造角砾岩的岩石。多形成于地质构造作用强烈的花岗岩分布区。

其他：可作观赏石。

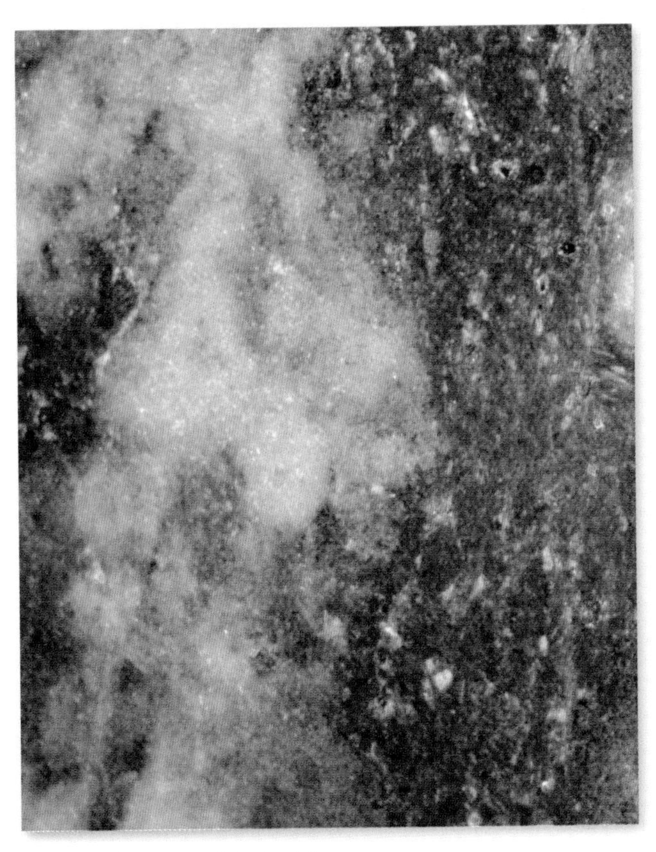

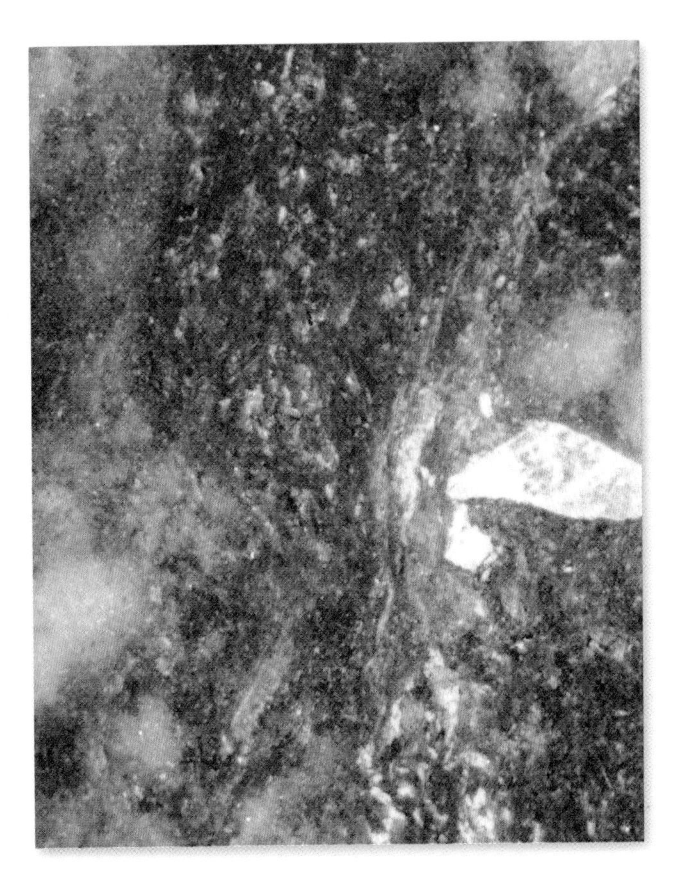

光片（反射光观察　放大 45 倍）

萤石质构造角砾岩

产地：浙江余杭

颜色：以浅色为主，多见浅灰色、浅粉色、浅绿色。

成分：主要矿物成分为原岩角砾、萤石、基质。

结构与构造：碎裂结构、角砾结构，块状构造、条带状构造。该类岩石的基质成分起伏较大，硅质、钙质、粉砂质都有。

成因：在构造运动剧烈影响下，是原岩碎裂而形成的一种角砾状岩石。多在地震带和深部造山带的核心带发育分布。

其他：可作观赏石。

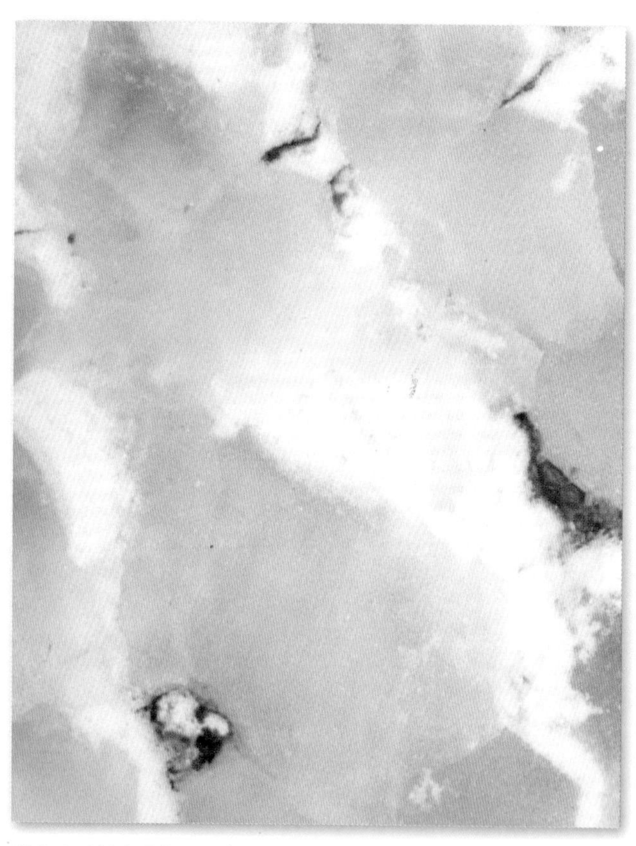

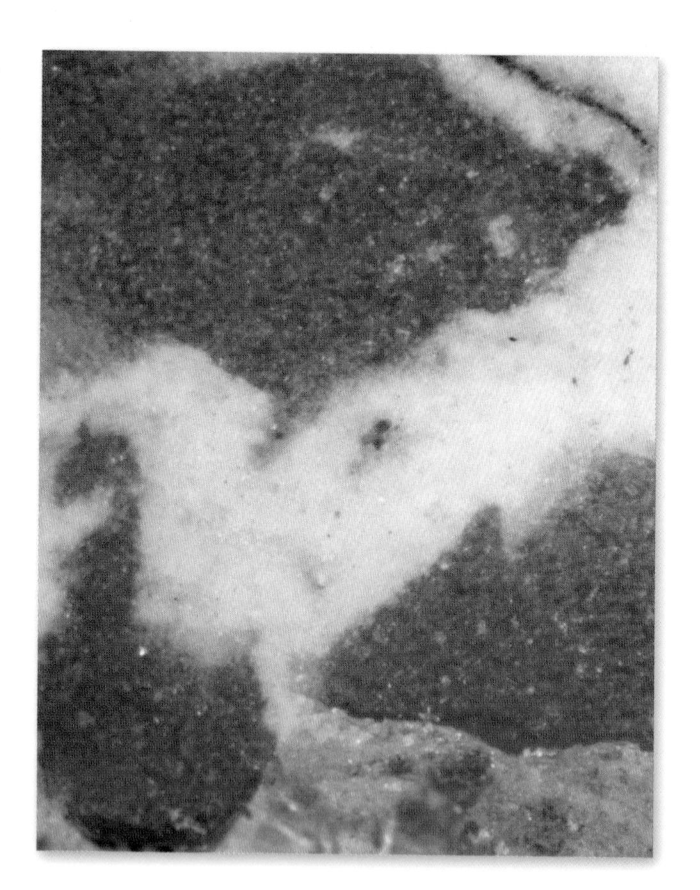

光片（反射光观察　放大 45 倍）

5. 区域变质岩

233 ~ 264

该类岩石的颜色多以灰绿色、灰色、棕色、深红色为主。主要的造岩矿物是方解石、绢云母、绿泥石、石英、长石、角闪石、辉石等，次要矿物种类广泛且复杂。该类岩石的分布较广泛，占变质岩总量极高。

区域变质岩的特点是变质作用的范围广，其区域变质作用力来源广泛，影响原岩外部的环境急剧变化，如温度、湿度、压力的快速且持久大范围的变化，缓慢地改变了原岩的结构、矿物组成，同时几乎没有物质交换，即外来矿物质的侵入影响很小。

角闪石片岩

产地：浙江诸暨

颜色：以暗色为主，多见青灰色、深灰色、棕灰色。

成分：主要矿物成分为角闪、石英，次要矿物成分为斜长石。

结构与构造：纤维变晶结构，片理构造、平行层状构造。片理构造是一种片状或柱状矿物定向排列而成的矿物形态。

成因：在地质造山带、古老地质体中的常见岩石，是区域变质作用形成的区域性变质岩，是角闪岩相的标志性特征。

其他：分布较广，但用途较少。

手标本

局部放大

光片（反射光观察　放大 45 倍）

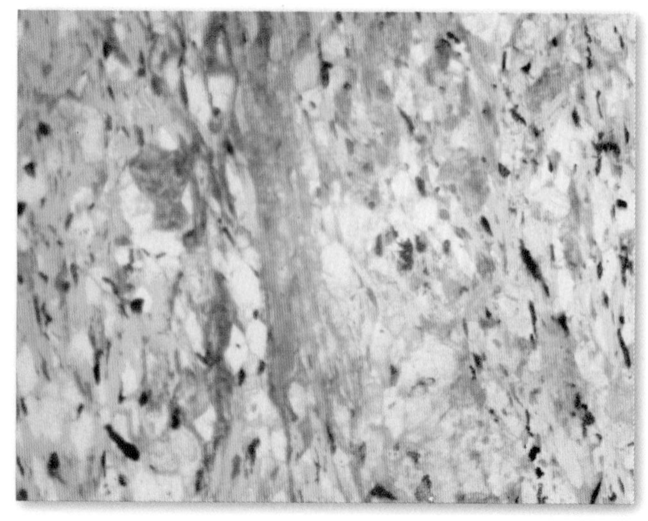

薄片（穿透光观察　60 倍）

石墨石英片岩

产地：山东莱西

颜色：以暗色为主，多见深灰色、暗紫色、深褐色。

成分：主要矿物成分为石英、石墨，次要矿物成分为钾长石、云母。

结构与构造：鳞片粒状变晶结构，片理状构造、块状构造。

成因：一种特殊的片岩，是由区域变质作用在钙泥质岩石原岩上作用形成。

其他：是石墨矿产的母岩。

手标本

局部放大

光片（反射光观察　放大 45 倍）

白云母片岩

产地：河北来源

颜色：以中－浅色为主，多见浅灰色、青灰色。

成分：主要矿物成分为白云母，且云母的片状晶体尺寸大于 1 厘米，偶见少量刚玉。

结构与构造：片状变晶结构，片状构造。

成因：一种特殊片岩，是由压力变化作用影响形成的岩石。

手标本

局部放大

黑云母片岩

产地：山东莱西

颜色：以暗色为主，多见深灰色、深褐色、青黑色。

成分：主要矿物成分为黑云母、石榴石，次要矿物成分为中长石、绿帘石，偶见角闪石。

结构与构造：鳞片变晶结构，片理状构造。

成因：是一种特殊的片岩，中酸性岩浆岩在区域变质作用下形成。

手标本

局部放大

滑石片岩

产地：浙江萧山

颜色：以浅色为主，多见灰白色、青白色、浅灰色。

成分：主要矿物成分为绢云母、滑石，偶见钠长石、石英、绿泥石。

结构与构造：鳞片带状结构、变晶结构，片状构造。

成因：是一种特殊的片岩，由超基性岩或富含镁质的碳酸盐岩经区域变质作用而形成的一种变质岩。

手标本

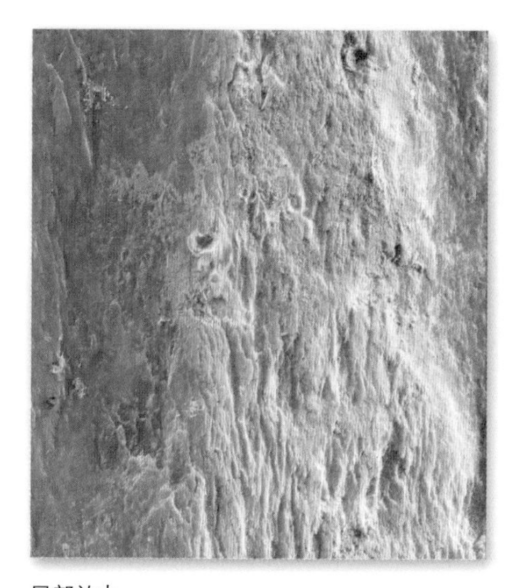

局部放大

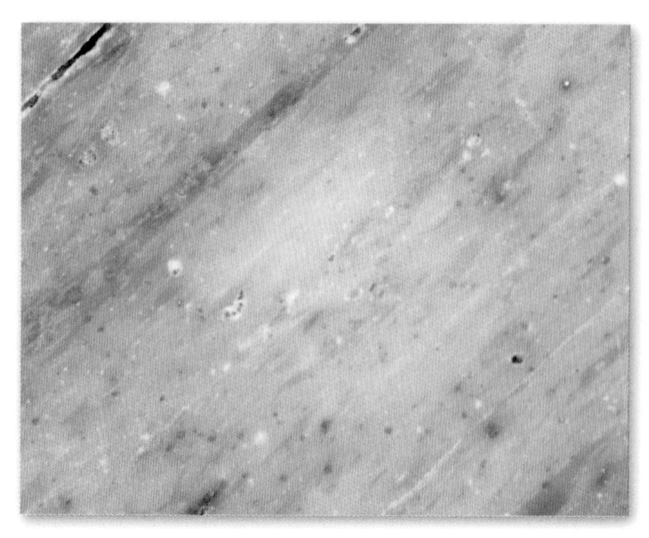

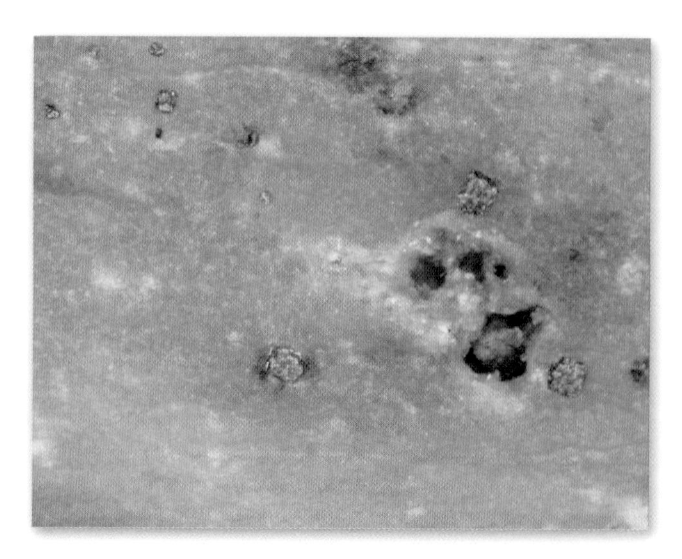

光片（反射光观察　放大 45 倍）

十字石云母片岩

产地：山西垣曲

颜色：以中－暗色、斑驳色为主，多见黑色、灰白色、乳灰色、深灰－乳白斑驳色等。

成分：主要矿物成分为云母、十字石、石榴子石、石英，次要矿物成分为绿泥石、绿帘石。

结构与构造：斑状变晶结构，片状构造。

成因：是常见的片岩，由碱性岩、中酸性岩经区域变质作用形成。

手标本

局部放大

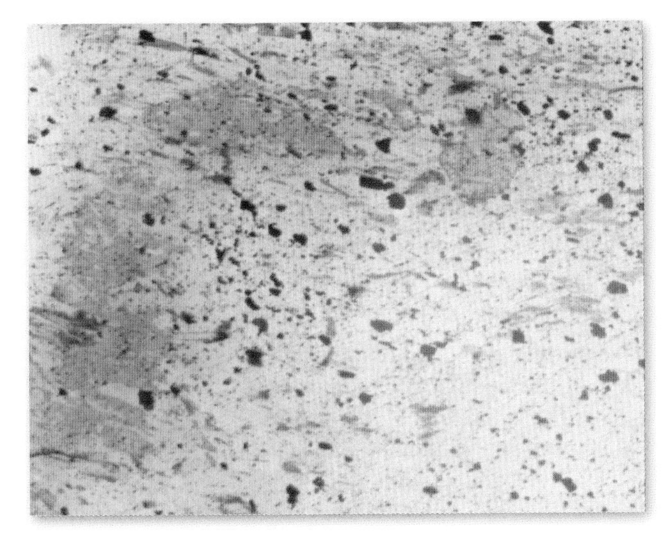

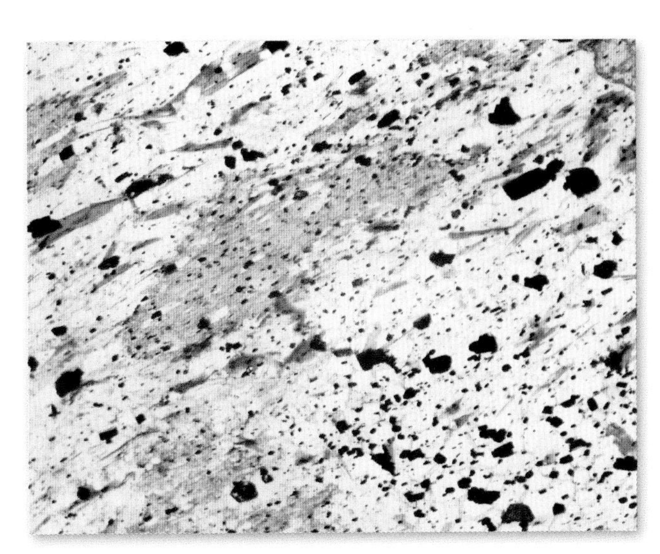

薄片（穿透光观察　60 倍）

绿泥石片岩

产地：辽宁辽阳

颜色：以暗色为主，多见暗绿色、深绿色、墨绿色。

成分：主要矿物成分为云母、绿泥石，次要矿物成分为钾长石、夕线石。

结构与构造：鳞片变晶结构，片状构造。其特征片理是由片状或柱状矿物定向排列而成。

成因：是极为常见的片岩，由结晶较细的岩浆岩经区域变质作用形成。

手标本

局部放大

光片（反射光观察　放大 45 倍）

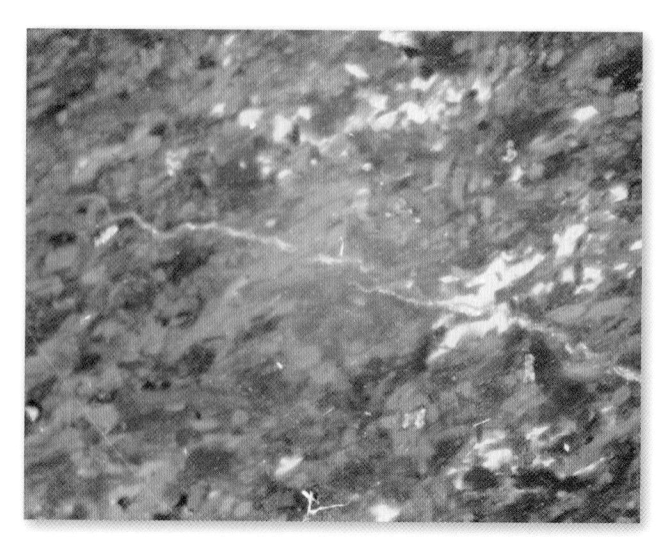

薄片（穿透光观察　60 倍）

蓝闪石片岩

产地：新疆阿勒泰

颜色：以暗色为主，多见深灰色、深褐色、深蓝色、深绿色等。

成分：主要矿物成分为蓝闪石、硬柱石、硬玉、文石，偶见方解石、石膏。

结构与构造：细粒鳞片变晶结构、纤状变晶结构，片状构造。

成因：由高压低温为特点的区域变质作用形成的岩石，分布较少。

手标本

局部放大

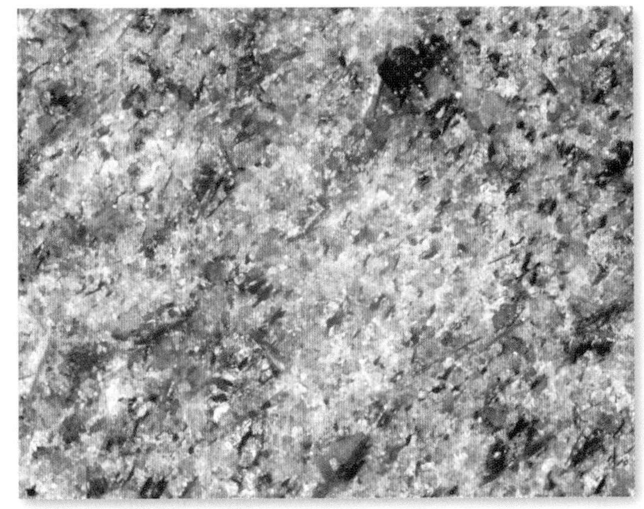

光片（反射光观察　放大 45 倍）

蓝晶石片岩

产地：山西繁峙

颜色：以浅色为主，多见灰白色、浅蓝色、灰蓝色。

成分：主要矿物成分为云母、蓝晶石、绿泥石，次要矿物成分为石英、石榴子石。

结构与构造：鳞片柱状变晶结构，片状构造。

成因：是一种特殊的片岩，在中高温、中高压浅层变质作用下形成的。

手标本

局部放大

矽线石片岩

产地：河北来源

颜色：以暗色为主，多见绿色、浅褐色、深灰色。

成分：主要矿物成分为矽线石、长石、石英。

结构与构造：纤状变晶结构，放射状构造。

成因：分布较少，多在古老的孔兹岩系内形成。

手标本

局部放大

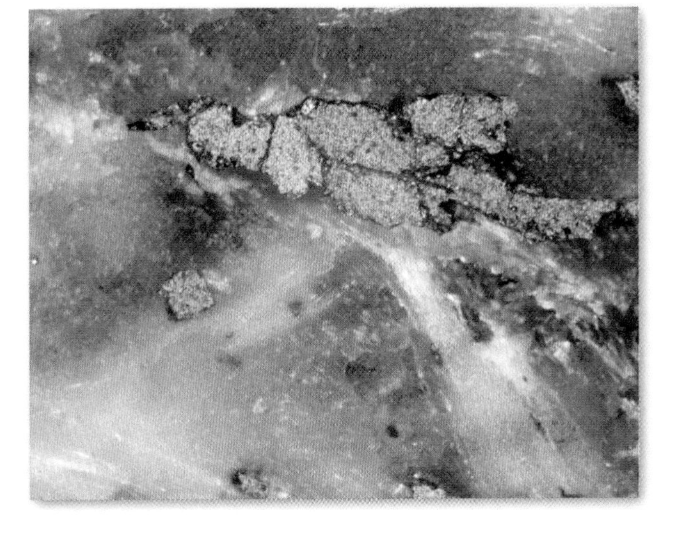

光片（反射光观察　放大 45 倍）

透闪石片岩

产地：山东蒙城

颜色：以浅色为主，多见灰黄色、浅褐色、灰色。

成分：主要矿物成分为透闪石、绿帘石、阳起石、石英。

结构与构造：细粒鳞片变晶结构、纤状变晶结构，片状构造。

成因：是一种特殊的片岩，由含透闪石的中酸性岩经区域变质作用形成。

手标本

局部放大

绢云母石英片岩

产地：浙江萧山

颜色：以浅色为主，多见乳黄色、浅红色、灰黄色。

成分：主要矿物成分为绢云母、滑石，次要矿物成分为石英、绿泥石。

结构与构造：鳞片变晶结构，片状构造。

成因：是常见的片岩，在较大区域变质作用的地质环境下形成。

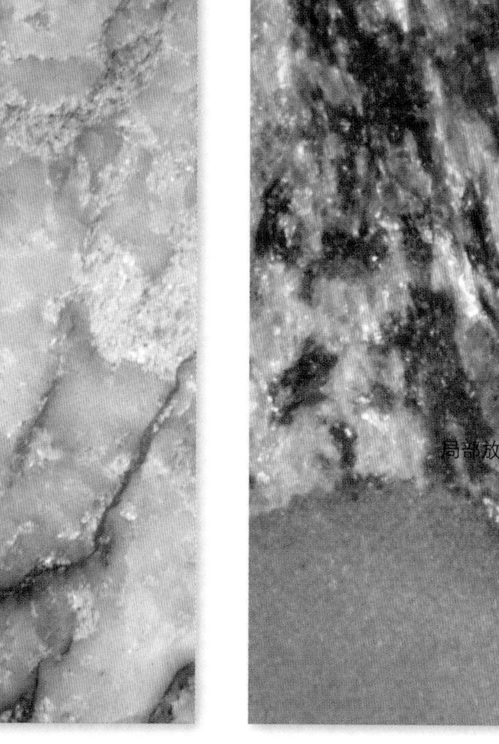

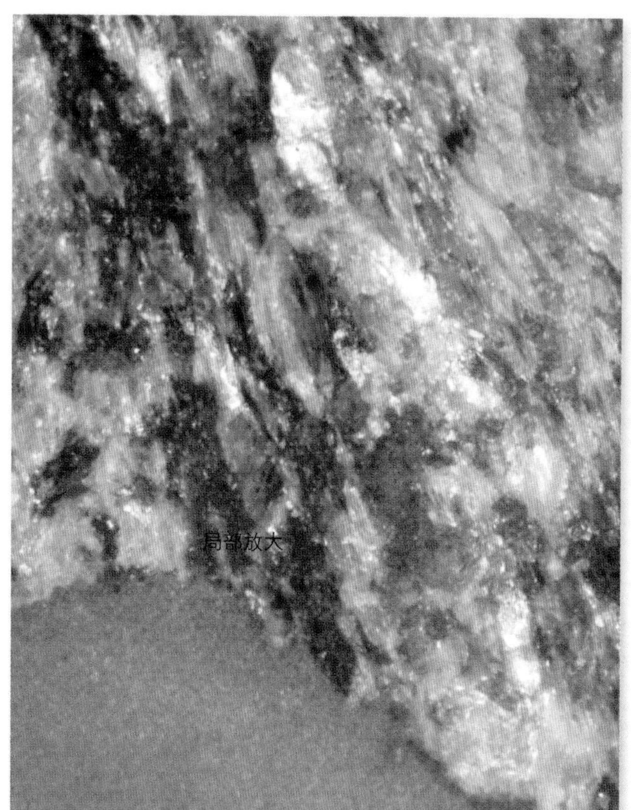

光片（反射光观察　放大 45 倍）

花岗片麻岩

产地：山东泰安

颜色：以浅色为主，多见浅灰色、乳灰色、灰白色。

成分：主要矿物成分为钾长石、石英、黑云母，次要矿物成分为角闪石。

结构与构造：花岗变晶结构，片麻构造、块状构造。

成因：是一种变质程度比较深的区域变质岩，由花岗岩类经长时间造山运动引起区域变质作用形成。

其他：有名的观赏石，特别是山东泰山出产的特色花岗片麻岩，被命名为“石敢当”。

手标本

局部放大

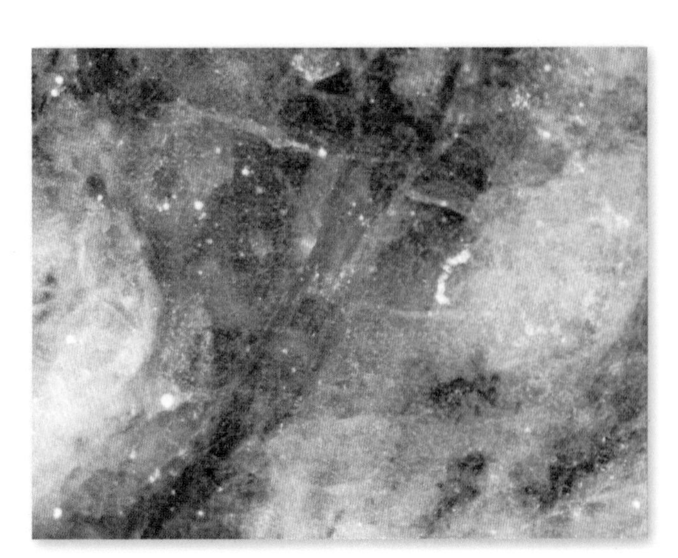

光片（反射光观察　放大 45 倍）

黑云母花岗片麻岩

产地：浙江诸暨

颜色：以暗－中色为主，多见灰色、褐色、暗紫色。

成分：主要矿物成分为钾长石、石英、黑云母、斜长石，次要矿物成分为角闪石。

结构与构造：花岗变晶结构、斑状变晶结构，片麻状构造。

成因：一种常见的片麻岩，因含有大量黑云母使得颜色暗于普通花岗片麻岩，是一种变质程度比较深的区域变质岩，是由黑云母花岗岩、黑云母花岗闪长岩经区域变质作用影响形成。

手标本

局部放大

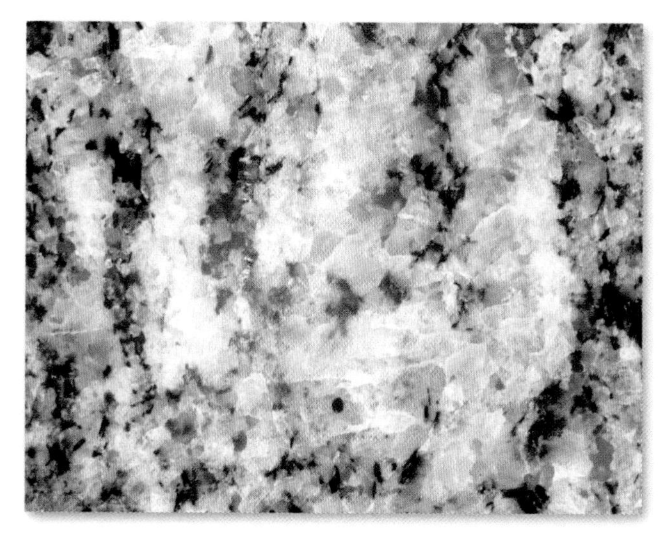

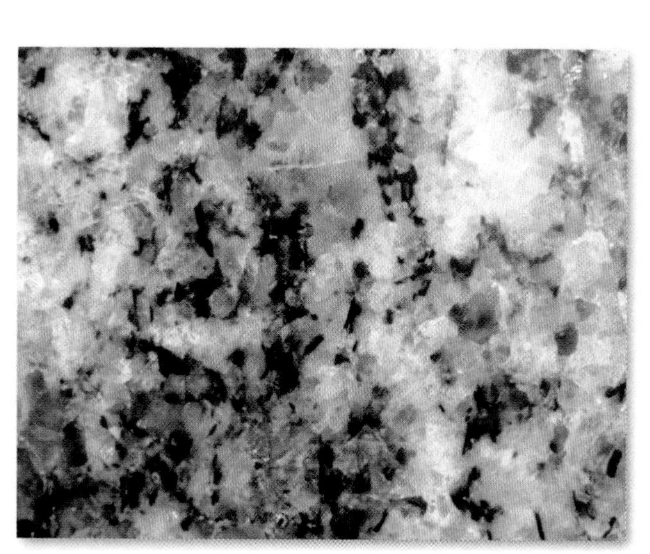

光片（反射光观察　放大 45 倍）

黑云母斜长片麻岩

产地：浙江诸暨

颜色：以中－暗色为主，多见乳灰色、浅灰色、暗灰色、青灰色。

成分：主要矿物成分为黑云母、斜长石、石英，次要矿物成分为白云母、绿泥石、石榴籽。

结构与构造：鳞片粒状变晶结构、花岗变晶结构，片麻状构造。

成因：变质程度深的区域变质岩，是黑云母斜长花岗岩、黑云母斜长岩经造山作用影响的区域变质作用形成。

手标本

局部放大

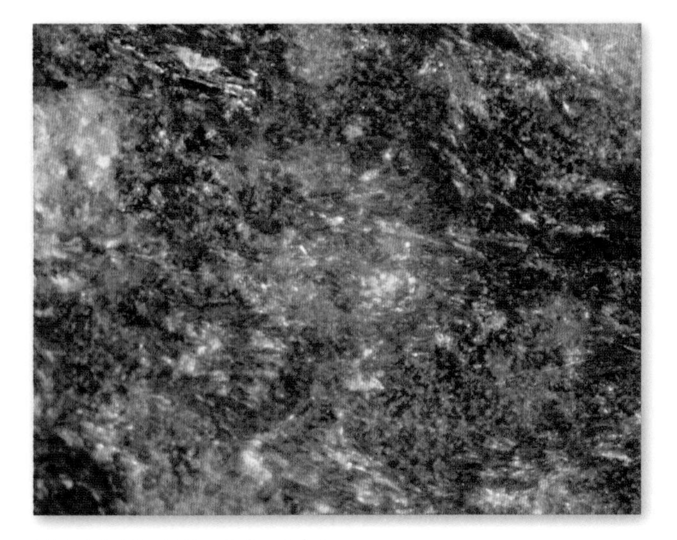

光片（反射光观察　放大 45 倍）

角闪石片麻岩

产地：浙江诸暨

颜色：以暗色为主，多见黄褐色、紫褐色。

成分：主要矿物成分为石英、长石、白云母、角闪石，次要矿物成分为绿泥石。

结构与构造：中粗粒结构，片麻状构造。

成因：是基性岩和超基性岩经过强烈区域变质作用形成的岩石。

其他：可作建筑石料和铺路材料。

手标本

局部放大

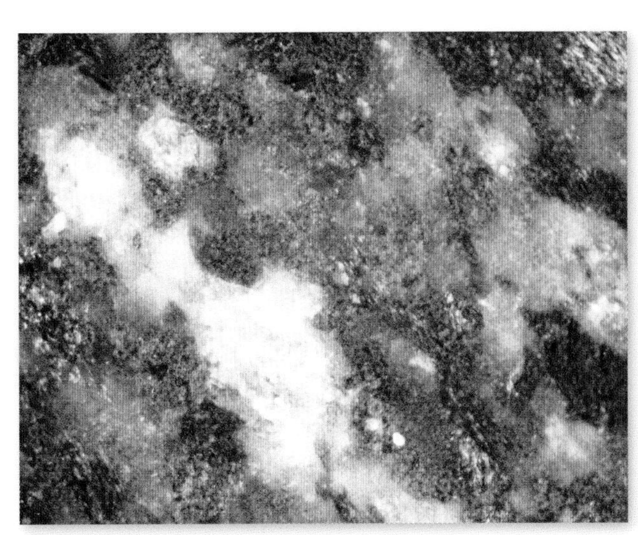

光片（反射光观察　放大 45 倍）

灰白色板岩

产地：浙江淳安

颜色：灰色、灰白色。

成分：主要矿物成分为泥质、粉砂质、中酸性凝灰质、黏土质，次要矿物成分为方解石。

结构与构造：变余泥质结构，板状构造。

成因：一种常见的区域变质岩，是泥岩类、粉砂岩类、凝灰岩在浅层经轻微区域变质作用形成。

其他：一种建筑装饰用材料，通常沿着板状节理的方向剥成板材使用。

手标本

局部放大

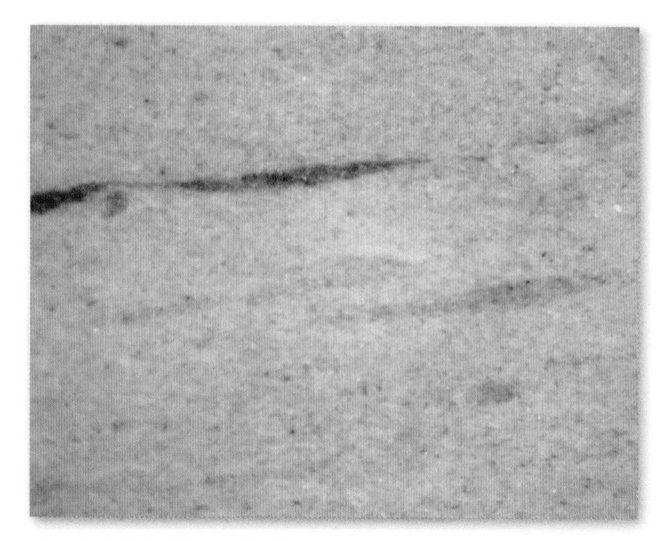

光片（反射光观察　放大 45 倍）

薄片（穿透光观察　60 倍）

炭硅质板岩

产地：浙江淳安

颜色：以暗色为主，多见暗绿色、深灰色、褐紫色、灰黑色。

成分：主要矿物成分为泥质、粉砂质、页岩质、硅质、石墨。

结构与构造：隐晶结构，板状构造。

成因：原岩经轻微区域变质作用形成的具板状构造的浅变质岩石。

其他：可作建筑装饰材料。

手标本

局部放大

光片（反射光观察　放大 45 倍）

薄片（穿透光观察　60 倍）

红柱石板岩

产地：北京昌平

颜色：以中－暗色为主，多见深灰色、紫灰色、暗青色、浅灰黑色。

成分：主要矿物成分为红柱石、绢云母，次要矿物为绿帘石。

结构与构造：显微鳞片变晶结构、斑状结构，板状构造。

成因：一种古老的区域变质岩，矿物的分异性极大，常见的造岩矿物几乎不见，特点是受区域变质作用的影响时间跨度长于一般岩石。

其他：可作建筑材料和装饰材料。

手标本

局部放大

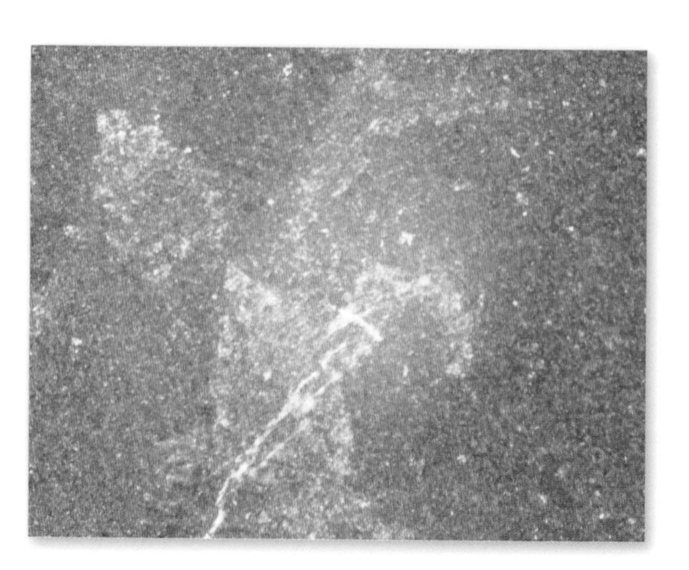

光片（反射光观察　放大 45 倍）

灰绿色钙质板岩

产地：北京房山

颜色：灰绿色、黄绿色。

成分：主要矿物成分为砂质、黏土质、钙质，次要矿物为绢云母和绿泥石。

结构与构造：隐晶质结构、变余结构，板状构造。

成因：一种浅变质岩石，是在黏土岩、粉砂岩、中酸性凝灰岩的原岩基础上经轻微变质作用所形成。

其他：广泛应用于建筑材料和装饰材料。

手标本

局部放大

绢云母石英板岩

产地：浙江萧山

颜色：以浅色为主，多见黄白色、青白色、灰白色等，偶有灰黑色，且局部有双色相间。

成分：主要矿物成分为石英、绢云母、长石。

结构与构造：鳞片变余结构、变余泥状结构，千枚状板状构造。

成因：一种浅层弱变质岩，保留了原岩石英岩、闪长岩的很多残余特征。

其他：是常见的建筑材料原料。

手标本

局部放大

千枚状砂泥质板岩

产地：北京房山

颜色：以中－浅色为主，多见灰色、绿灰色、土黄色。

成分：主要矿物成分为泥质、砂质。

结构与构造：变余砂泥质结构，板状构造、千枚状构造。

成因：在泥岩、粉砂泥岩、泥质页岩为原岩基础上，经较弱区域变质作用形成的变质岩。经区域变质作用后，新的变质岩硬度强于原岩。

其他：可作建筑材料。

手标本

局部放大

黑云变粒岩

产地：山东泰安

颜色：以中－浅色为主，多见灰色、紫灰色、黄灰色。

成分：主要矿物成分为石英、中酸性斜长石、钠长石、微长石，次要矿物成分为黑云母、角闪石、透闪石、透辉石、电气石、磁铁矿。

结构与构造：粒等他形粒状变晶结构，似层理构造、片理构造。

成因：以黑云母花岗岩、黑云母花岗闪长岩、黑云母花岗碎裂岩为原岩的一种区域变质岩，特点是片理不发育，岩石的颜色是由暗色矿物为主的次要矿物决定的。

手标本

局部放大

光片（反射光观察　放大 45 倍）

薄片（穿透光观察　60 倍）

石榴子石麻粒岩

产地：河北宣化

颜色：以中－浅色为主，多见深灰色、棕褐色、暗青色。

成分：主要矿物成分为辉石、石英、石榴子石、斜长石，次要矿物成分为钾长石、云母。

结构与构造：粒状变晶结构、斑状结构，块状构造。

成因：一种粗颗粒，变质作用程度很深的区域变质岩，主要是由富含石榴石矿物的浅部岩浆岩经长时间区域变质作用形成。

其他：可作观赏石。

手标本

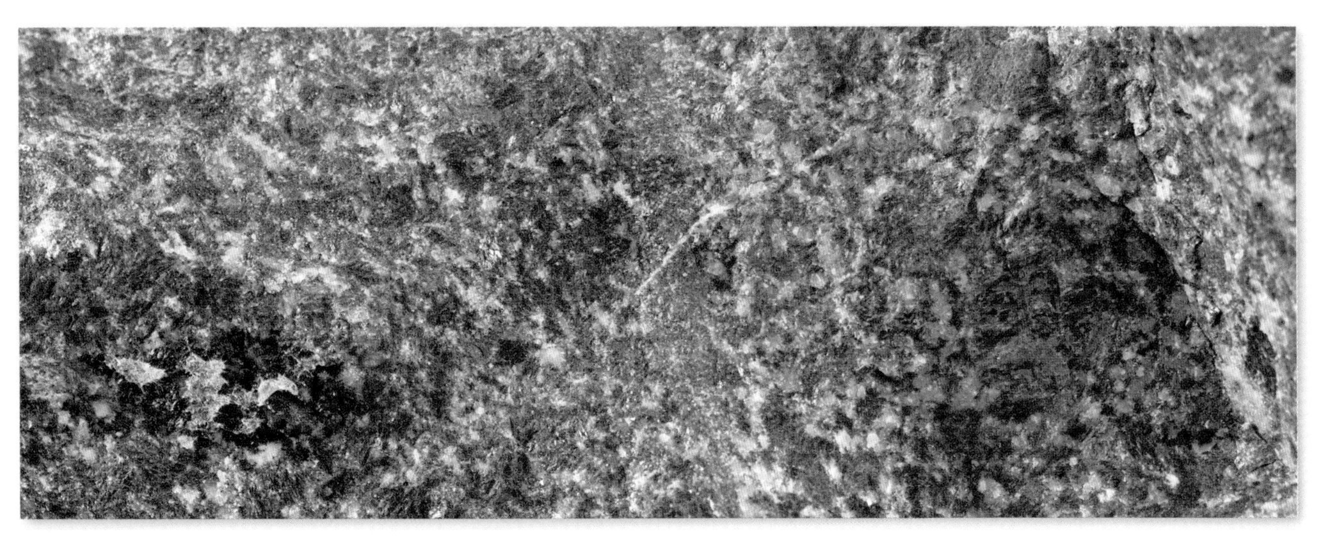

局部放大

硅质千枚岩

产地：浙江萧山

颜色：以浅色为主，多见浅灰色、青灰色、棕灰色。

成分：主要矿物成分为硅质、绢云母。

结构与构造：变晶结构，千枚状构造。

成因：一种原岩为凝灰质岩石经过轻微区域变质形成的岩石。

其他：在工业上可以用作摩擦剂、防火材料。

手标本

局部放大

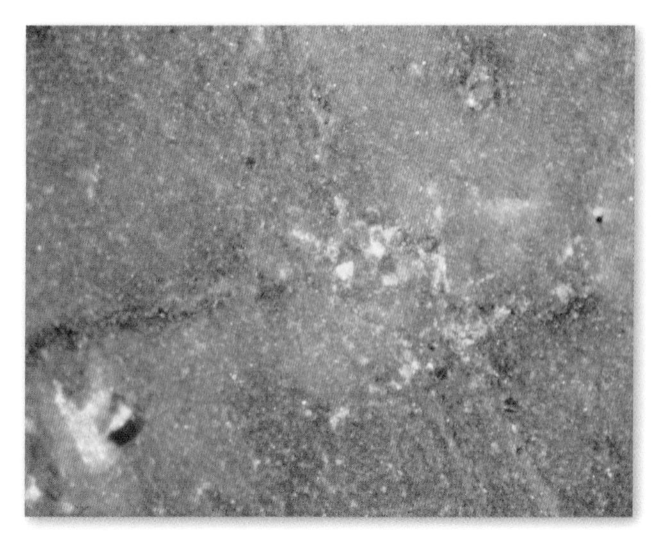

光片（反射光观察　放大 45 倍）

薄片（穿透光观察　60 倍）

绢云母千枚岩

产地：浙江萧山

颜色：以浅色为主，多见灰黄色、浅灰色、青灰色。

成分：主要矿物成分为绢云母、石英、绿泥石、黏土质、粉砂质、凝灰质，次要矿物成分为长石、碳质、铁质矿物。

结构与构造：细粒鳞片变晶结构，千枚状构造。

成因：一种低级变质岩，由泥岩、砂岩、凝灰岩为原岩经区域低温动力变质作用、区域动力热流变质作用形成，通常与板岩共生。

手标本

局部放大

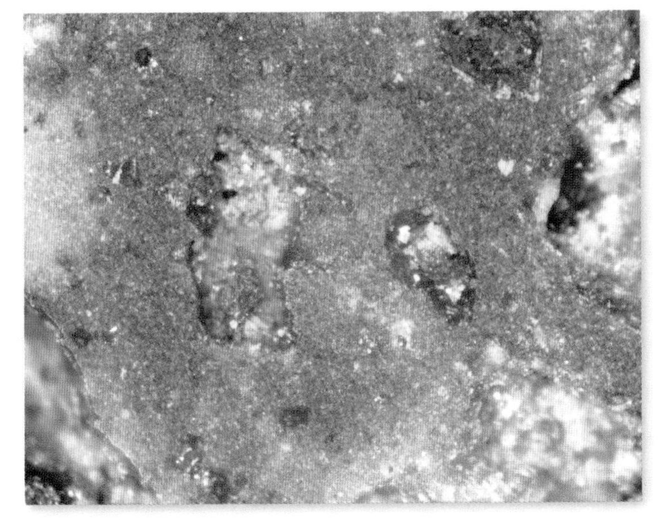

光片（反射光观察　放大 45 倍）

泥质千枚岩

产地：北京房山

颜色：以中－暗色为主，多见深灰色、青灰色、灰褐色。

成分：主要矿物成分为黏土矿物、泥质、云母。

结构与构造：变余泥质结构、隐晶质结构，千枚状构造。

成因：泥岩、粉砂泥岩经轻微变质而成的变质岩。

其他：通常与泥质板岩共生，是板岩的发展方向。

手标本

局部放大

千枚状变余泥岩

产地：北京房山

颜色：以中色为主，多见土黄色、黄绿色、浅棕色。

成分：主要矿物成分为泥质、黏土质。

结构与构造：变余泥质结构，块状构造、千枚状构造。

成因：泥岩经较弱的区域变质作用形成，变质作用几乎没有改变泥岩的矿物组成，仅改变了岩石的结构。

手标本

局部放大

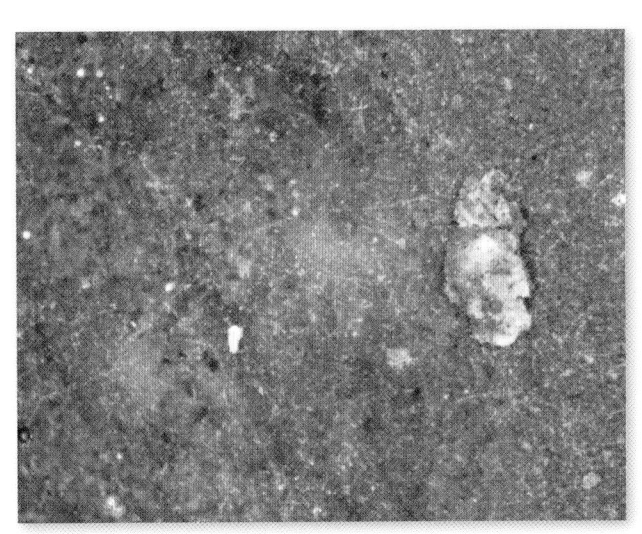

光片（反射光观察　放大 45 倍）

千枚状炭质石英砂岩

产地：北京房山

颜色：以暗色为主，多见暗灰色、灰黑色、深青色。

成分：主要矿物成分为石英、碳质、云母，次要矿物成分为长石。

结构与构造：变余砂质结构、变余细粒结构，千枚状构造、块状构造。

成因：是一种特殊的区域变质岩，由石英砂岩受较弱的变质作用影响形成。

光片（反射光观察　放大 45 倍）

斜长角闪岩

产地：浙江诸暨

颜色：以深色为主，多见深绿色、灰黑色。

成分：主要矿物成分为角闪石、斜长石，次要矿物成分为帘石、透辉石、铁铝榴石、黑云母。其中角闪石的含量超过 50%。

结构与构造：纤状－粒状变晶结构，块状构造、片状构造、片麻状构造。

成因：一种中、高级造山变质岩，其中造岩作用的范围极为广泛，同时也是特殊的岩石，分布较少。

手标本

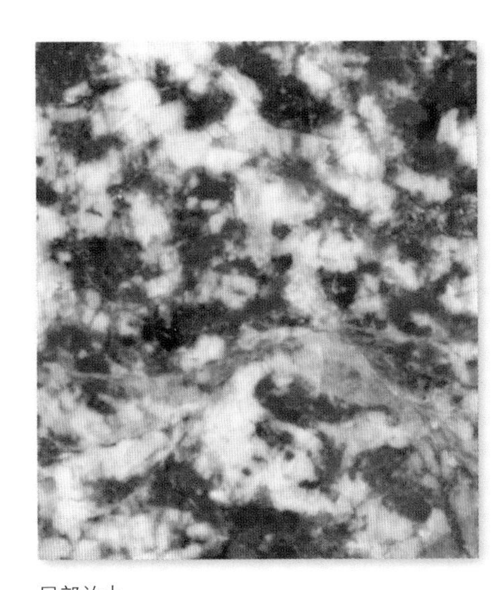

局部放大

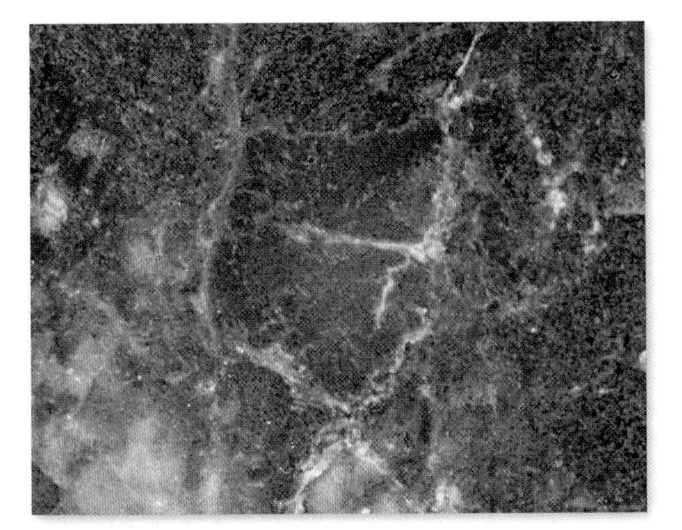

光片（反射光观察　放大 45 倍）

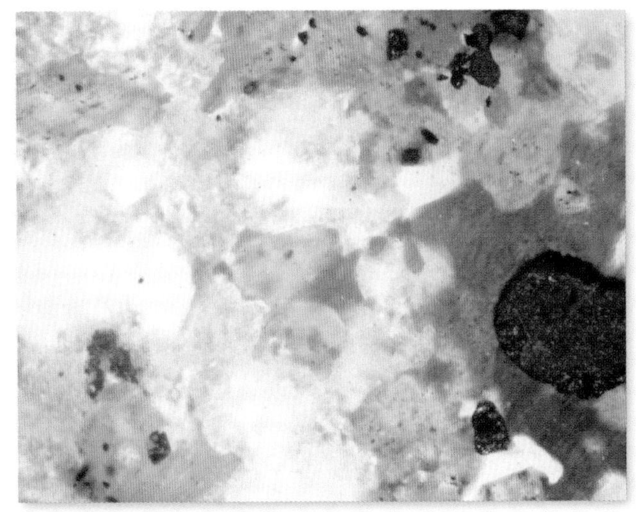

薄片（穿透光观察　60 倍）

榴辉岩

产地：辽宁辽阳

颜色：以深色为主，多见深绿色、暗黄色。

成分：主要矿物成分为绿辉石、石榴子石，次要矿物成分为石英、蓝晶石、尖晶石、顽火辉石、橄榄石、金红石、硬柱石。

结构与构造：粗粒不等粒变晶结构，块状构造、斑状结构。

成因：一种深成区域变质岩，属高压中低温变质岩类，是含石榴石橄榄岩或金伯利岩的原岩基础经区域变质作用形成。

其他：一种分布很少的岩石，多在造山带和地质板块作用带分布。

手标本

局部放大

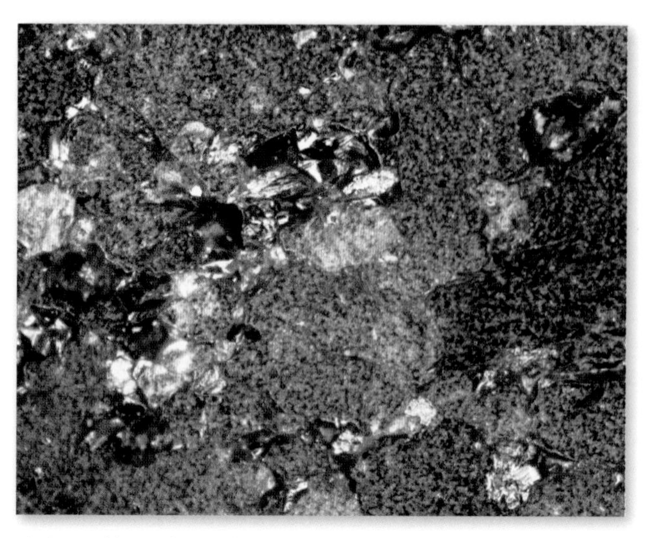

光片（反射光观察　放大 45 倍）

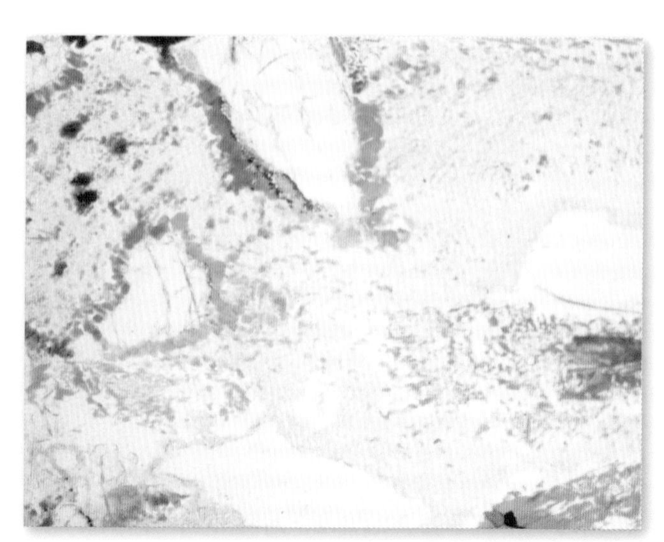

薄片（穿透光观察　60 倍）

6. 混合变质岩

265 ~ 270

混合变质岩，也称混合岩化变质岩。该类岩石以灰棕色、深灰色、绿色为主，密度较大，普遍高于沉积岩。主要的造岩矿物是石英、钾长石、黑云母等，多以长英质、伟晶质、花岗质结构为主。该类岩石分布较少，占变质岩总量较低。

混合变质岩多在酸性岩浆岩广泛分布区域内发育，多以中、酸性岩浆岩为原岩。

混合花岗岩

产地：山东泰安

颜色：以中－浅色为主，多见灰黄色、灰褐色、灰红色，且表面易风化，风化物为灰色。

成分：主要矿物成分为石英、长石、黑云母，次要矿物成分为角闪石、磁铁矿等。

结构与构造：花岗结构、碎裂结构，片麻状构造、块状构造、混合化构造、斑点构造、条带构造、团块构造。岩石的造岩矿物颗粒存在定向倾倒排列的形态。

成因：混合岩化变质作用最强烈的产物，是由强烈混合岩作用形成的外表类似花岗岩的一种混合岩。岩石表面形态类似花岗岩，且颜色偏棕色和黄色。

其他：可作建筑装饰材料和观赏石，也可作净水材料。

手标本

局部放大

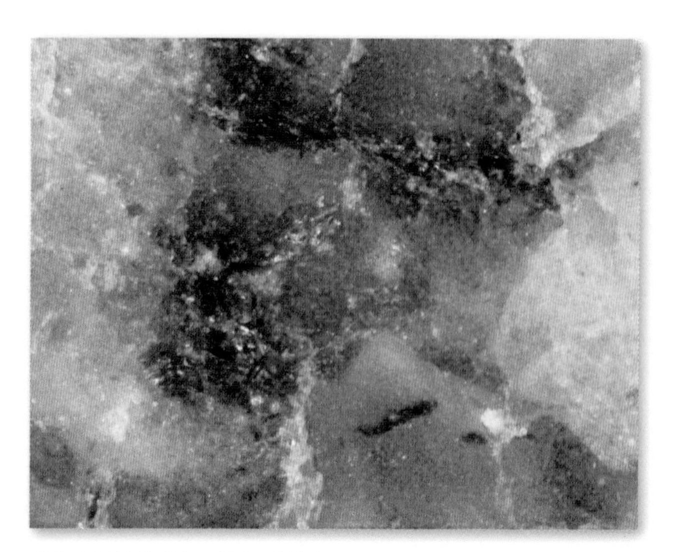

光片（反射光观察　放大 45 倍）

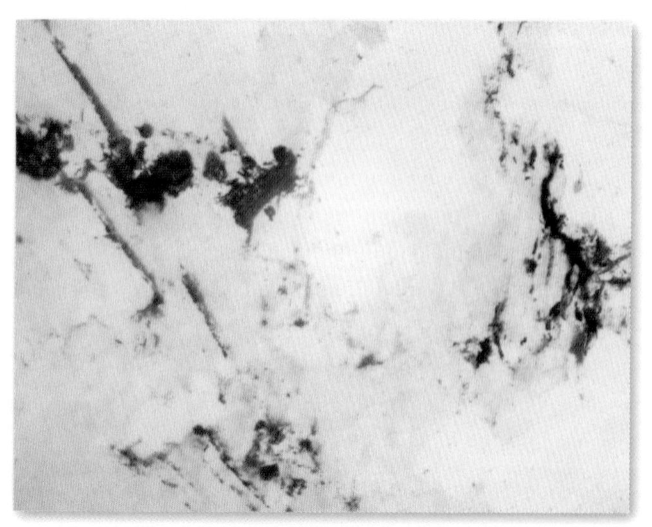

薄片（穿透光观察　60 倍）

花岗混合岩

产地：辽宁辽阳

颜色：以浅色为主，多见浅粉色、青灰色、浅黄色。

成分：主要矿物成分为石英、斜长石、微斜长石，次要矿物成分为钾长石、钠长石。

结构与构造：变代结构、粗粒结构，块状构造、片麻状构造。

成因：与混合花岗岩相似，都是由混合岩化变质作用影响，花岗混合岩的混合岩化弱于混合花岗，且花岗混合岩在结构上分异为基体和脉体两部分，基体结晶差、脉体结晶好。

其他：通常与区域变质伴生，有不同程度的片岩化、片麻岩化。

光片（反射光观察　放大 45 倍）

条痕状混合岩

产地：浙江诸暨

颜色：颜色较为起伏，多见暗紫色、灰黑色、浅红色、浅灰色。

成分：主要矿物成分为长石、石英、云母，次要矿物成分为绿泥石、绿帘石。

结构与构造：花岗变晶结构，条痕状构造、互层构造。

成因：由片岩或暗色片麻岩形成的基体，与由粉红色或灰白色花岗岩混合岩化形成。条痕状混合岩与条带状混合岩相似，区别在于条痕状混合岩的脉体和基体的宽度不规则，且延长距离较短，进而形成断断续续的条痕形态。

其他：是较为常见的混合岩。

手标本

局部放大

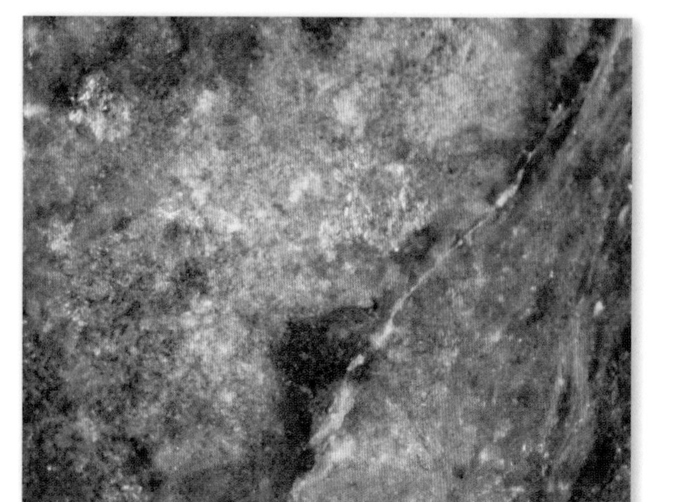

光片（反射光观察　放大 45 倍）

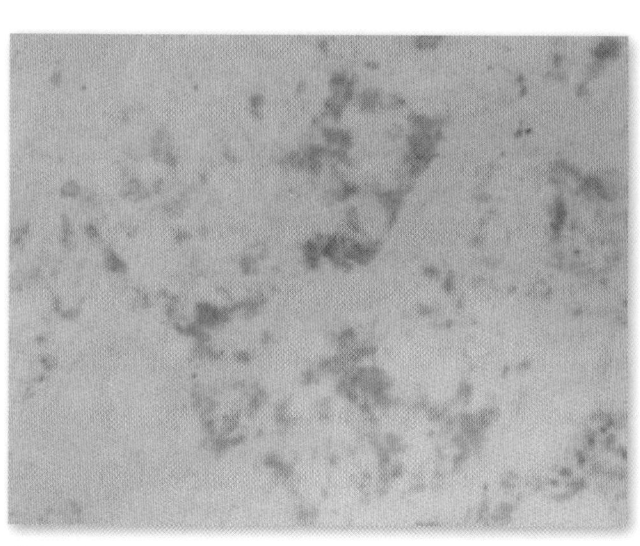

薄片（穿透光观察　60 倍）

条痕状混合花岗岩

产地：山东泰安

颜色：以斑驳色为主，多见灰黑色、青灰色、浅粉色、灰白色相间的斑驳色。

成分：主要矿物成分为石英、长石，次要矿物成分为黑云母。

结构与构造：交代结构、花岗结构，块状构造、混合化构造、条痕构造。

成因：一种特殊的混合花岗岩，特点是具有少见的条痕构造，是由单一片岩为原岩经混合岩化形成的岩石。

其他：可作建筑装饰材料和观赏石。

光片（反射光观察　放大 45 倍）

眼球状混合岩

产地：浙江诸暨

颜色：以中－暗色为主，多见暗灰色、深青灰色、深褐色。

成分：主要矿物成分为石英、碱性长石、云母、角闪石。

结构与构造：花岗变晶结构，眼球状构造、块状构造。

成因：一种特殊的混合岩。与普通混合岩一样，是由基体和脉体两部分构成，基体为片理好的富含黑云母或角闪石的片岩、片麻岩；脉体大小不等，与共生的片岩呈平行关系。

其他：可作观赏石和建材。

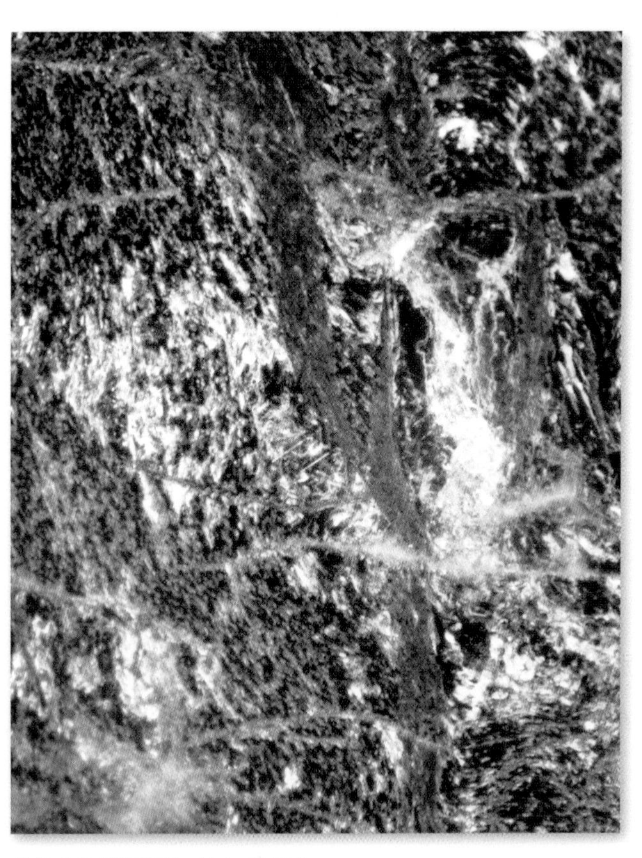

光片（反射光观察　放大 45 倍）

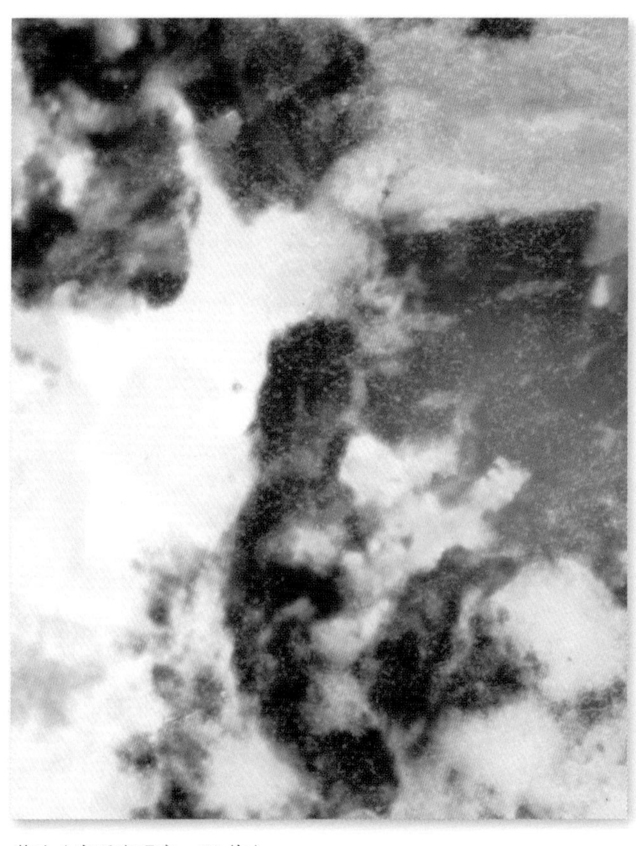

薄片（穿透光观察　60 倍）

附录：科学名词解释

岩石：由矿物（一种或多种）的天然集合体（部分为火山玻璃物质、胶体物质、生物遗体）组成，是地球内、外地质作用的产物，用来表示为岩石大类、分类、具体岩石。名称举例：岩浆岩、超基性岩、金伯利岩。

矿&石：该类科学名词如“某某石”“某某矿”，是天然形成的单一矿物质名，与日常生活中的物质有较大区别。”XX矿“与“XX石”的区别是前者是透明矿物，如石英、长石、橄榄石、辉石等，后者是不透明矿物，如磁铁矿、黄铁矿、铬铁矿等。

结构：本书特指岩石的矿物组成结构，即通过肉眼或放大镜观察岩石内部的各种矿物质组合、混合、成岩的结合形态。名称举例：细粒结构、自形粒状结构、碎裂结构。

构造：本书特指岩石的构造，即可以用肉眼直接观察的岩石外部、整体的形态。名称举例：块状构造、层状构造。

自形－半自形粒状结构：常见的超基性岩岩石结构，造岩矿物为近等轴粒状构造，矿物颗粒大小相近、一致，颗粒的接触为镶嵌型。

粒状镶嵌结构：岩石中矿物颗粒间为直线状挤压接触。

巨粒结构：粒状矿物组成的岩石，岩石的造岩矿物颗粒粒径≥ 50mm。

粗粒结构：粒状矿物组成的岩石，岩石的造岩矿物颗粒粒径小于 5mm。

中粒结构：粒状矿物组成的岩石，岩石的造岩矿物颗粒粒径为 2 ~ 5mm。

细粒结构：粒状矿物组成的岩石，岩石的造岩矿物颗粒粒径小于 2mm。

等粒结构：粒状矿物组成的岩石，岩石的造岩矿物颗粒粒径相同、一致。

隐晶质结构：岩石的造岩矿物颗粒很细，通过肉眼无法识别矿物颗粒。

辉长结构：辉长岩的特有结构，辉石和斜长石晶体形成发育程度相近，为半自形晶粒或他形晶粒。

辉绿结构：斜长石和辉石颗粒大小相近，斜长石之间形成三角空隙，填充单个的辉石颗粒。

假象结构：岩石中原有矿物被新矿物质置换，仍保留原有矿物的晶形和结构。

二长结构：岩浆岩中斜长石的自形程度高，钾长石的自形程度低，一种特殊的粒状结构。

熔融结构：也称部分熔融结构，超基性岩、基性岩在地壳下部、上地幔顶部，受到高温作用，接触部分（即相近部分）被热软化、流体包裹、融化后重新冷却凝固，保留下麻点、海绵边、矿物包裹体等结构。

花岗结构：是一种特殊的半自形粒状结构，常见于中酸性和酸性深成岩中，晶体结晶情况为先后不同步的形态。首先是暗色矿物结晶，如黑云母、角闪石；然后是长石类矿物结晶，长石为半自形晶结晶，长石晶体自形程度差；

最后是石英质充填固结，石英完全为他形晶结晶。

斑状结构：岩石中矿物颗粒明显分为晶体大小不同的两组矿物，大的称为斑晶，小的及不结晶的为基质。斑晶与基质的矿物成分不一致。

似斑状结构：岩浆岩中矿物颗粒明显分为晶体大小不同的两组矿物，大的称为斑晶，小的及不结晶的为基质。斑晶与基质的矿物成分几乎一致，形成过程和时间也几乎一致。

细晶结构：脉岩特有的结构，为细粒他形粒状结构。

煌斑结构：煌斑岩特有的结构，暗色矿物多。其晶体在斑晶和基质两个结构中自行度好，在经蚀变作用的也可见自形假象；浅色矿物出现在基质中，自形程度较差。

伟晶结构：伟晶岩特有的结构，由长石、白云母、石英等浅色矿物的巨粒晶体组成，晶体粒径普遍在 1 ~ 3cm，偶有更大的晶体。

反应边结构：岩浆岩侵入岩中早期生成的矿物、捕虏晶与岩浆发生反应不彻底时，环绕已形成矿物形成的一个新矿物边。

文象结构：岩石中石英和钾长石成有规则共生的一种结构，互结成楔形连晶。

粗玄结构：在玄武岩类喷出岩中，同时具有致密状或泡沫状结构。

填隙结构：也称填间结构，由斜长石长条状晶体在排列无序的情况下，构成三角形或近三角形，且中间形成了空隙，在成岩后期，辉石、磁铁矿、火山玻璃质填入孔隙中。

交织结构：以斜长石为主要造岩矿物的岩石，斜长石细小晶体平行或半平行密集排列，偶有辉石、磁铁矿的晶粒间夹平行线内。

拉班玄武结构：也称填间结构、间隐结构或间粒间隐结构，斜长石条板状微晶形成的多角形孔隙，充填了火山玻璃质或绿泥石、沸石。

玻璃质结构：由火山玻璃物质所组成的岩石结构。

玻屑结构：火山碎屑岩常见的结构，由火山玻璃因岩浆压力异常破坏呈玻璃质碎片，并在成岩中呈现半塑性、塑性的性质。

安山结构：也称玻基交织结构，中性岩浆岩特有的结构，主要出现在非斑状结构的岩石中安山岩类中。

粗面结构：碱性长石的微晶近平行排列，遇到斑状较大晶体则以漩涡状绕过。

球粒结构：火山玻璃质岩石和球粒陨石中常见的结构，介于非晶质和显晶质之间的结构，是由针状或纤维状的矿物放射性地排列，具有十字消光的光学效应，形似球粒。

霏细结构：富硅的岩浆岩在高温低压下进行脱玻化作用，形成细长的长石、石英质矿物颗粒的隐晶质集合体。

火山集块结构：火山碎屑岩的特殊结构，火山碎屑物含量超过 75% 以上且碎屑粒度大于 64mm。

火山角砾结构：火山碎屑岩的特殊结构，火山碎屑物含量超过 75% 以上且碎屑粒度为 2 ~ 64mm。

凝灰结构：火山碎屑岩的特殊结构，火山碎屑物含量 75% 以上且碎屑粒度小于 2mm。

熔结（塑变）结构：也称具熔结结构，是由塑性的火山晶屑、岩屑、玻屑和火山灰组成的碎屑集合体。

火山碎屑结构：火山碎屑超过 90% 以上的碎屑集合体。

变晶结构：变质岩的特殊结构，岩石中的矿物在固态下重结晶改变晶体形态，形成结晶质。

变余结构：也称残留结构，变质岩特有的结构，已形成的岩石经不彻底变质作用影响，形成新的变质岩，仍保留原来的结构、构造、外形特点。

碎裂结构：也称压碎结构，动力变质岩的特殊结构，是岩石被内动力地质应力强挤压破裂、重新固结成岩，既有原岩的矿物、结构特点，也有挤压的裂隙、扭曲、锯齿状外形。

糜棱结构：动力变质岩的特殊结构，剧烈的地质应力作用下，岩石的造岩矿物被破碎至微小颗粒状、隐晶质状，并形成绢云母、绿泥石等黏土矿物。

非晶质结构：即玻璃质，组成物质的原子或离子呈不规则排列，因而不具备格子构造的固态物质。未形成结晶体，质地细腻。

显晶质结构：也称全晶质结构，通过肉眼可以直接观察到火山岩的造岩矿物晶体，包括粗粒结构、中粒结构、细粒结构。

砾状结构：沉积岩砾岩的特殊结构，岩石由砾石和基质两部分组成。

颗粒结构：沉积岩砂岩的特殊结构，岩石由石英颗粒、长石颗粒、岩屑颗粒三类碎屑和基质两大部分以及胶结物和孔隙两个小部分组成。

生物骨架结构：沉积岩碳酸盐岩的特殊结构，海相、湖相的沉积环境下，以腕足类动物、头足类动物、珊瑚等软体动物的遗骨、遗骸为基础形成的岩石支撑体。

泥晶或微晶结构：碳酸盐岩的特殊结构，由显微镜可观察到的方解石或白云石的细小晶体颗粒组成的造岩矿物集合体。

流线构造：岩浆岩的特殊构造，岩浆喷出地表后，流动中使矿物呈长条状、柱状定向排列。

片麻状构造：变质岩的常见构造，深色的片状、柱状矿物呈定向排列，浅色的矿物呈不规则排列。

块状构造：质地均匀、密度一致的矿物集合体，整体为固体块体状。

带状构造：岩石中颜色或粒度不同的两种以上矿物、矿物集合体，单独且接触。

斑杂构造：也称不均一构造，岩浆岩的特殊构造，岩石的矿物成分、结构存在两个及以上的集合体，不同集合体的颜色、外形明显不同，岩石整体是不均一的。

球状构造：岩石中的矿物围绕固定的中心形成同心层的矿物集合体。

角砾状构造：岩石的特殊构造，是矿物或岩石碎裂物受地质作用时形成的类似尖棱状角砾。

枕状构造：基性岩在海相或深湖相地质环境下，岩浆喷出冷却过程中遇水的阻力形成的包卷形态。

气孔构造：火山岩的特殊构造，岩浆中含有易挥发的成分在成岩时挥发，留下的空洞。

杏仁构造：火山岩的特殊构造，岩浆中含有易挥发的成分在成岩时挥发，留下的空洞，空洞被成岩后期侵入的矿物充填。

熔渣构造：中性岩、基性岩含有大量的气孔和孔间薄壁，这些结构由火山玻璃和中基性矿物构造。

绳状构造：玄武岩的特殊构造，岩石表面呈绳索状扭曲的形态，是喷出岩流动的特有构造。

石泡构造：酸性岩的特殊结构，岩石在冷却成岩过程中产生气体，但气体并没有排出岩石，形成的大量气泡。

流纹构造：酸性岩的常见构造，由不同颜色、结构外形、矿物成分的条带近平行相间排列。

火山泥球构造：由火山碎屑形成的同心纹层，形似球形。

火山弹构造：火山喷发的块体，饼状、面包状，后期被碳酸矿物交代，并保留了之前的结构。

片状构造：变质岩常见的构造，由片状、短柱状的云母、绿泥石、滑石、角闪石等次生矿物近平行排列。

千枚状构造：区域变质岩的特殊构造，岩石中的矿物在重结晶后呈一定规律的定向性排列，且具有丝绢光泽。

变余构造：变质岩的特殊构造，岩石经区域变质后仍保留有原岩的构造特征。

层理构造：沉积岩中的沉积物因成分、颜色、粒度的不同，在垂直于沉积方向上显示出来的层状特征。

层面构造：沉积岩的每个沉积层的接触面上的特殊构造。例如：印模、龟裂。

层纹构造：也称微层理构造，特殊的层理构造，层厚小于 1mm。

生物生长构造：与古生物生命周期作用有关的地质构造。例如：珊瑚主导形成的礁灰岩。

生物遗迹构造：与古生物活动留下的遗迹有关的地质构造。例如：有孔虫主导形成的有孔虫灰岩。

后　记

笔者是一位长期工作在博物馆行业的科普工作者，在重庆自然博物馆工作期间有幸从事地学类知识科普工作和相关藏品、展品的管理研究工作，十分幸运地整理和掌握了博物馆的岩石类藏品的基础信息，萌发了创作一本演示类科普工具书的想法。在重庆自然博物馆高碧春、涂翠平、董政、赖东四位馆领导的大力支持下，地学领域的前辈、专家的专业指导和耐心帮助下，完成了本书的资料搜集、整理和编写。在此谨向所有为本书提供帮助的领导、前辈、学者表示诚挚的感谢，并希望在今后的工作学习中可以继续得到帮助、支持和指导，为科普科研工作继续添砖加瓦。

本书在创作过程中仍然有极大的提升空间，尤其是在岩石种类增加和内容丰富上，请各位前辈、学者、读者在各个方面多发现问题、多提意见、多给灵感和方向，多联系作者交流心得，继续完善岩石类科普知识体系，使后续读者可以更容易了解、学习岩石，更轻松掌握岩石的识别。

最后，特别感谢中国地质科学研究院地质研究所研究员、副所长王涛教授和重庆市地质矿产勘查开发局208 地质队张锋博士的科学咨询，河北地质大学陈少坤教授、深圳大学城图书馆钟玲研究员提供的参考资料。

主要参考文献

[1] 何明跃，吴淦国 . 矿物、岩石、矿石标本资源及矿床描述标准 [M]. 北京：地质出版社，2013.

[2] 吴泰然，何国琦 . 普通地质学 [M].2 版 . 北京：北京大学出版社，2011.

[3] 范存辉，王喜华，杨西燕 . 普通地质学 [M]. 青岛：中国石油大学出版社，2018.

[4] 刘宝珺 . 沉积岩石学 [M]. 北京：地质出版社，1980.

[5] 宋青春，邱维理，张振春 . 地质学基础 [M].4 版 . 北京：高等教育出版社，2015.

[6] 游振东，王方正 . 变质岩岩石学教程 [M]. 北京：中国地质大学出版社，1988.

[7] 孙鼎，彭亚鸣 . 火成岩石学 [M]. 北京：地质出版社，1985.

[8] 林茂炳，陈国勋，胡宗清 . 普通地质学 [M]. 成都：成都理工大学，2004.

[9] 曾允孚，夏文杰 . 沉积岩石学 [M]. 北京：地质出版社，1986.

[10] 戈定夷，田慧新，曾若谷 . 矿物学简明教程 [M]. 北京：地质出版社，2006.

[11] 张良钜 , 曾南石 , 阮青锋 , 曾伟来 , 等 . 川南滇北交界处杏仁状玄武岩中的沥青微形貌特征与成因研究 [J]. 岩石矿物学杂志 ,2013,32(04):523-528.

[12] 徐耀鉴 . 岩石学 [M]. 北京：地质出版社，2007.

[13] 徐开礼，朱志澄 . 构造地质学 [M].2 版 . 北京：地质出版社，2006.

[14] 桑隆康，马昌前 . 岩石学 [M].2 版 . 北京：地质出版社，2012.